图书在版编目（CIP）数据

城乡景观风貌规划与实践 ／ 张迪昊主编．-- 上海：
同济大学出版社，2024．6．--（理想空间）．-- ISBN
978-7-5765-1255-7

Ⅰ．TU983

中国国家版本馆 CIP 数据核字第 2024YD1321 号

理想空间
2024-6(95)

编委会主任	夏南凯　俞　静
编委会成员	（以下排名顺序不分先后）
	赵　民　唐子来　周　俭　彭震伟　郑　正
	夏南凯　周玉斌　张尚武　王新哲　杨贵庆
主　编	周　俭　王新哲
执行主编	管　娟
本期主编	张迪昊
责任编辑	由爱华　朱笑黎
编　辑	管　娟　姜　涛　顾毓涵　余启佳　钟　皓
	舒国昌
责任校对	徐春莲
平面设计	顾毓涵
主办单位	上海同济城市规划设计研究院有限公司
地　址	上海市杨浦区中山北二路 1111 号同济规划大厦
	1408 室
网　址	http://www.tjupdi.com
邮　编	200092

出版发行	同济大学出版社
经　销	全国各地新华书店
策划制作	《理想空间》编辑部
印　刷	上海颛辉印刷厂有限公司
开　本	635 mm x 1000 mm　1／8
印　张	16
字　数	320 000
印　数	1-2 500
版　次	2024 年 6 月第 1 版
印　次	2024 年 6 月第 1 次印刷
书　号	ISBN 978-7-5765-1255-7
定　价	55.00 元

购书请扫描二维码

本书使用图片均由文章作者提供。

编者按

城乡景观风貌是地方本土基因保存、文化气质延续的核心载体，所谓乡村的"乡愁"以及城市的"灵魂"皆出于此。景观风貌是自然地理特征、历史文化积淀、人类活动协同作用、共同创造的地方的"性格"，在建设活动中对有特色的景观风貌进行保护与提升已成为全球的共识。

近年来，我国城乡建设从讲求效率的增量发展时代进入追求品质的存量时代，对城乡景观风貌规划与管理提出了更高要求，高速发展留下的诸如"千城一面"等问题亦需要解决。2020年住房和城乡建设部、国家发展改革委《关于进一步加强城市与建筑风貌管理的通知》明确提出进一步加强城市与建筑风貌管理，坚定文化自信，延续城市文脉，体现城市精神，展现时代风貌，彰显中国特色的要求。随着国土空间规划改革深化，城乡景观风貌全域保护、提升和治理日益受到重视，景观风貌规划方法怎样适应新时代需求、面向全域空间、精确稳妥落实已成为广泛讨论、深入研究的重要课题。

在上述背景下，本辑在主题词"城乡景观风貌"的基础上进行拓展，汇集了近年一批城市与乡村景观风貌导向的实践性研究成果，收集和梳理了部分面向不同层级与对象的城乡风貌规划实践案例和理论方法研究成果。

我们聚焦于学界有关城市景观风貌提升的一些热点话题，不仅关注国土空间全视角下大尺度的景观格局要素，也关注中小尺度的城市设计中的景观特色，抓住当下城市更新语境下的研究机遇，在城市更新、公共景观提升、城市色彩以及运营策略等方面进行了先锋的实践性探索。同时本辑专门搜集了对乡村地区的景观风貌的实践，重点探讨了以乡土特色挖掘、风貌保护为基础的乡村风貌规划设计与实施，探索理论建构与创新性实践相结合的实用路径。另外，也有对国外相关经验的借鉴和介绍，它们可以为我国形成有自身特色的景观风貌规划设计体系提供有益的支持，亦有助于完善和丰富我国自身的方法论体系。

感谢来自各地深耕在城乡景观规划设计界的专家学者和同仁不吝赐稿，与广大读者分享了大量卓越的探索成果和宝贵的经验。《理想空间》将继续秉持着求实、创新、开放的精神，持续为大家提供思想碰撞的平台。

上期封面：

CONTENTS 目录

人物访谈
Interview

国土空间景观风貌规划的若干思考
——王向荣教授专访

Several Thoughts About Landscape Planning of Territorial Space
—Exclusive Interview with Professor Wang Xiangrong

王向荣，北京林业大学园林学院教授，中国风景园林学会国土景观专业委员会主任委员。

[文章编号]　　2024-95-A-004

采访人： 在如今的国土空间规划体系中，城乡景观风貌的研究将扮演什么样的角色？

王向荣： 中国辽阔的疆域、多样的地理环境与自然条件及不同的土地利用方式，孕育了丰富又独具特色的中国城乡景观风貌。对中国城乡景观风貌进行探索和研究，其意义不仅在于整合多学科框架、总结和梳理出我国的城乡景观风貌类型系统，也有助于当今国土空间规划全域全要素的识别与管控，重塑安全稳固的国土空间环境，并保证在社会和经济快速变革的过程中，经由漫长历史岁月沉积下来的中国国土景观的独特性能够持续，国土景观的多样性能够得到维护，因为国土景观的特征是国家身份的重要体现，国土景观的独特性和多样性是美丽国土的基础，也是美丽中国的基础。

采访人： 城市历史文化遗产对城市风貌的塑造有怎样的影响？

王向荣： 历史文化遗产是城市地域文脉的集中体现，是城市的灵魂和根基，也是城市风貌的重要"基因库"。然而，在全球化的时代，因地域、民族、文化的不同而形成的城市风貌的差异正在逐步消失，这已经成为全球城市面临的普遍问题。在快速城镇化过程中，部分追逐单一效率和经济性的建设活动也侵蚀了城市的传统特征，传统风貌特色正在流失，城市风貌进一步趋同。保护城市历史文化遗产，能够有效地

维护城市的自然特征与文化印记，保留城市的独特风貌，促进城市的文化传承，进而提升城市的整体形象，使城市在全球化背景下保持其特色。

城市历史文化遗产的保护，能够增进当地居民的文化归属感、认同感及社区凝聚力，构建有识别度和温度感的城市环境。城市历史文化街区因其独特魅力，亦可成为城市文化产业和创意产业的聚集地，从而拉动城市更新，促进城市就业，带动旅游业和相关产业发展。

采访人： 县城景观风貌的保护与更新有哪些特殊性？

王向荣： 中国县城数量巨大，发展阶段不同，发展水平也有较大的差异。许多县城发展相对滞后，整体建设水平不高，一些老城空间破败、遗产失修、人口流失、商业萧条。因此，在以县城为重要载体的城镇化建设中，我国有大量县城都需要通过更新实现质量提升。

许多县城都具有悠久的历史，保留了丰富的地方文化，但也不同程度地存在着传统风貌被破坏的问题。县城的更新不能照搬大城市的模式，必须根据县城的历史文化、地域特征、经济社会发展水平，在充分尊重县城历史格局和既有建筑的基础上，改善老城的基础设施，保障居民的居住权利和生活空间，维护并弘扬当地的物质和非物质文化遗产，保护自然环境

的同时提升社会价值、丰富社会文化，实现居民对发展成果的共享。

采访人： 今年全国多个重要城市均在开展环城绿环（绿道）规划，比如成都天府绿道、上海环城生态公园和几大新城绿环等，您认为此类大规模的城市景观干预对城市群的健康发展有何影响？

王向荣： 绿道/绿环的形成与建设由来已久，由森林、农田、草地、河流、乡村等要素组成的绿色环带，是城市生态网络的重要组成部分，也是城市中或城市边缘地带重要的生态空间和公共开放空间。对绿道进行规划引导的根本动因在于避免城市的发展扩张带来城市自然或相对自然斑块的破碎化，同时使得既有自然斑块之间能够建立起稳定的联系。在生态文明思想总体指引下，结合高质量一体化发展的国家战略，规划建设城市绿道绿环，是连接城市内外自然空间、互联资源与人文、提升功能与环境、拓展网络与服务的重要策略，能实现绿道从无到有、从线到面、从封闭到协作、从单一到多元的转变，也是促进城市群跨行政区生态环境共保共治和生态要素互联互通的有效途径。

采访人： 在数字中国背景下，如何让数字赋能城乡风貌提升？

王向荣： 在城乡风貌规划编制层面，需要广泛学

习和利用数字化技术，提升规划的科学性和合理性。比如，利用城市街道数字画像和机器学习等新方法，快速完成数据采集以及对风貌要素的量化统计，提高风貌研究的效率和准确性。同时，引入"CIM（城市信息模型）+场景"的模式，结合数字技术和风貌要素，以更全面及动态的方式捕捉和呈现城市及乡村地区的风貌特征，从而提升风貌规划的系统性和动态性。

在城乡风貌实施管理层面，需要依托"数字化"建立智慧管控新平台。在大数据时代，智慧管控已成为不可避免的趋势。运用新兴技术，构建一体化的城乡设计数字化管控平台，并制定标准化的城乡风貌数字化入库规范，将各级关键管控要求统一整合至管理平台，从而实现对风貌项目全方位的链条监管。这样的管理方式有助于最大程度地发挥规划在引领作用上的优势，提升城乡风貌的质量和可持续性。

采访人：景观风貌提升在乡村建设规划中有何意义，如何能够将风貌管控与乡村振兴相结合？

王向荣：作为国家的优先战略，乡村振兴已经成为全国各地区的重要任务。从目标导向来看，乡村振兴不仅仅是脱贫攻坚、产业更新，更需要对农村人居环境进行"全区域、全要素、全覆盖"的整体提升，可以说景观风貌提升是乡村建设规划工作中的一个重要的目标。

以上海乡村振兴为例，近年来逐步明确了以全面提升乡村环境品质、彰显乡村美学价值的总体目标，聚焦村容风貌塑造、生态环境治理、环境景观提升、城乡公共服务均等化等内容，提升农村人居环境，推进规划保留村依标准全面开展美丽乡村建设。

在规划层面，一方面，统筹国土空间利用，全面推进"郊野单元村庄规划"全覆盖，详细落实国土空间总体规划，协调各类专项规划，统筹安排各类用地布局，为国土空间开发保护活动、实施国土空间用途管制、核发乡村建设项目规划许可和各类乡村建设项目等提供政策依据。

同时，加强乡村设计总体风貌引导，针对乡村振兴示范村全面推广乡村设计，以乡村设计为纽带，有效解决村庄的空间形态落地和村庄风貌塑造等规划无法精确控制的问题。打破建筑项目、农田水利设施、生态项目等各类项目各自为政的局面，优化资源配置，协调景观要素，形成整体景观风貌格局。

采访人：在乡村的振兴中如何保护好乡村的景观风貌？

王向荣：中国的发展极为不平衡，大部分地区城乡居民在生活质量、资源占有和发展机会上差距仍然巨大。乡村的振兴首先是经济的发展，中国广大的乡村需要提高农业生产效率，减少直接农业人口的数量，加强培育第二和第三产业，实现农民收入的提高和经济来源的多样化。乡村的振兴也是社会的发展，只有建立城乡一体的户籍、教育、就业和社会保障制度，建立适合乡村的完善的基础设施体系，才能让乡村具备与城市统筹的基础。

不过，城乡统筹发展并不意味着将乡村变为城市。乡村的发展要与城市等值但绝不能同质。乡村的发展需要彰显乡村的独特性，以及人与土地和自然的紧密关系。与城市相比，乡村突出的价值在于其与自然相融的环境及特有的民俗与生活方式。保护、恢复和延续美丽的乡村风貌，保护乡村的自然条件和历史沉淀下来的空间格局，修复乡村受损的生态环境，使乡村成为风景优美、生态健康、文化独特、集农业生产、居住、旅游、休闲、康养于一体的具有诗意的宜居之地，才能使乡村吸引人并留住人。理想的城乡统筹发展意味着城乡之间具有良好的互动，城市能够为进入其中的农村人口提供城市居民所具有的教育、医疗、文化等社会服务方面的待遇；乡村能够成为城市居民居住、工作、旅游、休闲和度假的选择，这样的城乡统筹才能让城乡居民公平地享受社会福利和经济发展的成果，才能让城市和乡村都健康可持续地发展。

采访人：张迪昊

主题论文
Topic Forum

基于视域层次典型风貌单元划分的乡村风貌治理方法探索

Exploration on the Governance Method of Rural Landscape Based on Dividing Typical Style Units at the Visual Level

杨亚妮　栾　峰　何萱贝　裴祖璇
Yang Yani　Luan Feng　He Xuanbei　Pei Zuxuan

[摘　要]　乡村风貌的治理与提升是乡村振兴工作中的重要内容之一，且越来越受到重视。视域层次是乡村风貌的"感知层"与"实施层"，以视觉效果提升为导向细化该层次的风貌解析，有利于在有限的投入和时间内达到较好的乡村风貌治理效果。结合浦东新区欣河村的工作实践，本文提出基于典型风貌单元划分与近景、远景构成要素解析的风貌治理方法，主要包括"提炼主要游线与风貌意向—确定观景点、视域面及构图形式—明确近景、远景风貌特征及构成要素—基于典型风貌单元形成风貌治理工具集"4个步骤。

[关键词]　乡村风貌；风貌单元；视域层次；治理方法

[Abstract]　The governance and enhancement of rural landscape is one of the vital tasks of rural revitalization, and it gains increasing attention. The visual level serves as the "perception layer" and "implementation layer" of rural landscape. Refining the landscape and style analysis at this level with the guidance of visual effect improvement is conducive to achieving better results of governance within limited investment and time. Combined with the practice of Xinhe Village in Pudong New Area, the paper proposes a method of rural landscape governance based on the division of typical style units and the analysis of the components of near and distant views. This method includes four steps: refining the main travel routes and landscape intentions, determining viewing points as well as sight areas and composition forms, clarifying the features and components of nearby and distant views, forming a landscape management tool set based on typical landscape units.

[Keywords]　rural landscape; style unit; visual level; governance method

[文章编号]　2024-95-P-006

随着乡村人居环境整治取得阶段性的成效，乡村风貌提升与美学价值的彰显成为新议题，这也是乡村振兴全面推进的重要工作内容之一。2023年中央一号文件针对乡村风貌塑造，提出了"编制村容村貌提升导则，立足乡土特征、地域特点和民族特色提升村庄风貌"的新要求，各地也越来越重视乡村风貌的规划与设计导引，并加快推进乡村风貌治理工作。

各地编制的乡村风貌规划设计导则、村庄设计导则、乡村风貌管控导则等，普遍高度关注山、水、林、田、宅等风貌要素的提取和导控，针对要素提出分类施策的设计导引与治理措施。然而在实际操作中，乡村风貌所呈现的往往并非单一要素，而是视域范围内要素组合所形成的整体效果。针对这一问题，本文在已有的"三层次五阶段"实用性乡村风貌规划方法基础上[1]，针对最为常见的视域层次，借鉴国画中的"三远法"，结合分要素引导的一般方法，提出面向实施的乡村风貌治理方法。

一、视域层次作为乡村风貌治理的实施层

乡村风貌是乡村地区自然环境、历史传统、现代风情、精神文化等要素的外在体现，其构成要素多元，且在要素组合和分布上存在间断性和多样性，涉及的空间尺度则涵盖了从宏观的总体尺度到微观的局部地域[2]。同时，风貌是人类主观感知的建构，是通过空间与环境所呈现的可感知的景观特征和文化内涵[3]。由此，实用性乡村风貌规划以"分层认知—研判抉择—分类施策"为核心工作逻辑，划分"把握区域应有风貌—辨识地域特色风貌—构建主要点线体系—确定典型风貌单元—明确风貌导引策略"5个主要工作阶段，并且在地域和视域层次上确定典型风貌单元，进而提出导引策略作为中微观尺度上乡村风貌整治的重要方法。

具体到视域层面，不仅需要落实区域层次的"应有"风貌特征，还要坚持地域层次的多元风貌特色，进而在视域风貌单元内整合多元风貌要素关系，而非针对某项要素进行一厢情愿的塑造或改造。

二、视域层次的乡村风貌特征与要素解析

视觉是人体各种感觉中最重要的一种，约有87%的外界信息依靠视觉来获取[4]。风貌感知作为一种多感官叠合作用的过程，视觉在其中同样占据主导地位[5]。因此，视觉可作为统合风貌感知的日常性与规划的抽象形式的有力抓手，视域层次也是风貌日常感知、抽象分析，以及具体设计和整体分析的核心交互界面[1]。

1.视域层次典型风貌单元识别

不同于地域层次的案头研判，视域层次的风貌解析依托于现场感受，要求规划者亲临观景点，以目力所及的视域范围作为风貌单元。因此，视域层次的风貌单元实际上是"视点"与"视景"的共构[6]，将风貌呈现为"图像"。从视觉出发的风貌单元识别，虽然充分强调了主体感知的重要性，但应用在规划中，还需充分考虑对"应有"风貌的表现和多元主体的审美共识，需建立在对村庄所处的地域自然环境、历史文化乃至未来发展导向有充分认识的基础之上，进而在"应有"风貌基础上塑造多元差异性。

从物质构成上分解，乡村风貌一般包含地形地貌、水利水系等基底层，农业肌理、聚落人居等人文活动层，通过查阅资料、影像图等案头研究，可从这两大方面提取村庄"应有"的风貌特征。或结合各地开展的乡村风貌导则类编制工作，从更高层次的分析中，迅速定位到村庄所在的风貌特征区，从而明确"应有"风貌。而审美共识方面，则要求规划者与村民、政府、游客等多元主体建立起充分的沟通，通过

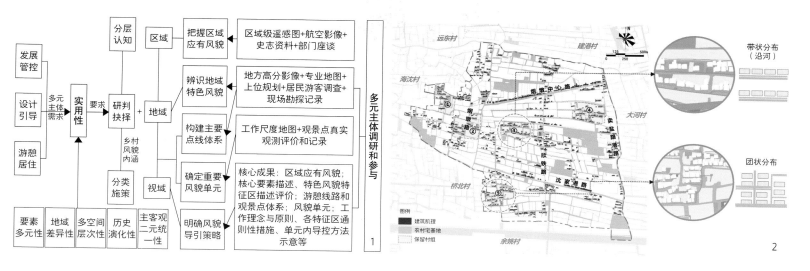

访谈、感知地图等方式挖掘各主体所感知到的美景，并寻找到共通点。

2.基于构图与美学的乡村风貌解析

从构成要素来看，在视域层次，乡村风貌单元中山、水、林、田等要素的呈现往往并不完整，仅限于局部；而表现历史人文的建筑、构筑物等要素在视域层次会比它们在宏观尺度有更为清晰的呈现。同时，视域层次更能够表达风貌要素之间的组合关系以及由此产生的美感，因此在视点和视景的选择和评判过程中，应注重取景与构图。

中国山水画以"三远"为代表，形成了独特的传统美学，且在构成元素上与乡村景观具有相似性——山水、聚落、人文[7]，对于视域层次的风貌单元识别与取景、构图具有重要的借鉴意义。宋代郭熙所谓"山有三远"：自山下而仰山巅谓之高远，自山前而窥山后谓之深远，自近山而望远山谓之平远[8]。国画中的"三远"并非三种不同视点的表述，而在于对视觉效果的描绘，重在对近景、远景的不同塑造，运用得当则可突破视野的限制，达到摄取局部而知全貌和"远山无石""远树无枝"而意境犹在的效果[9]。由此，视域层次的风貌解析，应结合不同要素在"应有"风貌和特色风貌表现上的不同作用，以及视域风貌单元内近景、远景的划分，从视觉效果出发辨别具体要素所存在的问题。

三、面向实施的乡村风貌治理工作路径——以浦东新区欣河村为例

从面向实施的角度，乡村风貌治理的关键在于投

入有限的前提下如何实现绩效最优，"三层次五阶段"规划方法中通过构建主要点线系统的形式引导行动策略相对聚焦。但在实际操作中，特色风貌资源在乡村范围内的分布具有高度分散性，使得游线较长，基于游线的视域覆盖面仍旧较广，若忽略移动速度和视点与视景之间距离的影响，进行均质性的投入与提升，则难以达到理想效果，且易造成景观资源的浪费。针对这一问题，可通过视域层次的典型风貌单元识别，按照远景和近景，有所差异性地判识不同视觉层次的主要构成要素，并提出针对性的治理方法。

作为案例，浦东欣河村风貌具有明显的区域"应有"风貌特征。这里位于长江口冲积平原，且成陆相对较晚，视野相对开阔而缺乏地形起伏变化。由于历史上的盐业生产，这里呈现出典型的"灶港盐田"肌理[10]，并且在此后转向农业生产的过程中得到了基本延续。从棉花种植转向水稻和蔬菜种植，在原有的"灶港盐田"基础上又叠加了更多纵向沟渠，宅基则沿着东西河道或者干渠一字排开，由此形成了"河网密布、田水相间、宅水相依"的整体格局特征。此后随着公路开辟和非农经济发展，更多建设性要素开始沿着南北向道路布局，村域空间肌理与风貌特征更趋丰富。建筑则由于浦东的沿海对外交流及近年来的整体导向，呈现出较为明显的西式特征，彩色琉璃瓦和面砖较为常见[11]。

1.提炼主要游线与风貌意向

综合历史文化底蕴、风貌现状基础、未来发展导向三个方面，以农业底色的多元化展现为核心思路，历经研究及多轮的研讨，提炼出"田园水乡""开阔大田""现代田园"3种风貌意向。游线组织上，整

体设计层面以骑行为主要交通方式，划分7km骑行游线串联村域内重点项目、公服站点等重要节点，并联动周边村庄。风貌治理以视觉效果为主导，关注游线可见范围内各类风貌要素的特征及组合关系，采取针对性的措施进行提升，并通过设置和增补观景点，实现图像式的展现。

2.确定观景点、视域面及构图形式

在主要游线与风貌意向明确的前提下，通过现场研判、拍摄记录等方式，挖掘适宜的观景点，定点后进一步明确该点位的观景视角及视域面。在观景点的选取上，一是要充分考虑对"应有"风貌特征的典型性及特色多样性的表现。如欣河村应有田水相间的原乡农业风貌、中西融合的村居建筑风貌，以及未来发展导向下的现代农业风貌。二是结合点位的现场情况，确定观景形式，包括不做停留的快速观览与停留式的欣赏。其中停留点应选择游线沿线视野良好的位置，优先考虑利用现状公共空间或结合公交站牌、水泵站等既有设施进行设置。同时，应根据沿线视觉效果和观景点的划定对游线进行适当的修正及补充。如欣河村骑行游线最初方案经过紧邻村宅的宅前路，后结合现场研判的视觉效果，改为与之平行的田间路，更好呈现村居整体风貌的同时也避免了游客穿行对村民日常生活的干扰。

观景点所对应的视域面为风貌单元，依据风貌意向的表现意图，可明确一般情况下风貌单元所包含的要素类型，从而进一步确定构图形式。延伸式构图适宜表现单个要素的规模与连续性，如稻田、水面等，重点在保证视野的开阔度与要素的连续性；纵深式构图适宜表现要素之间的组合关系，如宅水相依、水绿

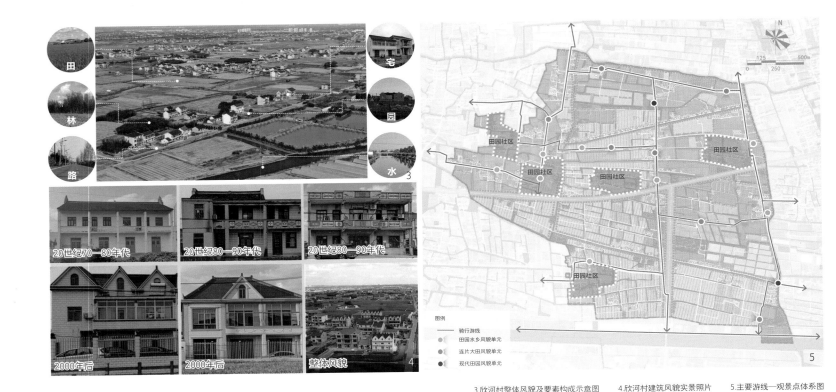

3.欣河村整体风貌及要素构成示意图 4.欣河村建筑风貌实景照片 5.主要游线—观景点体系图

交融等，重点在通过近景、远景搭配增加画面的层次感；聚焦式的构图适用于表现特色元素与设计细节，如景观小品、标志物等，重点在展现主导要素在色彩、材质、风格等方面所具有的独特性或设计感。

3.明确近景、远景风貌特征及构成要素

无论采用哪一种构图形式，风貌单元内都极少存在只有一种要素的情况。因此，要素之间的主次关系及近景、远景的视觉层次的划分尤为重要，根据视觉效果明确各层次的风貌特征及构成要素，有利于在分要素的风貌治理措施基础上，加以分层次的引导，进一步集中资源投入并付诸行动。

首先应关注不同视觉层次在风貌塑造中所起到的不同作用。一般而言，远景更强调"应有"风貌的展现，应以自然基底类的风貌要素为主导，如田、水等，以村居、林地等为点缀；近景则主要考虑特色风貌的体现，通过建筑、景观等亮点设计营造风貌观览的聚焦点。其次，需区别各类要素在近景、远景中运用所产生的不同效果。以村居建筑为例，如果作为近景，则视域范围内数量较少，而建筑材料、构件等细节能够被甄别；作为远景则呈现为连续界面的形式，视觉效果更多地取决于建筑色彩、形式、高度等的协调。再以农田为例，成片大田作为远景可充分展现乡村的农业底色，但若作为近景，则其连片程度较难体现，近景更适于表现种

植种类多样、景观构成与色彩较为丰富的宅间田园与小微田园。

4.基于典型风貌单元形成风貌治理工具集

根据风貌意向和构图形式，结合主要游线，可将游线中识别的典型风貌单元做类型分析，根据近景、远景的要素构成及常见问题，归纳形成针对不同视觉层次风貌要素的治理工具集。

以欣河村为例，根据风貌意向的表现意图、主要游线与观景点的选定，以及构图形式的差异性，共识别6类典型风貌单元（表1）。其中，田园水乡为核心风貌意向，包含两个方面：一是"应有"风貌，即田水相间的生态景观风貌特征、依水而居的水乡风貌特征，主要通过田、水、路、林、园、宅等全类型的风貌要素及要素间的组合关系体现；二是特色风貌，包括特有的建筑形式、风格，以及村庄特色文化元素。从视觉和观景的角度，既有位于远处对村居界面的观览，也有漫步其中的近距离感受，构图形式上相对多样。连片大田与现代田园均为农业生产景观，以经过性的观览为主，其中大田具有较好的观赏性，在游线经过处设置观景点引导停留观景。

通过典型风貌单元内近景、远景两个层次的风貌特征与构成要素解析，基于"应有"风貌和特色风貌的考虑，分析各层次的主要构成要素所存在的具体问题，以视觉效果改良为目标，分层次、分要素制定治

理措施，汇总后形成风貌治理工具集（表2）。

四、结语

乡村风貌特征具有多空间层次性，不同空间层次在规划策略上有所侧重，能够解决的问题也不尽相同。视域层次作为乡村风貌的"感知层"，也是乡村风貌治理的"实施层"，在分析与导引中侧重于提出直接有效的治理措施，指导行动。本文结合上海市欣河村案例，聚焦视域层次，在分要素引导的一般方法基础之上，借鉴国画中的构图与美学观念，通过对典型风貌单元的构图形式与风貌构成解析，提出针对近景、远景的差异化治理方法，主要包括"提炼主要游线与风貌意向—确定观景点、视域面及构图形式—明确近景、远景风貌特征及构成要素—基于典型风貌单元形成风貌治理工具集"4个步骤。

该方法以提升视觉效果为核心目标，从实施角度而言，能够在有限的投入和较短的周期内，达到较好的乡村风貌治理效果。但以游线和观景点为导向和分层次的治理措施，必然造成治理成本在空间分布上不均匀，从而引发对于公平性的思考。一方面需要基础性的治理实现相对全面的覆盖，另一方面也需要加强对村民的意见和参与度的重视，既有利于加深村民的理解，也有利于吸收村民的意见，塑造符合大众审美的乡村风貌。

田园水乡

连片大田

现代田园

6

7

8

9

10

11

12

13

14

15

6.主要游线与风貌意向图

7.三种常见构图形式——聚焦式构图

8.三种常见构图形式——延伸式构图

9.三种常见构图形式——纵深式构图

10.近景、远景在风貌特征表现上的差异性——近景村居

11.近景、远景在风貌特征表现上的差异性——近景特色风貌

12.近景、远景在风貌特征表现上的差异性——近景田

13.近景、远景在风貌特征表现上的差异性——远景"应有"风貌

14.近景、远景在风貌特征表现上的差异性——远景村居

15.近景、远景在风貌特征表现上的差异性——远景田

（7-15材料来源：浦东新区老港镇欣河村提供）

表1 欣河村典型风貌单元及设计引导

风貌意向	构图形式及近景、远景构成解析		近景、远景设计引导图示
田园水乡	**延伸式构图** 近景：水、田 远景：村居、宅旁林		近景：岸坡补绿，强化种植搭配以丰富色彩等细节 远景：宅间补绿，以乡土树木为主
	主要问题：主导要素不明确，画面较均质；近景要素细节较少，缺乏与远景的对比		提升策略：通过增补绿化增加细节、丰富视觉层次
	纵深式构图 近景：村道、宅间田、宅间水、村居 远景：村居		近景：路面黑化；拆除单侧围栏；规整"小三园"；远景：统一院墙色彩，杆线序化
	主要问题：构成要素较多且同类要素色彩、形式不统一，视觉效果较为混乱		提升策略：适当减少构图要素，同类要素统一或协调色彩与样式
	聚焦式构图 近景：宅间田、村居 远景：宅旁林		近景：通过色彩、材质等强调建筑风貌特征 远景：补充绿化，适度遮挡
	主要问题：缺乏具有特色的视觉景观焦点		提升策略：强化主导要素风貌特征，形成焦点
连片大田	**延伸式构图** 近景：田 远景：田、村居、宅旁林		近景：适当消除田埂，强化农田连续性 远景：补植树木形成连续界面
	主要问题：主导要素连续性不足		提升策略：提升主导要素连续性
	纵深式构图 近景：田、水、田间路 远景：田、村居		近景：路面提升；移除或抽稀路侧绿化 远景：维持成片规模化农田
	主要问题：视线遮挡，掩盖景观效果		提升策略：增加视野开阔度，引导观景
现代田园	**纵深式构图** 近景：农业设施、田间路、水 远景：农业设施、水		近景：提升农业设施建设品质；适当增补绿化 远景：统一农业设施色彩色调
	主要问题：主导要素美观度不足		提升策略：统一形式以实现协调，适度遮挡

表2 基于视觉层次的风貌要素治理工具集

风貌要素	视觉层次	常见问题	治理措施
田	近景	宅间田种植凌乱	增设矮墙、围栏等进行规整
	近景	季节性抛荒，土地裸露	鼓励分时分季复合种植，避免抛荒
	远景	耕地连片程度低，破碎化	农田整理，适度集中
	远景	季节性抛荒，土地裸露	探索规模化轮种，丰富四季景观
	远景	田间设施布局无序、样式多、颜色杂等	游线沿线控制大棚退界，增加绿化遮挡
	远景	景观易被遮挡或忽视	抽稀路侧绿化，保持视线开阔 增设观景点或框景装置，引导观景
水	近景	河道淤积、断头浜	河道疏浚、打通断头浜，保持畅通
	近景	驳岸过度垂直硬化，或岸坡裸露	岸坡补绿，通过植物搭配增强观赏性
	近景	滨水空间消极	保持宅水相依的景观格局 保留并优化埠头、台阶等亲水空间 适当增加观景平台等亲水空间
	远景	驳岸过度垂直硬化，或岸坡裸露	岸坡补绿
路	近景	路面破损	道路黑化或硬化，避免拼贴式路面
	近景	沿路界面凌乱	通过路侧种植、围栏等整治沿路界面
林	远景	林地规模小而散乱、突兀	引导林地向宅旁、水旁、路旁集中
村	近景	建筑单体风貌差，墙体破损、老化等	农宅修缮
	近景	缺乏风貌特色与亮点	保留维护具有水刷石等特色元素的村宅 以公共建筑、构筑物等形成视觉焦点 强化建筑与景观设计中特色文化的融合
	远景	建筑风貌、色彩杂糅，缺乏协调	明确主色调，适当协调屋面、墙面色彩 统一院墙形式与色彩 以树木遮挡不符合风貌整体特色的建筑 补充宅旁绿化，丰富景观层次

参考文献

[1]栾峰,裴祖璇,曹晟,等.实用性乡村风貌规划：编制方法与实践探索[J].城市规划学刊,2022(3)：65-71.

[2]裴祖璇.乡村风貌单元的识别及规划策略研究[D].上海：同济大学,2023.

[3]袁青,张东禹,冷红.基于多元主体认知特征分析的黑龙江省乡村风貌规划策略研究[J].小城镇建设,2023,41(6)：14-22+101.

[4]杨公侠.视觉与视觉环境[M].上海：同济大学出版社,2002.

[5]BRUCE V, GREEN P R, GEORGESON M A. Visual Perception, Physiology, Psychology and Ecology (3rd Edition) [M].East Sussex:Psychology Press, 1996.

[6]袁青,于婷婷,石拓.基于视觉分析的大地景观风貌优化策略[J].规划师,2014,30(12)：85-92.

[7]李易燃,卢丹梅.基于山水诗画营造技法的乡村景观重构探索[J].山西建筑,2022,48(4)：45-48.

[8]孟宪平.作为山水意境的"三远"——对传统山水画空间概念之反思[J].美术观察,2013(5)：97-100.

[9]刘冲,谷五兰.谈国画构图的"三远法"[J].福建开放大学学报,2022(1)：90-92.

[10]上海市规划和自然资源局.上海乡村历史空间图记[M].上海：上海文化出版社,2022.

[11]上海市规划和自然资源局.上海乡村传统建筑元素[M].上海：上海大学出版社,2019.

作者简介

杨亚妮，上海同济城市规划设计研究院有限公司乡村规划建设研究院规划师；

栾　峰，同济大学建筑与城市规划学院教授，上海同济城市规划设计研究院有限公司乡村规划建设研究院院长；

何萱贝，上海同济城市规划设计研究院有限公司乡村规划建设研究院规划师；

裴祖璇，上海港城开发（集团）有限公司规划战略部职员。

城市色彩规划管理中的主要困境及对策探索

The Main Difficulties and Suggestions in Urban Color Planning and Management

白雪莹

Bai Xueying

[摘　要]　城市色彩是城市风貌的重要组成部分，也是城市品质和城市文化的重要载体。近年来，为提升城市形象和魅力，较多城市都开展了色彩规划的研究。然而，城市色彩规划在实践中较难管理的声音也常有耳闻。本研究在梳理国内外色彩规划管理经验的基础上，结合实际经验，针对色彩数据量化、刚性与弹性把控以及制度保障等方面的问题，详细分析了现有的困境，并为城市精细化管理提供合理建议。

[关键词]　城市色彩规划；精细化管理

[Abstract]　Urban color is an vital part of urban landscape and also an important carrier of urban quality and urban culture. In recent years, in order to enhance the city image and charm, many cities have carried out the study of color planning. However, the sound that color planning is difficult to manage is very common. On the basis of reviewing domestic and foreign experience of color planning and management, combined with practical experience, this study analyzes in detail the existing difficulties in terms of color data quantification, rigidity and flexibility control, and institutional guarantee, and provides reasonable suggestions for urban refined management.

[Keywords]　urban color planning; refined management

[文章编号]　2024-95-P-011

本研究获得上海同济城市规划设计研究院有限公司课题"城市色彩精细化规划方法研究"资助（项目编号KY-2022-YB-A02）

一、城市色彩规划管理概述

1.国内城市色彩规划管理概述

城市色彩是现代城市研究中的重要领域，对于提升城市风貌有着重要意义，随着时代发展，城市色彩规划的管理成为城市管理的重要组成部分，主要包括城市色彩规划编制、审批管理、实施管理等[1]。目前，国内城市色彩规划管理尚处于探索阶段，各个城市的管控方法有一定差异（表1）。

可以看出，国内色彩规划管理主要有以下特点。

（1）城市色彩定位及色谱制定

色彩特征鲜明的城市通常给出城市主导色，如北京的"灰色调"、广州的"灰黄色调"、长沙的"素雅的暖色调"等。一些城市不强调主色调，而用"主旋律"这种色彩意向性定位引导城市色彩，如杭州的"水墨淡彩"、苏州的"浓墨淡彩、写意江南"、厦门的"大色淡渲、彩墨画意"等。近年来，随着对色彩规划理解的深入，色彩环境较为复杂的大城市逐渐不强调主导色，而是采用制定精细化色谱的方式引导城市色彩，如上海、武汉、雄安新区等。

（2）城市色彩规划编制体系

多数城市都确定了分层级的管控理念，以杭州为例，该城市划分为重点区和一般区，并采用"单元—街坊—地块"的分层控制方式管理色彩[2]。另

外，雄安的色彩规划则分为宏观、中观、微观三个层级。宏观层面明确定位城市的色彩特征和色彩空间结构，中观层面的色彩规划与控制性详细规划相对应，并纳入一般图则，而微观层面则将色彩纳入土地出让协议中[3]。

（3）管理制度

部分城市制定了色彩规划相关管理规定。例如，北京于2000年8月1日开始实施的《北京市城市建筑物外立面保持整洁管理规定》是中国城市色彩规划管理规范化和法制化的开端。其他城市如杭州、武汉、长沙也都制定了相应的色彩规划管理制度。

2.国外城市色彩规划管理概述

国外的色彩规划管理开始较早，各国根据自身条件制定了不同的色彩管理制度。在1800—1850年期间，意大利都灵制定了名为"全城色彩图谱"的专门规定，这是国外最早有据可查的色彩管理专项规定[4]，受到这一传统的影响，许多城市也纷纷编制了色彩规划，其中部分历史地区甚至规定了建筑各个部位的明确色彩编号。

英国的色彩规划主要着重于历史建筑的保护，制定了一系列色彩管控条例，其中包含了色彩现状、色彩形成历史、粉刷材料、施工要求等明确规定，同时

表1　　　　　　　　　　　　　　　　　　　典型城市色彩管理特征

城市	时间	主色调	色彩体系	色卡类型	管理制度
北京	2000	灰色系	孟塞尔色彩体系	—	《北京市城市建筑物外立面保持整洁管理规定》
武汉	2003	—	孟塞尔色彩体系	武汉色卡	《武汉市城市建筑色彩管理规定》《武汉城市建筑色彩技术导则》
杭州	2005	水墨淡彩	孟塞尔色彩体系	城市三维模型	《杭州市城市建筑色彩管理规定》
广州	2006	灰黄色调	孟塞尔色彩体系	推荐色谱清单	—
厦门	2008	大色淡渲 彩墨画意	HSL色彩体系	厦门色彩总谱	—
苏州	2008	浓墨淡彩 写意江南	孟塞尔色彩体系	推荐色谱清单	—
长沙	2009	素雅的暖色调	孟塞尔色彩体系	标准色卡，建筑色彩应用手册	《长沙市建筑色彩管理规定》
上海	2018	—	HSV色彩体系	推荐色谱清单	—
雄安新区	2018	—	NOCS色彩体系	雄安新区城市色彩推荐色色卡	—

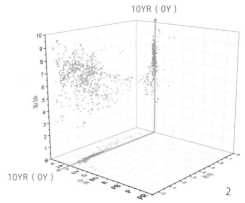

采集时间	傍晚，晴	正午，阴	正午，晴	分光测色仪测量
孟塞尔值	5R 7.8/1.5	2Y 6.5/1.5	1Y 8.2/1.2	10YR 7/1.5
CIE（Lab值）	L=79.40，a=4.52，b=2.44	L=66.67，a=.39，b=10.69	L=83.29，a=.44，b=8.59	L=71.60，a=1.56，b=9.91
照片采集数据与测色仪采集数据误差	ΔE^*_{ab}=11.2	ΔE^*_{ab}=5.2	ΔE^*_{ab}=11.7	—

1.不同时间段照片提取色彩与分光测色仪检测数据对比图　　2.高品质建筑基调色分析图

也清晰界定了建筑物可使用的色彩范围[5]。

在美国，针对城市色彩的专门法规较少，色彩的要求主要体现在涵盖视觉资源保护的泛化性规定中，例如《国家环境政策法》《道路美化法》《海岸管理法》等法规都强调了包括色彩在内的视觉环境资源保护目标[6]，在具体实践中，主要通过城市设计导则来指导相关的色彩设计。

日本的色彩规划和管理具有较强的系统性和完整性，法律法规、规划编制以及具体的实施管理方面都相对完善。在法律法规层面，日本建设省于1981年提出了"城市色彩规划"法规，为城市色彩的规划提供了制度保障。此外，2004年6月通过的《景观法》更是从国家层面正式认可了城市景观色彩的规划与设计，对于促进城市良好景观和色彩的形成起着十分重要的推进作用。在规划编制层面，日本的色彩规划内容通常包括导则概要、城市概述、色系描述、整体色彩策略、分区规划等规划层面策略，同时还包含了较为详细的色彩实施与管理章节。在项目申报审批层面，日本对于城市色彩的申报制度、审批程序和管理措施均有较为详细的规定[7]，确保色彩规划的有效实施与管理。

3.当下城市色彩规划管理中的典型问题

国内城市色彩规划的研究和实践日益增多，但目前依然面临较难实施和管理的困境，主要原因有以下三个方面。

第一，城市色彩规划管理中的数据精细化管控不足。目前，较多色彩规划都采用了定量化方式制定色谱，但由于管控对象不明确、色彩量化技术不成熟，导致色彩量化数据难以有效落实和执行。

第二，城市色彩规划管理中的刚性和弹性较难把控。相较于其他规划，色彩规划具有较高的自由裁量度，如何在实践中合理选择色彩还缺乏深入研究。

第三，城市色彩规划管理缺乏制度保障。目前，城市色彩管控在法律法规层面尚不健全，色彩规划缺乏法律效力。同时，该领域缺乏统一标准，也限制了城市色彩规划的进一步发展。

因此，本文从上述三个方面出发，结合实际经验，深入研究，以期推动城市色彩规划向更加精细化的方向发展。

二、城市色彩规划管理的精细化与数据化

1.聚焦色彩规划管理对象

城市色彩规划管什么，是需要辨析的首要问题，目前城市色彩规划的理论主要源于法国朗克洛的"色彩地理学"及相关演绎，色彩地理学将一系列诸如地貌特征、土壤颜色、建筑、植物、民俗特殊装饰色等诸多要素均作为研究对象，因此，较多学者认为城市色彩规划应当包括城市环境中的一切可视要素。

然而，在实际实践中，一些要素如土壤、水系、绿化植被等的色彩较难人为管控，而市政标识、道路标识、民俗色彩等往往有固定的色彩规范或传承，一般不需要特殊管控。相比之下，在城市中，城市建筑色彩是占主导地位的，它们通常相对恒定，并且在实际中是可以被较好控制的色彩要素。因此，城市建筑色彩应被视为城市色彩规划的主要对象。

2.优化色彩量化管理方法

目前，城市色彩规划正朝向数据化、科学化、精细化方向发展。在色彩量化管理中，制定色谱是一个关键环节。色谱是按照一定色度顺序编排起来的颜色系统，用于反映某地区主要推荐色彩情况[8]。在色彩量化的方法上，主要有三种途径，包括照片取色、色卡比对和分光测色仪检测。

（1）基于照片取色的色彩量化方式

传统色彩规划通常采用直接拍摄照片的方法获取数据，近年来，照片分析的方式有一定进步，较多的研究开始采用街景技术来采集照片，作为色彩分析基础，比如Teng Zhong等学者基于深度学习的方法，用街景图像绘制城市立面色彩[9]。这类方法在分析较为宏观的城市色彩倾向时，具有高效便捷的优点，但若作为引导色彩规划或实施的基础数据，其精度不足。实际中，不同亮度、色温环境下，相机呈现的建筑色彩会有极大的变化，根据不同时间段照片提取色彩与分光测色仪检测数据对比可以看出，不同时间段的照片提取色的差异远超过可接受误差范围①，因此通过照片采样获取的数据具有较大局限性。

（2）色卡比对方法

常见的建筑色卡包括CBCC（中国建筑色卡）、中式传统色卡、劳尔色卡、日本涂料标准色卡、美国孟塞尔色卡等。这些色卡通常包含丰富的整体色彩样本，但常用于建筑外立面的色彩较为有限，因此在实际应用中较难找到适合的色彩。此外，色卡比对主要依赖于目视判定，需要借助个人经验和视觉感知，由于个人经验和环境影响的差异较大，颜色判读容易出现偏差。

（3）分光测色仪检测及色彩转化方法

分光测色仪是根据波长反射测定颜色的仪器，它具有不受外部环境光线影响的优点，并且采用CIE（国际照明委员会）色彩体系，可以实现在不同介质和平台上较为准确的色彩再现，因此被认为是最精确的获取色彩数据的方式。然而，CIE色彩体系的数据表达方式相对较为复杂，不够直观，因此较难被操作者理解。

在色彩规划中，较多采用孟塞尔色彩体系，它具

有直观性强、容易理解的优点。因此，分光测色仪检测的数据需要转化成孟塞尔色彩体系数据，才能较为便捷地应用于城市色彩分析。目前，两种色彩体系之间的转化尚未形成统一标准，不同研究者提出了不同的转化方式，如查图法、线性插值法和数值公式转换法等[10]。然而，这些不同的转化方式之间存在一定微小的差异，导致在具体应用时可能会影响到色彩数据的准确性和一致性。因此，如何准确地将分光测色仪检测得到的数据转化为孟塞尔色彩体系的数据，仍然是一个需要继续研究的问题（表2）。

综上所述，在色彩规划的采集、实施和管理中，需要运用分光测色仪获取精确的采样数据，同时，还需要进一步研究CIE色彩体系到孟塞尔色彩体系转化的统一标准，以严格把控规划色彩和实施色彩的色差，从而实现色彩精细化管控。

三、城市色彩规划管理的刚性和弹性

城市色彩规划的自由裁量度较高，是其较难管理的重要原因。城市色彩是客观规律和个体审美相互补充形成的，仅依靠指定色彩和固定色彩搭配模式容易出现呆板的城市景象。同时，由于个体审美的差异极大，如果过于强调个性化的表达而忽视了客观规律，就容易造成城市色彩的杂乱无章。因此，挖掘城市色彩背后的规律，可以作为色彩管理中刚性和弹性把控的依据。

1.识别色彩信息中的刚性秩序

在城市色彩复杂信息里，存在着某种秩序，正因为有这些秩序，创造力和多样性才能成立[11]。辨识出高品质色彩数据的基本规律有助于把控色彩管理的整体方向，避免出现方向性错误，同时也可以避免色谱过于宽泛，导致实际管理中难以应用的问题。

根据笔者团队对不同城市的色彩研究，城市视觉品质较好的建筑基调色通常分布在色谱频段较窄的数值区间[12]，即红黄（YR）和黄（Y）色相的部分区间，其中靠近10YR的色彩最多。红（R）、黄（Y）、黄绿（GY）、蓝紫（PB）色相内的低彩度区间有零星高品质色彩[2]。这种高品质建筑基调色的分布规律可以作为刚性管控的依据之一，同时，在相近的高品质基调色彩基础上，城市间的色彩差异更多地体现在色彩在空间上的分布、运用的比例和搭配的不同，这些因素可以被视为色彩弹性管控的要素。

2.不同尺度下色彩管控原则

城市的色彩景观可分为三种类型：远景、中

景、近景。远景可反映城市整体特征，较难关注细节，中景是从建筑物整体结构出发，调节建筑物色彩与周围景象的色彩关系，而近景则可以看到建筑物材料构成的样态、色彩等细微部分。近景和中景是把控色彩品质的落脚点[13]。因此，根据不同尺度的视觉特征，色彩规划管理一般可分为宏观、中观、微观尺度，不同尺度管控原则和方式存在一定差异。

（1）宏观层次色彩管理

在宏观层次尺度下，城市的色彩复杂且涵盖面广，这个层次主要解决的问题是承接城市整体定位以及明确城市整体色彩特征。因此，这个层次主要采用弹性管控，色彩规划管理核心是制定城市色彩总谱，同时，还需要厘清色彩结构，即明确重点区域与非重点区域的主次关系，并根据当地特点，如功能分布、文化特征、地域气候特征等，来判断整体色彩层面的色相冷暖、明暗、彩度以及色彩丰富度。

（2）中观层次色彩管理

中观层次可对应城市单元层面，这个层次色彩管控的目标应以色彩单元为单位，深化和落实宏观层面的色彩结构。这个层次通常是步行10~15分钟形成的空间，同时也是在无遮挡情况下，色彩可被有效感知的区间。在这个尺度内，若建筑使用过多的色调，会呈现杂乱无章的特点，因此需要营造一定的视觉连续性；同时，如果一个色彩单元内的建筑基调只采用一个色调，空间会显得呆板、缺乏生趣。因此，可借鉴帕累托原理，规定一个色彩单元的刚性主色调，占比约80%，这样可以形成统一感和连续感，同时允许出现约20%的弹性色调，以调节街区的视觉丰富度，营造更具魅力的城市形象。

（3）微观层次色彩管理

微观层次可应对城市街区尺度，这个层次色彩管控的目标是制定面向实施的色彩引导方案。通常，这一层次的规划建立在重点区域城市设计或建筑设计的基础上，形成更具针对性、具体到色号和材质的色彩引导方案。根据街区色彩复杂程度的不同，可分为单一主导色街区和复合色彩街区两种类型。

单一主导色指的是街区内，多数建筑的基调色相同，呈现协调统一的景观形象。在街区尺度下，帕累托原则依然适用，即确保多数建筑的基调色为同一色彩，同时也允许少量其他基调色建筑的存在，以保证街区景观的丰富性和多样性。

部分城市中心地区或者历史地区，地块内的色彩非常复杂，相邻建筑色彩之间均不一致，没有单一的主导色号，对于这种街区，其色彩搭配需要寻找合适的规则作为刚性要素，以确保统一风格，从而形成多彩而有序的城市色彩空间。例如，在德国Kirchsteigfeld小镇中，同一段街道建筑采用"基调色在同色系内变化"的规则，以形成和谐的视觉效果；又如在意大利米兰的某街道，采用"建筑的基调色和辅助色轮换组合"的方式，塑造多彩而和谐的街区风貌。

3.特殊节点的弹性管控机制

城市普通地区的建筑构成了城市色彩景观整体观感的基础，应严格遵守色彩规划的要求，营造和谐的色彩基调。然而，重点区域或特殊节点的建筑则是展示城市个性的舞台，突破原有色谱体系往往可以起到吸引人气或突出节点的作用。

例如，深圳水围柠盟人才公寓项目将色彩作为提升城市品质的媒介，通过改造原有的灰色建筑，创造出具有强烈视觉冲击感的"七彩客厅"，成为一处城市打卡地。

另外，法国巴黎诺凡西亚高等商学院以色彩作为区分新旧建筑的方式。新立面采用高彩度的红黄渐

表2　　孟塞尔色彩体系与CIE色彩体系转化类型比较

序号	孟塞尔色彩体系标准	色彩表达（色卡、生成软件）	优点	缺点
1	《建筑颜色的表示方法》（GB/T 18922-2008）	CBCC中国建筑色卡	国标，与CBCC中国建筑色卡对应	外墙常用色少，缺少与CIE体系转化工具
2	《中国颜色体系》（GB/T 15608-2006）	—	国标，CIE与孟塞尔对应数据	仅有数据值，无对应色卡及与CIE体系转化工具
3	日本涂料工业协会标准	日本涂料工业协会色卡	外墙常用色较多	缺少与CIE体系转化工具，与美国孟塞尔体系有一定偏差
4	美国潘通公司制定标准	美国潘通孟塞尔色卡	色彩较全	缺少与CIE体系转化工具
5	美国罗切斯特理工学院标准	ColorTell网站色卡	CIE与孟塞尔对应数据	电子色彩，无实体色卡，色彩不全
6	美国材料与试验协会标准[ASTMD1535-14（2018）]	Munsell Conversion软件	CIE与孟塞尔对应数据，有转换工具，色彩较全	无对应实体色卡

3.同一单元色彩比例关系图
4.德国Kirchsteigfeld小镇街道色彩特征分析图[14]
5.意大利米兰Giuseppe Bardelli街道色彩特征分析图

变，与巴黎米黄色的城市基调形成鲜明对比，呈现出令人惊艳的转角地标。

因此，在保持城市整体形象和一致性的前提下，增加针对特殊色彩的弹性管控制度是非常必要的。需要注意的是，这些特殊色彩运用的方式对于地点的选择和色彩的把握要求较高，因此，色彩评审专家团队需要具备一定的专业性。经过专业团队审慎的研究，特殊区域可突破原有的色彩管控框架，为城市带来一定的丰富性和多样性。

四、城市色彩规划管理的制度保障

1.城市色彩规划与现有城市规划体系结合

国内色彩管理研究处于初期阶段，仅部分城市出台建筑立面管理条例，如《杭州市城市建筑色彩管理规定》《武汉市城市建筑色彩管理规定》《长沙市建筑色彩管理规定》等。然而，大部分城市并未明确出台针对城市色彩管理的规范性文件。由于国内不同城市差异较大，短期内出台专门针对城市色彩的法律或法规条件不成熟，而城市色彩规划一般仅为研究型规划，缺少法律强制效力。在色彩管控的上位法律法规层次尚不健全的背景下，将城市色彩规划的框架与城市规划体系结合，将其作为空间要素的组成部分，是保障其法律地位和实施进程的重要方式。

根据上述分析，色彩规划的中观和微观层面是把控色彩品质的着力点。其中，中观层面近似于城市规划中的单元尺度，可以将其与控制性详细规划或国土空间详细规划的单元层次相结合，通过图则、文本等形式纳入管控范畴。微观层面近似于城市规划中的街区尺度，可对应修建性详细规划或国土空间详细规划的地块层次，应当在城市详细设计的基础上，形成更为精细的色彩管控方案。通过将色彩规划与城市规划结合，可以有效地推进城市色彩管理的实施，确保城市色彩的品质。

2.城市色彩规划管理的标准化建议

标准化体系是现代国家治理体系的重要组成部分，然而，在城市色彩规划领域，共识性的规划方法和框架尚未形成，不同规划的编制内容、编制方法、编制深度甚至采用的色彩体系均不一致，导致难以形成相互交流和对话的基础，制约了该领域的进一步发展。

国家的城乡规划标准基本上由国家标准、行业标准和地方标准构成，但这些标准面临着制定周期长，以及难以适应市场化和技术快速发展需求的问题。对于城市色彩规划来说，现阶段它是一个充满争议和不

6-7.深圳水围柠盟人才公寓实景照片（材料来源：https://www.gooood.cn/lm-youth-community-china-by-doffice.htm）
8-9.巴黎的诺凡西亚高等商学院实景照片（材料来源：https://www.designboom.com/architecture/asarchitecture-studio-novancia-business-school/）

确定性的领域，在短期内较难形成底线性、基础性、通用性的国家或地方标准，因此需要寻找更为合适的标准制定途径。

2016年，住房城乡建设部在《关于深化工程建设标准化工作改革的意见》中明确了培育发展团体标准的改革方向；2018年新修订后施行的《中华人民共和国标准化法》赋予团体标准明确的法律地位，鼓励和支持学术组织编制团体标准。与国家标准的底线性、基础性、通用性相比，"团体标准"或"企业标准"更能凸显及时快捷、创新活跃、针对性强、自主性强等特点，可及时将创新性成果提炼成标准进行推广和应用，也可以针对地域性需求编制标准，引导某个区域行业的健康发展。

因此，现阶段有必要制定城市色彩规划团体标准或企业标准，引导本领域的发展。其内容应当包括色彩体系、色彩调研方法、色彩评价方法、色谱制定方法、色彩通则要求等内容，引导色彩规划语言的一致性、色彩量化的规范性、色彩应用的科学性。这也是未来城市色彩规划管理需要重点研究的方向。

3.城市色彩规划管理中的专业团队建议

在城市色彩规划管理实施中，只依靠传统管理人员是不够的，首先，色彩管理需要较为专业的知识，比如对色谱与色号的理解、分光测色仪的操作等，需要跨学科背景知识。其次，规划管理人员、建设单位、施工人员的审美习惯、欣赏水平都会对色彩的使用产生影响，因此需要有专业的团队给予评价。此外，在具体的管控中需要留有一定弹性，如特殊地段的色彩突破，也需要专业团队通过一事一议的方式予以评判。

因此，在未来色彩管理中，有必要形成由色彩专家组成的色彩管理团队，参与色彩规划管理工作。这个团队可以组织研讨城市色彩相关课题，参与制定城市色彩规划，对于有争议的项目组织特别评审会议，

并监督重点地区色彩设计的实施等。通过引入专业的色彩团队，可以确保色彩规划和实施的科学性、准确性和合理性，从而提高城市色彩管理的质量和效果。

五、结语

城市色彩是城市品质和城市文化的重要载体，城市色彩规划管理是城市治理中至关重要的一环，目前国内对于城市色彩规划管理仍处于初步探索阶段。本研究在实践基础上，通过定性定量结合的方法，针对城市色彩管理中较为常见的问题，优化了色彩精细量化的方法，提出了色彩刚性与弹性的把控方法，同时探讨了色彩规划管理中的制度保障。

目前该方向在城市色彩管理理论、技术及应用方面还有很多内容有待深入研究。我们需要充分运用科技手段，以务实的态度积极实践和探索，使城市色彩更加美观化、特色化和有序化，从而创造出更具魅力和品质的城市色彩景观。

注释

①根据《建筑颜色的表示方法》（GB／T 18922—2008），建筑色卡标定色度值与其标准值的色差 $\Delta E^*_{ab} \leq 3$，结合实际视觉对比研究，可以认为 $\Delta E^*_{ab} \leq 3$ 为可接受误差范围，计算公式为：

$$\Delta E^*_{ab} = [(\Delta L^*)^2 + (\Delta a^*)^2 + (\Delta b^*)^2]^{1/2}$$

②在城市中，玻璃也可呈现高品质感，然而，通常情况下，玻璃会反射天空或周边环境的色彩，很难通过材料本身固有的颜色进行管理。因此，在常规的色彩分析中，不将玻璃的颜色纳入数据分析范围，而是通过对材料的通透性和反光性等特质来实现品质管理。

参考文献

[1]程嵘. 城市色彩规划管理初探——以株洲市为例[D]. 长沙：中南大学, 2010.

[2]张楠楠. 杭州城市色彩规划与管理探索[J]. 规划师, 2009, 25(1):48-52.

[3]沈璐. 雄安新区城市色彩规划设计[M]. 上海：同济大学出版社, 2020.

[4]苟爱萍, 王江波. 国外色彩规划与设计研究综述[J]. 建筑学报, 2011(7):53-57.

[5]刘磊. 北京什刹海历史文化保护区色彩管理研究[D]. 北京：北京建筑工程学院, 2012.

[6]李明. 适应性视角的城市色彩规划理论、方法与应用研究——以洛阳为例[D]. 南京：南京大学, 2015.

[7]王占柱, 吴雅默. 日本城市色彩营造研究[J]. 城市规划, 2013, 37(4):89-96.

[8]黄彬彬. 城市色彩特色的实现：中国城市色彩规划方法体系研究[M]. 杭州：中国美术学院出版社, 2012.

[9]ZHONG T, YE C, WANG Z, et al. City-scale mapping of urban façade color using street-view imagery[J]. Remote Sensing, 2021, 13(8): 1591.

[10]岳智慧, 黄强, 肖理, 等. 土壤颜色由CIE向Munsell系统的定量转换[J]. 光谱学与光谱分析, 2019, 39(9): 2842-2846.

[11]加藤幸枝. 色彩手册——思考建筑和城市色彩的100个提示[M]. 北京：机械工业出版社, 2021.

[12]白雪莹. 面向实施的精细化色彩规划研究[J]. 建设科技, 2022(10): 43-47.

[13]张长江. 城市环境色彩管理与规划设计[M]. 北京：中国建筑工业出版社, 2009.

[14]KRIER R, KOHL C. Potsdam Kirchsteigfeld: The Making of a Town[M]. Bensheim: awf-Verlag, 1997.

作者简介

白雪莹，上海同济城市规划设计研究院有限公司城市景观风貌规划设计所高级工程师，注册城乡规划师。

新旧共生的城市风貌提升路径探讨
——以重庆市朝天门解放碑片区城市更新提升规划为例

Discussion on the Path of Urban Landscape Enhancement with the Coexistence of Old and New
—A Case Study of Urban Renewal and Upgrading Planning of Jiefangbei and Chaotianmen Area, Chongqing

曹雲华　周东东
Cao Yunhua Zhou Dongdong

[摘　要]　城市建设不断更新迭代，需要延续优秀传统风貌，激活历史文化载体，也需要拓展新发展空间，适应城市现代功能布局。如何实现新旧文化、新旧空间、新旧群体的融合共生日渐成为重要的议题。笔者通过实践项目，提出强化多元风貌重塑空间体系、置入新兴业态活化历史空间、打通公共通廊织补新旧功能三大新旧城市风貌的共生路径，为我国现阶段城市存量区域风貌更新提升提供一定的示范和借鉴作用。

[关键词]　新旧共生；城市更新；城市风貌

[Abstract]　The continuous updating and iteration of urban construction requires the continuation of fine traditional features, the revitalization of historical and cultural carriers, and the expansion of new development space to adapt to the layout of modern urban functions. How to realize the integration and symbiosis of new and old culture, new and old space and new and old groups has become an important proposition. Through practical projects, the authors propose three major symbiotic paths of new and old urban landscape: reinforcing diversified landscape features to reshape the spatial system, inserting new types of business to revitalize the historical space, and weaving new and old functions through public corridors, which will, to a certain extent, provide a model and reference for the renewal and enhancement of the urban landscape of the current urban stock areas in China.

[Keywords]　symbiosis of old and new; urban renewal; urban landscape

[文章编号]　2024-95-P-016

我国已从增量扩张进入存量发展阶段，城市风貌也从新建区域的大片区建设管控转变为存量地区的精细化控制，侧重对城市形态进行点状织补，对新旧空间进行整体缝合。存量地区的城市风貌是长期积淀而成的，是城市各时期物质形态、社会文化、经济特征的集中体现，承载了城市发展的记忆。在城市更新过程中需要对既有特色进行保护和传承，凸显城市风貌的文化性，强化城市的识别性，以新旧风貌融合共生的方式，保留历史印记的同时，结合新技术，满足新功能、新群体对空间和风貌的需求。

目前规划设计领域有较多关于风貌保护与更新、方案设计中新旧风貌融合等方面的研究，聚焦点较为分散，对新旧割裂的存量区域进行系统性风貌统筹的研究较少，本文结合案例对新旧共生的城市风貌提升路径进行初步的探讨。

一、项目背景

重庆四筑渝城，奠定了"九开八闭十七门"的"母城"格局，项目位于渝中半岛两江交汇处，规划范围以古城墙内区域为主体，陆域面积约3.8km²，是重庆千年历史的载体与见证，目前区域已基本建成，

处于存量更新的发展阶段。区域内有湖广会馆、十八梯、白象街等传统风貌区，有中国唯一一座纪念抗日胜利的人民解放纪念碑和国民政府外交部等现代建筑，有重百大楼、环球金融中心、重庆时代广场等具有当代精神的代表性建筑，也有重庆来福士等具有未来代表性的建筑，是能呈现城市不同发展阶段的记忆空间。同时区域内上下半城地势高差达180m左右，山水资源独特，是最能体现重庆山城江城特色的区域，是新旧风貌共存发展的典型研究样本。"重庆市朝天门解放碑片区城市更新提升规划"项目以城市更新的方式，推动产业优化升级和形象品质提升，重点对城市风貌的统筹协调进行了研究。

二、新旧割裂的空间风貌现状

1.建筑新旧混合

从公元前314年张仪筑江州城至今，这2000多年来，本文重点研究的规划区域一直是重庆城市政治、文化和经济发展的重要区域，在城市的发展迭代中形成了新旧建筑混合的多元风貌。目前片区内建筑总规模约1778万㎡，其中21世纪前的建筑占比约47%，2000年至2010年建筑占比约24%、2010年后的建筑占

比约29%，是不同年代建成建筑极度混合共存的区域，呈现出无序生长的参差感；同时片区内居住建筑占比约38%，商业商务建筑占比约41%，其他建筑占比约21%，是功能高度混合的区域。

2.街巷二元分割

重庆渝中母城因地形高差形成了明显的上下半城格局，上半城地势相对较平缓，依托解放碑步行街和大量商业商务楼宇的集中，形成了现代化时尚潮流的街巷空间风貌。下半城依山而建，地势陡峭，以老旧住区和传统风貌区为主，街巷空间多为步行梯坎，风貌较古朴素雅。上下半城街巷各具特色，古的很古，新的很新，但缺少联系，呈现出二元分割的风貌特征。

3.绿地空间匮乏

经历了城市经济高速发展的阶段，区域内高楼林立，生态绿地空间所剩无几，虽然近几年对两江四岸滨江岸线与临江城市界面进行了整体提升，强化了嘉陵江和长江两条滨江生态带安全韧性和生态休闲等功能，但区域内部绿地空间依然不足，与两江生态空间的联系较少，同时存在着布局零散、形象老旧、利用率不高等问题。

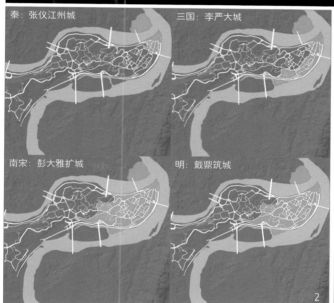

秦：张仪江州城　　　　　三国：李严大城

南宋：彭大雅扩城　　　　明：戴鼎筑城

十八梯　　　　　湖广会馆　　　　　白象街

国民政府外交部　　　　人民解放纪念碑

重庆来福士

环球金融中心　　　　重百大楼

国泰艺术中心　　　　重庆时代广场

1.渝中母城整体风貌鸟瞰图　　2.重庆四筑渝城图　　3.不同时期重要建筑现状图

三、新旧共生的城市风貌更新提升路径

结合项目新旧共存的空间特色，承接片区发展目标，针对片区内建筑新旧混合、街巷二元分割、绿地空间匮乏等问题，本文提出三大城市风貌更新提升路径，对片区整体的风貌形象进行统一规划引导和提升，结合业态优化激活城市低效空间，实现新旧风貌融合共生，同时注重对各历史阶段空间特色的传承和延续，凸显山水之美、人文之美的城市风貌。

1."主轴凸显+后街成网"重塑风貌空间体系

结合现有空间特色和功能布局，强化各自原有风貌特色，打造开放交流、时尚潮流的主轴，以及承载山城记忆、人文烟火的后街，对功能业态和空间风貌进行分区分类的差异化引导，以"主轴+后街"的模式构建步行大街区。

（1）序列主轴：从未来之城到历史之门的时空发展轴

构建从朝天门到解放碑到通远门的城市中心主轴，长3.3km，布局了片区内主要的商业商务、外事机构和政府办公等功能，沿线有凸显未来感的国际化建筑，有商业商贸集聚的现代化建筑，有体现山城记忆的居住建筑，也有历史城门遗迹，是呈现时代发展的城市发展主轴，也是彰显时尚潮流趋势的聚集地。

按照现状功能基础的差异，将主轴分为国际交往、金融消费、人文烟火三个主题段。其中国际交往段依托朝天门广场、来福士、重庆饭店金融博览建筑群等，强化中新合作和金融历史展示功能，充分彰显

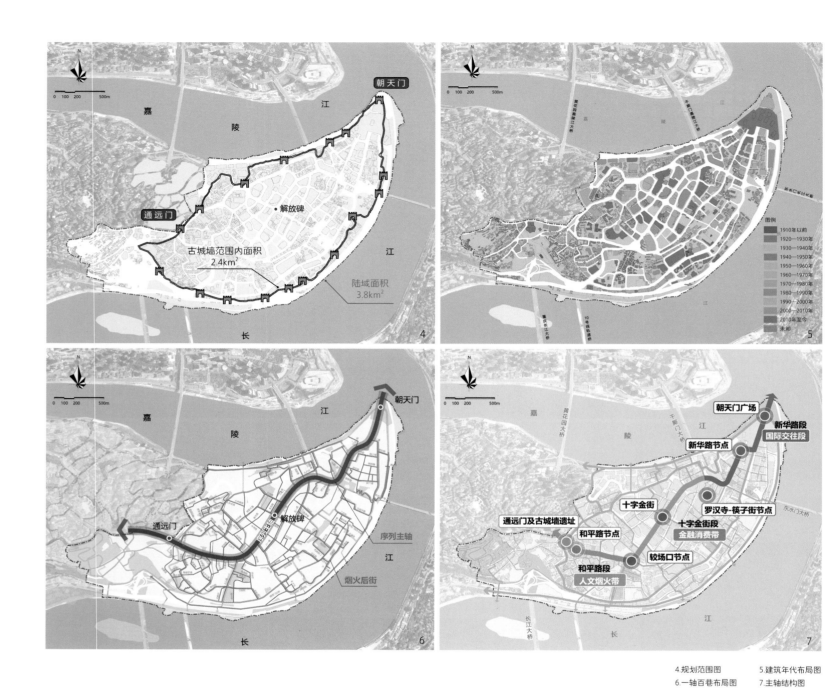

4.规划范围图　　5.建筑年代布局图
6.一轴百巷布局图　　7.主轴结构图

开放包容特性，塑造国际化城市形象。金融消费段依托WFC环球金融中心、复地金融中心、大都会广场以及解放碑步行街等，打造金融总部集聚地和时尚潮流消费地，塑造高端时尚的城市形象。人文烟火段依托日月光、较场口、十八梯、通远门等，培育文博旅游、文化消费等功能，展示城市巴渝烟火。结合三段主题以场景营造理念打造十大节点空间，形成从人文开放、国际交往到金融商贸再到文旅休闲、遗址游览的时空序列场景，强化主轴功能形象。

（2）烟火后街：山城文化体验的历史基因库

对片区内两百余条街巷道路进行全面梳理，筛除

主要交通性道路、主轴道路，保留具有一定特色的道路街巷，最终形成108条串接上下半城、探寻山城文化的烟火后街网络，以街巷的提升全面激活区域发展，提升居住品质。

以街区整体开发的理念，形成八大特色风貌主题街区，通过控制重点街巷界面两侧的建筑界面，以街巷业态规划为导向，决定沿街建筑分级改造策略与公共空间规划策略，最终根据商业开发的紧迫性与具体实施可行性，确定各大片区的分期开发策略，促进街区商业良性发展。

①时尚艺术体验街区

延续重庆特有的"赛博朋克"基因，整体转型为

富有未来感的商业文旅功能区，优化建筑首层业态及空间风貌，提升街巷梯坎公共空间的景观环境。引导科技回归都市，实施都市创意产业上楼计划，植入时尚设计、工业设计、买手店、设计师品牌店、中古店、电商直播等业态。

②8D魔幻漫游街区

处在上下半城交接高差变化丰富的段落，拥有凯旋路电梯、左营街魔幻天桥、白象居等网红节点，以嵌入式的方式植入商业文旅功能，进行点状的业态置换，激发小巷活力，实现游客与居民空间共享。以口袋公园的改造作为触媒激活生活空间活

力，增加公共开放空间和居民休憩场所，提升人民幸福感，吸引年轻人的同时留住在地的生活方式，实现现代与市井的共存。

③食味烟火活力街区

基于目前已有的网红社区餐饮基础，引导形成开放性社区文旅商业圈层，同时规范社区门店，统筹布局公厕、垃圾房、停车场等基础设施，增加公共社交空间，改善居民生活品质。深入挖潜小微空间，针对性提出复合利用的设计方式，将居民休闲健身与餐饮等功能区块结合设计，结合崖壁高差设计景观与停车的复合空间，结合建筑天井打造居民日常休闲活动空间等，以"针灸"式改造发挥公共空间最大的价值。

④山城艺术文化街区

街区包含了山城巷传统风貌区、十八梯传统风貌区、通远门城墙遗址公园，通过后街小巷体系的构建串联区域内散布的景点，加强街区文化和艺术特色，引导艺术进驻社区，鼓励部分老旧住区向特色民宿、长租公寓转换，增加旅游配套支撑，同时结合适老需求，鼓励社区底商的多功能服务设施置入，提升在地居民幸福感，塑造主客共享的文化艺术社区。

2."新业态+旧空间"再构传统风貌区

片区内有丰富的历史文化建筑，目前存在资源好但知名度不高、活化利用度不高等问题，需要对历史建筑、传统风貌建筑等进行保护性活化利用，留住城市记忆的同时激活历史空间，推动片区文化、商业、旅游功能融合发展。

（1）点状活化：历史建筑的活化利用

片区内有81处不可移动文物和21处历史建筑，在不影响文物建筑原有形式、格局和风貌，不改变结构体系，不损毁文物建筑，不影响文物价值的前提下，推进其更新改造和活化利用，导入文化创意、总部办公、休闲体验等新兴业态，充分挖掘片区历史遗迹和特色文化资源，突出文脉传承、风貌保护，融

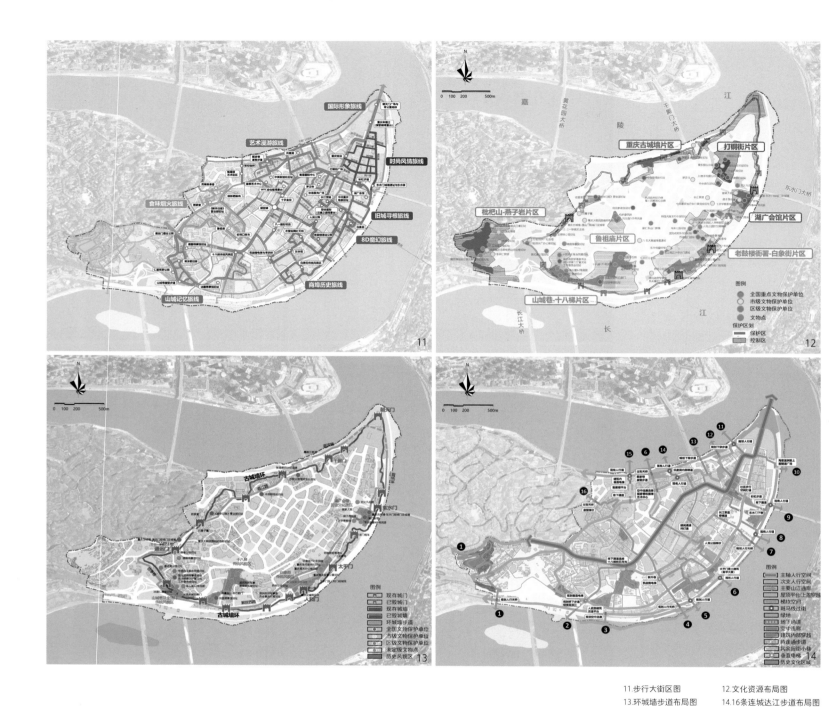

11.步行大街区图   12.文化资源布局图
13.环城墙步道布局图   14.16条连城达江步道布局图

入创意元素与崭新的生活方式，焕新历史建筑，使之成为片区新文化地标。重庆饭店前身是抗战时期著名的川盐银行，1959年改为饭店，目前被改建为服装批发市场，方案挖掘其历史价值，还原历史风貌，结合周边银行旧址，打造金融博览集群，运用科技手段，打造沉浸式金融博览体验。

（2）带状激活：古城墙传统风貌带的路径激活

延续古城墙传统基因，以环古城墙步道体系为脉络，以城墙遗址公园带为抓手，通过现存城墙遗址的保护修缮及消失城墙段的环境优化展示，全面推进古城墙环公共空间品质提升。

以现存城门为重点，改造提升朝天门、通远门城墙遗址公园；保护与活化利用东水门、人和门城墙遗址，结合周边建筑和公共空间打造文旅休闲目的地；结合老鼓楼衙署遗址的重建，扩展太平门城墙遗址公园，并加强与滨江空间的联系。

以寻访重庆母城古城墙遗址为主题，打造7.2km环古城墙步道体系，强化步行连通性，加强公共交通和旅游交通接驳，提升步道空间品质。结合沿途的文化及商业节点，强化古城墙文化体验和旅游服务等功能，经过老旧住区段则增设公厕、驿站、标识等配套设施，整治沿线建筑立面及环境风貌，形成具有历史记忆的独特魅力空间。

（3）街区融合：传统风貌区的新旧融合

片区内拥有湖广会馆及东水门历史文化街区、十八梯、白象街、打铜街、鲁祖庙、山城巷及金汤门、飞机码头—燕子岩—枇杷山7个传统风貌区，有大量承载着历史印记的空间遗产，风貌区内根据空间的保护价值布局划定传统风貌核心保护区和建设控制区。

其中核心保护范围内应保持建/构筑物的历史风

改造前 改造后 15

改造前 改造后 16

改造前 改造后 17

改造前 改造后 18

天桥 19 电梯 20 连廊 21 梯坎 22

15.神仙口改造前后对比示意图　　16.重庆饭店改造前后对比示意图
17.白象街改造前后对比示意图　　18.小微空间改造前后对比示意图
19-22.部分公共空间连通方案示意图

貌、空间尺度和历史环境要素的完整性。除必要的基础设施和公益性公共服务设施，原则上不得新建建/构筑物，严格控制建筑高度和建筑体量，不超过原有建筑高度与地面轮廓，非保护性建筑色彩应与保护型建筑色彩相协调。严格保护核心保护范围内的梯道堡坎、古树名木等有着重要价值的历史要素。建设控制区是核心保护范围和非保护区之间的过渡地带，新建、修缮、立面整治、环境整治、解危改造等建设活动，应当与环境风貌相协调，建筑高度应满足保护单位、历史建筑对周边城市视廊、街景的要求，建设保持依山就势的传统格局。

3. "山江通廊"织补新旧风貌空间

规划梳理16条连接上下半城、通达两江且有一定空间特色的步行线路并对其进行优化提升，通过节点激活和沿线管控，建设独具山城魅力的山江通廊。

（1）连城达江：优化步行空间串联腹地滨江

打通步行堵点断点，优化步道空间和城市家具，于十八梯、山城巷、戴家巷、白象街等地建设跨越江路的过街平台，增强腹地与滨江空间的联系。串联文化建筑、公园广场、滨江水岸等公共活动空间，建立梯坎空间、地下通廊、空中连廊、垂直电梯、建筑

内部穿越等多元立体步行体系，增加步行空间的趣味性和连通性，提升连山达江步行系统品质。

（2）节点激活：激活小微空间打造共享客厅

结合步道沿线的道路空间、街角空间、桥下空间、社区内剩余空间、商业服务空间、公共建筑空间等小微空间，植入休憩、展览、科普等设施，以空间设计激活闲置、低效空间，将部分低层居住建筑功能转换为商业、服务业、办公等复合业态，打造一平方米街坊、天桥咖啡、FUN市集、德兴会客厅、崖壁社趣角等公共场景，改善"脏乱差"现象，激活空间活力，以"针灸"的方式重塑人与城市空间的关系，打造共享会客厅。

（3）界面管控：统筹沿线风貌塑造特色空间

保持步道空间的干净整洁，引导沿线建筑空间、围墙空间与公共空间一体化设计，弱化空间边界感，增加空间趣味性和多元性。提升沿线界面形象品质，规整杂乱的市政线缆，消除安全隐患，改造建筑立面，强化标识指引。挖掘每段步道区域的历史文化价值，在步道沿线界面进行集中表达展示，形成特色空间记忆。建筑风貌尽量在保持原有时代风格的基础上进行色彩、样式、材质等整体统筹，在大统一的基础上保留小差异，对原有建筑风貌不做过多的粉饰更改。

四、结语

城市发展是一个不断生长迭代的过程，这样的发展过程会带来传统与现代之间的碰撞、新貌与旧颜之间的对比，形成多样的城市风貌。本文主要通过空间体系统筹，功能改造再生和公共空间织补等多种路径，探索新旧风貌的对话与融合，形成城市更新过程中对城市风貌的系统性管控引导，实现新旧共生的城市风貌更新提升。

作者简介

曹雲华，同济大学建筑设计研究院（集团）有限公司重庆分公司主创规划师；

周东东，同济大学建筑设计研究院（集团）有限公司重庆分公司副总规划师，规划所所长。

国土空间全要素视角下的大尺度蓝绿空间景观格局保护与利用探索

——以榆中生态创新城总体城市设计为例

Exploration on the Protection and Utilization of Large-Scale Blue-Green Space Landscape Pattern from the Perspective of the Whole Elements of Territorial Space
—A Case Study of Yuzhong Ecological Innovation City Master Design

梁 菁
Liang Jing

[摘 要] 在新时期国土空间规划体系改革背景下，"景观"的内涵也在不断地拓展。基于"山水林田湖草"全域全要素的大尺度蓝绿景观空间成为国土空间的重要载体，也是总体城市设计中塑造城市风貌特色的关键要素。本文从剖析国土空间规划背景下的总体城市设计新趋势新要求出发，以榆中生态创新城总体城市设计为例，探索提出基于落实全域全要素管控要求的大尺度蓝绿空间景观格局保护与利用的规划思路和方法。

[关键词] 国土空间规划；大尺度蓝绿空间；景观格局

[Abstract] In the context of the reform of territorial spatial planning in China, the connotation of "landscape" is also constantly expanding. The large-scale blue-green landscape space based on the whole element of "landscape, forest, lake and grass" has become an important carrier of territorial space, and it is also a key element in shaping the characteristics of urban landscape in the master design. Starting from the analysis of the new trends and requirements of master design under the background of territorial spatial planning, this paper takes the master design of Yuzhong Ecological Innovation City as an example, to explore and propose planning ideas and methods for the protection and utilization of large-scale blue-green space landscape pattern based on the implementation of the whole-element management requirements.

[Keywords] territorial spatial planning; large-scale blue-green space; landscape pattern

[文章编号] 2024-95-P-022

1.规划框架图
2.规划范围图

一、背景：国土空间规划背景下的总体城市设计发展新趋势

2017年3月，住房和城乡建设部发布《城市设计管理办法》，此后全国先后有21个省、市出台了城市设计编制导则，总体上都是围绕保护自然山水格局、确定城市风貌特色、优化城市形态结构和明确公共空间体系四个任务展开。其中，自然山水格局是总体城市设计中塑造城市风貌特色的关键要素。随着生态文明建设的持续推进，中国城乡发展的新阶段及新诉求促进了规划体系的重大变革。2019年，中共中央、国务院发布《关于建立国土空间规划体系并监督实施的若干意见》，标志着"五级三类"的国土空间规划体系的初步建立。2021年7月，自然资源部发布的《国土空间规划城市设计指南》开始实施，其明确指出在总体规划层面的城市设计编制中，要"提出自然山水环境保护开发的整体要求"，"统筹整体空间格局"，"强化生态、农业和城镇空间的全域全要素整体统筹"，"协调城镇乡村与山水林田湖草沙的整体空间关系"，"明确全域全要素的空间特色"等。可见，在国土空间规划的整体框架下，各类自然资源均纳入统一规划和管理，打造"山水林田湖草生命共同

体"已成为共识，对原来以塑造自然山水格局为核心的大尺度蓝绿空间提供了全新视角。

目前国内相关学术研究大多关注基于生态安全格局的国土空间生态修复、单一景观要素设计如绿地和水域等内容，仅有少数文献开展了大尺度景观规划的实践探索，尚未形成在总体城市设计背景下全域、全要素蓝绿空间景观格局保护和利用的系统框架。当前各地总体城市设计的规划实践也更多关注开发边界内的景观风貌营造，对开发边界外的非建设空间、跨越城乡边界的蓝绿空间景观格局鲜有涉足，如何在新时期发挥总体城市设计对全域全要素大尺度蓝绿空间景观格局的指导作用面临挑战。本文基于这一现实情况，提出探索全要素大尺度蓝绿空间景观格局的保护与利用的优化思路。

二、国土空间全要素大尺度蓝绿空间景观格局保护与利用的方法探索

1.国土空间背景下大尺度蓝绿景观空间格局保护与利用的规划框架

（1）大尺度蓝绿景观空间的内涵

广义的景观是指土地及土地上的空间和物体所构

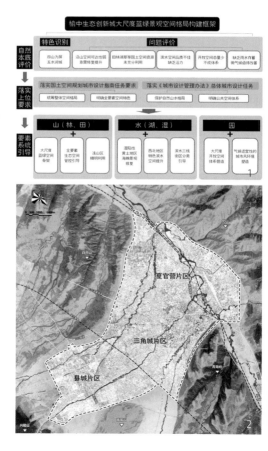

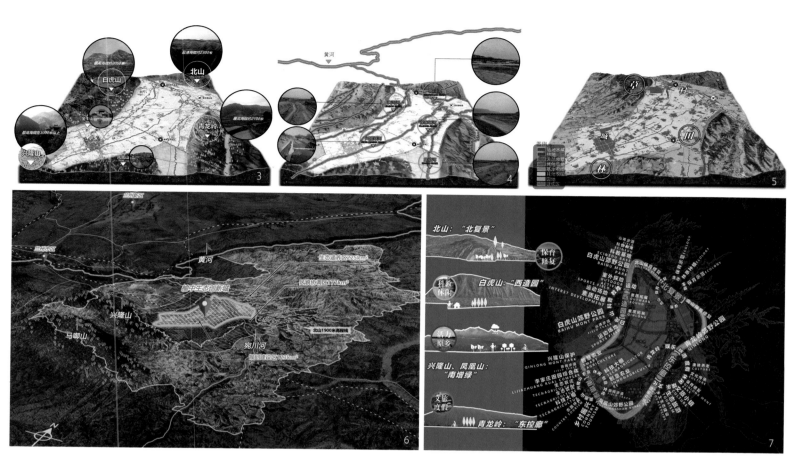

3.周边山体现状图
4.水系现状图
5.国土空间全要素现状图
6.圈层状蓝绿空间骨架
7.浅山区四大分区示意图

成的综合体，它是复杂的自然过程和人类活动在大地上的烙印。随着构建生态安全格局成为国土空间规划的核心内容，"景观"的内涵也需要不断地拓展，跳出建成空间和单一的景观要素，融合更广域的生态空间保护和利用等工作。本文所提出的大尺度蓝绿空间景观格局与传统的总体城市设计不同，不仅涵盖了城市开发边界内的山体、水系、公园、风景名胜区等，也包含覆盖城乡全域的乡村、农田、森林、湿地等全要素自然景观资源，充分延伸了"景观"的边界。以大尺度蓝绿空间景观格局为抓手开展总体城市设计，有利于从消极保护转变为积极治理和再利用，与城市建成空间互为图底关系，塑造更具地方特色的整体空间秩序。

（2）大尺度蓝绿空间景观格局保护与利用的规划框架

在国土空间规划体系改革背景下，为实现向上承接国土空间总体规划的要求，向下引领详细规划层面城市设计的编制，笔者认为新时期总体规划阶段城市设计的大尺度蓝绿空间保护和利用应兼具保护生态安全底线和塑造城市风貌特色双重属性。基

于此，本文以兰州榆中生态创新城为例，创新地将"山水林田湖草"全域全要素生态资源融入总体城市设计的大尺度蓝绿空间景观格局的构建中，紧扣"黄河、黄土、金城"等在地特征和"山环水润"的独特生态本底优势，提出了针对西北半干旱地区的大尺度蓝绿空间景观格局营造与修复的设计框架。从大尺度蓝绿空间骨架构建、全要素景观空间管控引导、浅山区精明利用、湿陷性黄土地区海绵景观修复、西北地区特色滨水空间提升、滨水三线街区分类引导、大尺度开放空间体系营造、气候适宜性的城市风环境塑造等方面，"修山、理水、增林、厚田、蓄湖、丰草、富村"，多管齐下探索大尺度蓝绿空间景观格局的保护和利用策略在新时期总体城市设计层面的应用。

2.基本概况：榆中生态创新城大尺度蓝绿景观空间特质

榆中生态创新城地处兰州市东部30km处，东起青龙岭，西至白虎山，南起兴隆山，北至北山，总面积123km²。它是以"生态、创新"为主题特色

的，继兰州新区之后，甘肃又一承接产业转移、集聚科技创新的战略新高地和带动区域发展的新兴经济增长极。榆中生态创新城所处的榆中盆地位于黄土高原、关中平原、青藏高原三大地理特征区的交界处，是四周群山环绕的川塬河谷地区，整体地形平坦开阔，地势南高北低，海拔1432~2000m。由于榆中生态创新城地处典型的温带半干旱大陆性季风气候区，这里昼夜温差大、降雨少，全年日照充足。

（1）"四山为屏，五水润城"的山水景观格局

榆中生态创新城自然山水本底得天独厚，呈现"四山为屏，五水润城"的地理风貌，在整体生态环境相对脆弱的西部地区，生态景观优势凸显。"四山为屏"的"四山"分别为环绕盆地的兴隆山—马衔山、北山、青龙岭、白虎山。其中，兴隆山—马衔山是甘肃东南部的最高峰，内设兴隆山国家级自然保护区，是榆中最重要的水源涵养和生物多样性保护生态功能区，也是兰州重要的生态屏障，有"陇右绿肺"之称。北山、白虎山、青龙岭地表干旱植被稀疏，沟壑纵横，是典型的黄土丘陵区。此外，夹沟河、兴隆

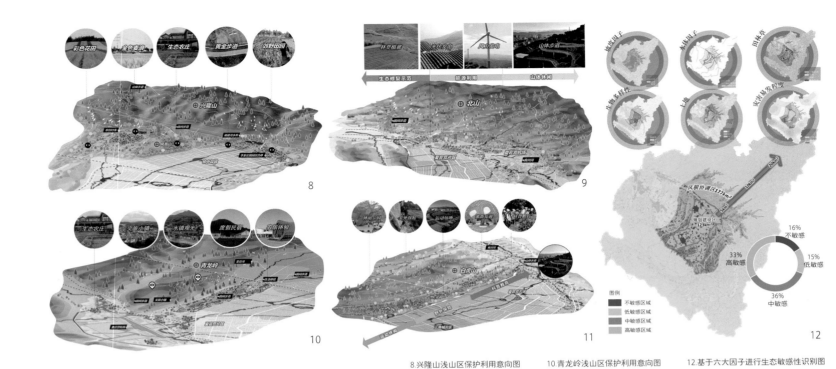

8.兴隆山浅山区保护利用意向图　　　10.青龙岭浅山区保护利用意向图　　　12.基于六大因子进行生态敏感性识别图
9.北山浅山区保护利用意向图　　　　11.白虎山浅山区保护利用意向图

峡河（南河）、徐家峡河、宛谷河、宛川河共同构成榆中生态创新城"五水润城"的水文格局。其中，夹沟河、兴隆峡河（南河）、徐家峡河、宛谷河为生态创新城内部四条主要的南北向雨洪廊道，除南河上游段外，其他河流均为季节性河流，枯水期断流；雨水经四条廊道汇入东侧的黄河一级支流宛川河，最终汇入黄河。然而目前榆中生态创新城周边山体景观缺乏可赏性、可游性和可达性，且受到湿陷性黄土威胁；水域景观受季节性水位影响较大，滨水空间品质不佳，缺乏活力。

（2）"北草、中农、南林"的田林湖草分布特征

榆中生态创新城国土空间资源以耕地为主，面积83.5km²，占总面积的67.5%；其中，基本农田面积16.1km²，占比13%；其他用地类型包括种植园用地、林地、牧草地、其他农用地等。总体而言，以"田林湖草"为代表的国土空间非建设空间景观资源在空间分布上呈现"北草、中农、南林"的三段式特征，即南部以兴隆山林地资源为主，中部以农田为主，北部以北山草地和自然保留地（未利用地）为主。其中，"农"主要为一般农田，广泛分布于河谷盆地及部分浅山区，但现状农旅利用效率不高，缺乏田园风貌景观塑造；"林"则广泛分布于盆地南侧的兴隆山——马衔山，其他山体如北山等地表裸露，以牧"草"地和未利用地为主，水土流失严重，局部生态环境破坏，亟待生态修复。

三、创新探索：榆中生态创新城总体城市设计实践

1.山：优化自然山体与全要素生态本底

（1）构建由外向内圈层状的蓝绿空间骨架

为响应黄土高原生态脆弱等问题，设计优先考虑构筑非建设空间的绿色基底。借鉴融入国土空间"双评价"分析方法，诊断各生态资源的本底现状，从坡度、土地资源、水资源、地质灾害及生物多样性等多视角出发，运用GIS软件进行多维叠加分析，对榆中生态创新城周边525km²范围的生态本底进行全方位的生态敏感性识别，对高敏感、中高敏感区域的重点管控生态用地、生态斑块进行严格保护。在此基础上，划定了"生态涵养区、风貌协调区、规划建设区"三大分区。其中，外圈生态涵养区以生境圈保育为主题，严格保护、修复山地自然生态，加大山林水源涵养力度；中圈风貌协调区以协调浅山区生态保护和开发利用为核心，通过营造六大郊野公园，有效推动城郊地带山、水、城、乡融合发展；内圈规划建设区为城市建设和人类活动的集中区域。

通过三大生态圈层的划分，有利于框定总量、划定城市开发边界，将榆中生态创新城构筑成一个"外部多层缓冲，内部蓝绿成网"的生态共生城市，为构建"城、乡、野"全域大尺度蓝绿景观格局奠定空间基础。

（2）基于国土空间全要素的生态空间管控引导

基于前文识别的三大生态圈层，进一步诊断中圈层生态涵养区范围内"林、田、草"等各类要素的生态基础，并实施严格管控和生态格局的高效保护与利用。首先，针对"田"要素，总体城市设计在严格保护永久基本农田基础上，提出充分发挥西北旱塬梯田风光特色，对植被种植等要素进行控制引导，以田园综合体等发展模式，构筑具有黄土高原特色的乡野田园大地景观。其次，针对"林"要素，加强生态涵养区范围内森林资源保护，落实国土空间规划底线管控要求；同时加大山体复绿力度，建立森林景观公园，打造预留的10条生态景观廊道，对山水视廊、山脊线轮廓进行重点管控引导，实现广域生境修复和景观营造。最后，针对"草"要素，科学划定草地保护范围，防止盲目开垦种植农作物，以此提升黄土台塬水土保持功能。

（3）凸显近郊浅山区的精明保护与利用

针对榆中生态创新城现状周边山体特色不突出、可达性差等问题，设计借鉴北京浅山区可持续利用经验，划定靠近榆中创新城一侧、相对高差在100~300m的山体，共209km²区域为浅山区范围，形成了200km²的生态缓冲区。浅山区以控制水土流失、恢复森林植被，有序推进乡村振兴为目标，不得擅自改变区内地形地貌及其他自然景观环境原有状态，但允许在不破坏生态环境的前提下，适度建设小型生态旅游服务设施和生态试验设施，适度开展观光、旅

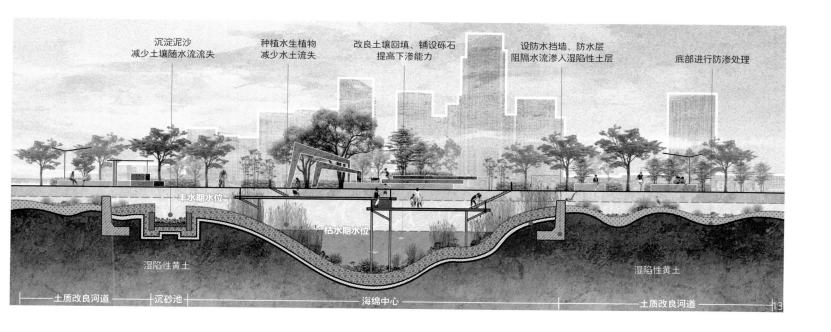

沉淀泥沙
减少土壤随水流流失

种植水生植物
减少水土流失

改良土壤回填、铺设砾石
提高下渗能力

设防水挡墙、防水层
阻隔水流渗入湿陷性土层

底部进行防渗处理

丰水期水位

枯水期水位

湿陷性黄土

湿陷性黄土

土质改良河道 — 沉砂池 — 海绵中心 — 土质改良河道

13.湿陷性黄土地区景观水系改造断面图

游、科研、教育活动；此外，还提出通过负面清单与供地保障政策实现浅山区设计管控引导，控制沿山整体风貌。在此基础上，根据周边"四山"的区位和不同特质，将浅山区划分为四大分区，实施了"南增绿、西造园、东控廊、北复景"的分类引导利用措施，以此维护特色生态景观格局。

其中，南部兴隆山脚及凤凰山浅山区在严格保护基础上，通过新增山水步道等设施，活化利用山脚下相对开阔的田园空间和村庄，布局田园农庄、特色民宿、农创中心等特色功能，同时策划高原夏菜丰收节等主题活动，打造以乡村复兴为主题的农旅板块。北山浅山区以生态修复、植被复绿为主，允许适度建设光伏发电等以非永久占地为主、利于榆中生态创新城整体可持续发展的绿色产业项目。西侧白虎山浅山区结合兰大镇主题，通过适度建设科学驿站等小规模、生态型的科研教育设施，以及在白虎山郊野公园内新增露天剧场、运动场地、山体步道等小型生态旅游服务设施，打造科教运动主题的休闲板块。东侧青龙岭浅山区，点状布局"农业+""文化+"产业项目，新增与青龙岭、宛川郊野公园相结合的田园小镇、生态文旅体验中心等小型生态旅游服务设施，打造文旅度假休闲板块。

2.水：突显半干旱地区活力滨水空间

（1）以水润城：适应湿陷性黄土地质特点、构建具有黄土高原特色的海绵景观系统

水作为西北地区比较稀缺的景观资源，本次总体城市设计重点关注的是如何合理节约水资源、挖掘片区的水能力，在干旱缺水的气候条件下营造出有特色的景观效果。设计遵循山谷汇水的自然逻辑，梳理保留了榆中生态创新城叶脉状的生态水网格局，将水系功能共分成主要泄洪河道、山洪疏解渠道和景观水系三类。外围以宛川河、三电渠、垈谷河3条河为山洪疏解渠道沟，保障城市水安全；内部结合地形地势打造5条泄洪河道、3个海绵景观湖和5个海绵景观湿地，适应湿陷性黄土的地质特点，构建了具有西北地域特色的海绵体系，最终形成"三湖辉映、五水润城、六湿蓄净、九渠联网"的蓝网格局。

在此基础上，借鉴西北地区其他城市的海绵城市建设经验，提出榆中生态创新城的海绵城市建设应强化水土保持，以"蓄""用"为主要途径控制年径流总量，提高雨水资源利用率，缓解水资源紧缺的现状，实现70%的降雨就地消纳和利用，建设黄土高原地区的海绵城市样本。设计还重点针对局部地区湿陷性黄土分布的特点，提出采用下垫面土质改良和底部防水防渗等措施，以此预防湿陷并更好地集蓄雨水，营造干湿结合的特色弹性景观海绵系统。

（2）以水靓城：修复河流生态环境、提升城市滨水公共空间品质

针对榆中生态创新城现状河流的水文地质和季节性变化特征，本次总体城市设计在不改变大的地形环境原则下，通过优化水系脉络与城市格局的关系，提出"五水润城"的设计理念，并分类构建了生态型、

城市型和防洪沟渠三大类特色滨水空间（表1）。

其中，生态型河流沿线以郊野公园为主，强调河道周边的生态环境修复，并配合新增多处生态设施，以提升水土涵养功能；岸线以软质驳岸为主，有利于保留绿色开放的自然界面。例如位于生态创新城外东侧的生态自然型河流宛川河，水量较丰盈，其滨水空间的提升以周边生态环境与河漫滩修复为主，通过恢复河流的自然水文状态，形成无需较多人工干预的河漫滩与河岸系统，营造应对夏季集中洪水的弹性生态景观。城市型河流强调优化滨水岸线的空间品质，沿线通过新增公共休闲活动设施和慢行系统，让滨水空间更易亲近；岸线以硬质和软质相结合为主，有利于在满足市民亲水需求的同时也保留沿岸的自然山水风貌。例如位于生态创新城中央的城市型河流夹沟河，沿线人文氛围浓厚，针对现状季节性缺水和明显的湿陷性黄土地质特征，其滨水空间的提升设计从河道边坡的夯土结构固定入手，在此基础上利用大高差营造台地景观，融入"五谷丰登""都市农业"的田园景观，打造高品质的城市滨水公共空间。其他防洪沟渠因流量受雨水季节性支配，建议通过营造符合西北地区气候的生态旱溪、植草沟景观，实现"有水景更润，无水景也美"的特色景观效果。

（3）以水聚城：促进城市滨水功能向三线街区延伸渗透、凸显城河互动

为进一步凸显城河联动，本次总体城市设计提出了"滨水五线谱"的概念。其中"一线、二线"分别为滨

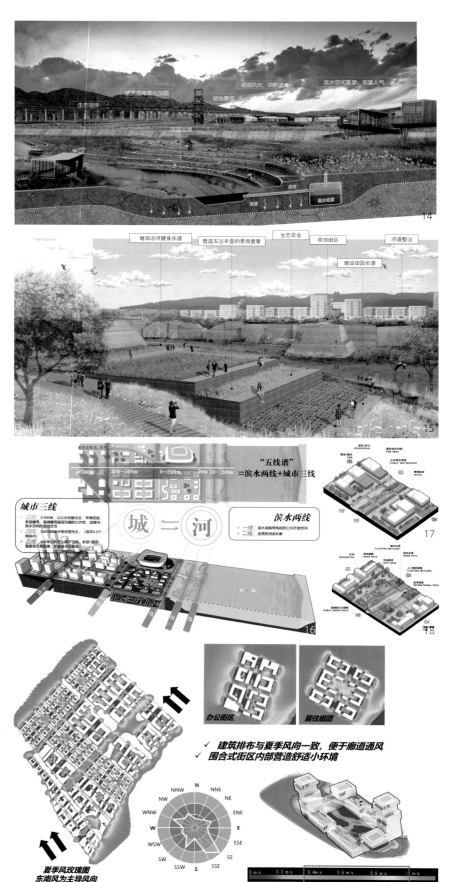

表1　　　　　特色滨水空间分类一览表

生态型河流	生态自然段	郊野公园及绿廊	河道沿线以郊野公园为主，配合设置多处生态设施，涵养功能较强。岸线主要选择软质驳岸，保留绿色开放的自然界面
城市型河流	创新人文段	夹沟河夏官营段、金牛山公园段、南河三角城段	河道沿线学镇、创新产业园区风貌突出，历史人文氛围浓厚。沿线设置集中成规模的休闲活动设施。岸线选择硬质和软质相结合的驳岸，满足人们亲水性的同时也保留沿岸的自然山水风貌
	现代休闲段	各片区中央公园段	河道沿线以大型商业办公和混合型功能用地为主。沿河布置大量公共休闲活动设施。沿河主要选用硬质驳岸，架设亲水平台栈道，提升滨水空间的亲水性
	乐活宜居段	各片区居住周边（南河县城段、夹沟河三角城段）	河道沿线以居住功能为主，沿河布置慢跑道等健身康体设施和儿童游憩设施。岸线选择硬质和软质相结合的驳岸，满足人们亲水需求的同时也保留沿岸的自然山水风貌
防洪沟渠		外部截洪成环内部渠道相连	完善城市防洪排涝工程建设，提高城市韧性，打造集山洪截洪渠、排洪渠道

14 生态型河流宛川河滨水改造示意图
15 城市型河流夹沟河滨水改造示意图
16 滨水五线谱概念图
17 商业型滨水三线街区分类引导示意图
18 生态居住型滨水三线街区分类引导示意图
19 局部组团风环境模拟图

水消落带构成的公共开放空间和连贯的河滨绿地，两者共同构成了滨河自然生态廊道；而"三线"则是距离滨河绿地0~200m的第一个街区，是聚集城市功能、实现城河联动最重要的空间，也是体现城市公共慢生活的理想空间。设计提出应积极引导夹沟河、兴隆峡河提升三线滨水街区活力，由水向外，功能拓展，沿滨水第三线空间重点布局商业、文化等城市公共功能，强调建筑底层功能的公共性，同时串联贯通沿线重要公共节点，有利于促进滨水功能向城市腹地延伸渗透，增强城市活力。

在此基础上，设计还提出商业型和生态居住型两大类滨水三线街区分类引导策略。其中，商业型街区鼓励采用整齐统一的建筑界面和较高的连续度，同时考虑控制建筑高度，建筑形态以低层、多层的花园式办公建筑为主，通过打造整齐、活力、连续的滨水三线街区底层商业界面，构建"前低后高、灵动秩序"的水际线。生态居住型街区则建议营造通透、开敞的外部空间，鼓励采用较低的建筑界面率和连续度，以实现滨水景观的渗透，避免界面过于单一，削弱滨水"一堵墙"效应。

3.园：营造黄土台塬特色开放空间

（1）构建根植黄土高原，打造城野交融的"公园城市"样板

依托榆中生态创新城丰富的蓝绿景观资源，本次总体城市设计构筑了"四面青山四锦屏、五水润廊织绿城"的开放空间基底，形成以外部山体为背景、点缀郊野公园、内部绿廊连通、慢行绿道成网的城市绿地系统，建设包括郊野公园、滨水公园、综合公园、社区公园、街头游园在内的多层次全域公园体系，充分将山水自然景观环境引入城市内部，打造具有黄土高原舒朗开阔特质的郊野空间和细腻多元的城市绿色开放空间网络。在此基础上，设计还提出"500m见园、300m见绿"的设计目标，强调提升绿地空间开放性和可达性，增加多功能、多层次、多样化的公共空间，满足不同类人群的使用需求。

此外，立足于山水城市的自然高差和特殊地形地貌，设计新建67km都市绿道、75km滨水绿道和104km郊野绿道等多层次慢行步道体

系，打造从城市活力休闲到滨水游憩再到凭山远眺的连续慢行通道，实现"可登山、可近河、可田园、可健足"的新型人居环境特色，彰显山水城市特色。

（2）构建气候适宜性的通风廊道

针对榆中盆地现状夏季炎热、冬季空气污染易堆积等问题，本次总体城市设计在宏观尺度上构建了5条200~500m的一级风廊道、6条50~100m的二级风廊道。其中，一级风道作为最重要的廊道，主要依托城市主干路、城市楔形绿地和城市河湖水系形成，用以连接风道口及补偿区，分布较均匀；二级风道相对稀疏，是辅助一级风道的次级廊道，呈现相对分散的状态。同时，分季节利用外围特定山体水体作为城市"新风"补偿区，有利于为城市引入清凉空气，重塑城市内部新风系统，改善城市微气候。

在此基础上，中观层面对局部地块如三角城高铁站点附近街区进行风环境模拟实验，探索性提出最适宜当地气候特征的建筑排布，提倡"冬暖夏凉"的围合式建筑布局，有利于营造内部小环境，创造街区舒适风环境，打造"会呼吸的城市"。

四、结语

在国土空间规划改革背景下，迫切需要基于全域全要素的管控新要求完善新时期总体城市设计新方法。在此背景下，本文针对榆中生态创新城各要素的现状问题，强化黄土高原地域特征，在总体城市设计的实践中提出了基于"山水林田湖草"全要素的大尺度蓝绿空间景观格局保护和利用策略，在大尺度蓝绿空间骨架构建、浅山区精明利用、西北地区特色滨水空间提升等方面做出大胆的探索。未来如何在国土空间"五级三类"的规划体系下，将基于全要素的大尺度蓝绿空间景观格局保护与利用更好地融入城市设计领域，平衡保护生态安全底线与塑造城市风貌特色城的矛盾，有待进一步研究。

参考文献

[1]季松，段进，林莉，等.国土空间规划体系下的总体城市设计方法研究——以江苏溧阳为例[J].规划师，2022,38(1):104-110.

[2]中华人民共和国自然资源部.国土空间规划城市设计指南：TD/T 1065—2021[S].2021.

[3]李妍汀，魏伟，谢晓欢.国土空间规划视角下的城市大尺度景观规划途径[J].规划师，2022,38(11):132-137.

[4]俞孔坚，李迪华.景观设计：专业学科与教育[M].北京:中国建筑工业出版社,2003.

[5]林楚阳，王峰.大尺度山水地区城市设计探索——以广州北部地区为例[C]//中国城市规划学会.面向高质量发展的空间治理——2020中国城市规划年会论文集（07城市设计）.北京：中国建筑工业出版社,2021:283-292.

作者简介

梁　菁，上海同济城市规划设计研究院有限公司复兴规划设计所副总工。

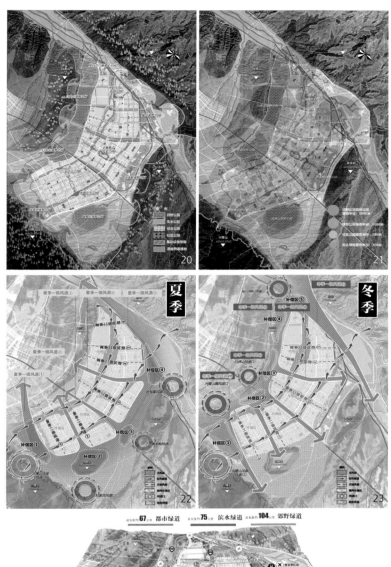

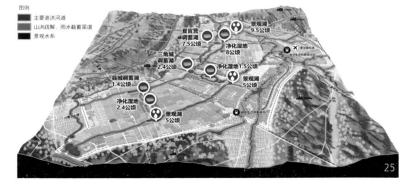

20.全域公园体系规划图　　　23.冬季风廊道规划图
21.分类绿地公园服务半径图　24.慢行系统规划图
22.夏季风廊道规划图　　　　25.榆中生态创新城蓝网格局图

专题实践
Special Practice

浅论生态、文化与生活对城市特色风貌构建路径
——以唐山市中心城区风貌规划为例

A Brief Discussion on the Path of Building Urban Characteristic Landscape Through Ecology, Culture, and Life
—A Case Study of the Landscape Planning in the Central Urban Area of Tangshan City

田名川 李 莹 焦宝楠 闫丽娜
Tian Mingchuan Li Ying Jiao Baonan Yan Lina

[摘 要] 随着我国快速城镇化进入高质量发展的下半场，城市风貌的重要性愈来愈得到彰显。笔者以唐山为实例，尝试从城市自然地理、历史地理和人文生活三个层面论述风貌构建的方法路径。通过塑山理水，梳理城市生态资源，依据自然地理特色打造城市自然风貌；追溯城市发展历程，构建历史场景与现代生活交融的特色历史风貌；强调以人为本，关注市民需求，构建城市人文生活特色风貌。

[关键词] 城市风貌；自然地理；历史文化；以人为本

[Abstract] As China is undergoing the rapid urbanization of high-quality development, the importance of urban landscape is becoming increasingly prominent. Taking Tangshan as an example, the authors attempt to discuss the methodology for constructing urban landscape from three aspects: natural geography, historical geography, and human life. Through analyzing water and mountain resources, the city's ecological resources were sorted out, and the urban natural landscape was created based on the characteristics of natural geography. Tracing the development process of the city, a unique historical landscape blending historical scenes with modern life was constructed. Emphasizing people-oriented approach, focusing on the needs of citizens, the urban humanistic lifestyle landscape was built.

[Keywords] urban landscape; natural geography; historical culture; people-oriented

[文章编号] 2024-95-P-028

一、引言

在城市化进入高质量发展新阶段的当下，越来越多的城市开始关注城市风貌的塑造。城市风貌是城市形象与精神内涵的有机统一，是城市文化的外在表达。城市风貌的塑造是现阶段国土空间规划的重点管控内容之一，是新时期构建高品质宜居城市的必然要求。有学者认为，城市风貌是城市在发展过程中因其各自的自然环境、社会经济因素及居民生活方式积淀形成的城市既成环境的文化特征[1]。也有学者认为，城市风貌应涵盖文化、生活、功能、空间四方面，是文化与生活的内涵表达，也是功能与空间的表征[2]。城市风貌规划是对城市空间、功能、形象、风格、景观、色彩、照明等各方面进行的整体规划设计，它具有综合性、系统性等特点。本文仅从生态、文化和生活三个方面管中窥豹，尝试探讨。

笔者认为：城市风貌是一座城市从其诞生之日起，历经多个特定历史时期叠加演变而成的精神和面貌。她包含天人合一观念下的自然生态营造、城市历史沿革中凝聚的经典文化与人文情怀，以及市民日常生活体现出来的经久活力与烟火气。通过自然山水营造，构建城市自然地理特色空间；通过历史文化脉络梳理，营造城市历史地理特色场所；通过捕捉百姓生活中对新空间和新风貌的活力触媒，让风貌与时俱进，为城市提供人气空间和创新动力。本文以唐山市中心城区为例，从这三方面展开对于城市风貌特色构建的思考。

二、塑山理水构建城市自然地理特色风貌

中国古代营城讲求"相土尝水，象天法地"，当下的两山理论也提出将生态文明建设融入城市发展之中，坚持生态优先、绿色发展。"把城市放在大自然中，把绿水青山保留给城市居民"是古人与当代人共同的向往。生态文明理念应用到城市风貌的构建中，不仅在于城市内部环境的改善，而更在于整体生态空间与城市内部的有机渗透[3]。生态修复还原山水原来的样子，是我们的第一步，让人为破坏的山体完形覆绿，让无理改道的河流回归原位。城绿合一，人与自然和谐共生是我们的更高目标。自然和人不是对立的，在城市中的蓝绿空间注入人气与活力，才能更好地维护与繁衍。所以我们倡导山水入城、城绿一体。

燕山余脉入平原，一环澄碧五湖清。燕山山脉从东北方伸入唐山城，从长山、巍山、凤山，到弯道山、大城山、凤凰山，陡河沿山脉而行，穿唐城而过。与这条山水主脉相伴而行的是马家沟矿、开滦矿的开采区，也是地质条件极复杂、塌陷丛生的地方。面对城市伤疤，唐山力求转型，谋求生态绿色发展，历经十几年打造，陷地重生而来的南湖已成为唐山的城市名片，同是矿区修复而来的唐山花海也渐渐声名鹊起。

拥有这样的山水资源却不为人知，归其原因，唐山是一座工业城市，从近代工业开始依水而建，傍山而兴。城市的山水资源周边大部分为工业用地包围，造成有山不见山，有水不识水。风貌规划所要做的，就是还山于民、还水于民。陡河穿唐城而过却没有留下一片水面，风貌规划提出串珠式滨水空间复兴方式，结合城市更新，对搬迁后的污水处理厂、陡河电厂、石榴河口湿地区域实行理水透绿、赋能引爆，让唐山呈现出平原上的湖光山色。配合国土空间规划的工业用地退城，在山边水边留足开放空间，构建山水视廊、骑行路径和山水游步道，规划慢行驿站和眺望标志。

唐山风貌规划通过山水融城、陷地修复、蓝绿织网、园景添彩四大对策，由环城水系蓝绿翠环串联超级绿道、花海南湖绿廊、京山铁路–地震断裂绿廊、老机场路绿廊、石榴河绿廊融合城区，东西南北四湖

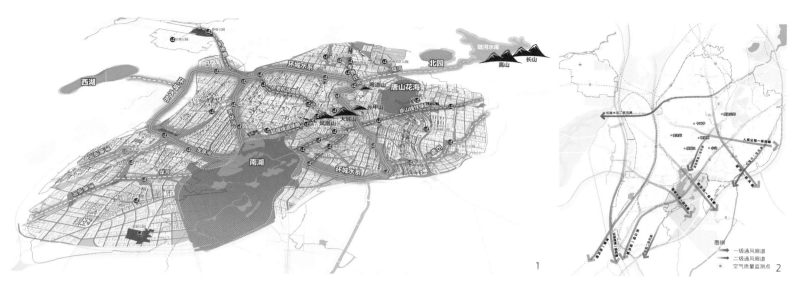

1.唐山中心城区生态格局图　　2.唐山二级风廊示意图

图例
→ 一级通风廊道
→ 二级通风廊道
● 空气质量监测点

辉映，构建了"一环五廊、四园多点"的高品质城市自然生态格局。

当下对城市风貌的塑造还有一个不可忽视的要素——风廊。城市通风廊道方向尽量与主导风向一致，便于污染物的迅速排出。根据Givoni[4]的研究，风道走向与主导风向成20°~30°的夹角可使通风效应达到最大。实际构建风道时，由于现有条件及地形限制，可将通风廊道方向与主导方向控制在45°角以内即可[5]。遵循国土空间规划划定的一级风廊，风貌规划尝试对二级风廊开展施划，构建唐山中心城区二级风廊体系。

地块内部的关键是对风廊内部涉及地块的建筑密度、建筑高度、开发强度提出管控建议。因为这些因素将影响到风廊内建设用地的阻风率和相邻界面的开放度。

斜贯城区的地震断裂带是唐山与其他城市不一样的地方，它作为城市风貌的重要组成部分，不能简单地以管控论之。如何变不利为有利、化腐朽为神奇是风貌规划要思考的。将其设计成带状公园，赋予体育运动健身、露营休闲、停车等功能，匹配两侧城市业态进行主题化景观塑造，未尝不是一种更好的方向。

三、历史叠合构建城市历史地理特色风貌

从城市形成雏形、诞生，再经过千百年的演变，每个历史阶段总会在城市空间中铭刻自己特有的符号，这些不同时期的符号叠加、融合、碰撞，往往会演进出每个城市特有的历史文化空间，这些历史文化空间叠合共生在一起，就构成了城市历史地理特色风貌。

城市历史地理特色风貌是城市发展过程中留下的历史印迹，是自然环境、历史文化长期作用形成的独特的城市文化空间，这些独特的空间环境与现代城市生活结合在一起，就会触生出极具城市特色的风貌，构建起历史场景与现代生活的对话平台，从而促进历史人文环境复兴。梳理城市历史发展脉络，提取城市风貌历史文化基因，是城市风貌在时间与空间传承与发扬的保障。

对城市历史地理特色风貌构建的前提是要全面而准确地梳理城市的发展史。以唐山风貌为例，一般人对于唐山历史的了解是陶瓷、煤炭、钢铁重工业城市，1976年大地震后复建的英雄城市，当然还有本地人对于唐代李世民东征屯兵传说的讲述。但是要描述一座城市的历史地理，就要从其起源开始。《滦州县志》记载："唐山在亮甲山西二里。"这是最早见诸文献的唐山起源记录。所谓亮甲山，就是陡河东岸与大城山隔河相望的一座海拔80m的山体。虽然海拔不高，但这里却是唐山最早有人类居住活动的地方，曾经发现过四十二座春秋战国时期古墓，出土了代表燕国文化的诸多青铜器。傍山依水而居，唐山地区有了最早的人类聚居地。

明代的山西移民带来了大量外来人口，他们大多以陶瓷业为生，有一条路因陶瓷业聚集而得名缸窑路，在当时热闹非凡。清末洋务运动兴起让唐山诞生了开滦煤矿，从此正式开启了这座资源型城市发展的快进模式，使之快速成为我国近代工业的摇篮。我国第一座机械化采煤矿井、第一条标准轨距铁路、第一台蒸汽机车、第一桶机制水泥、第一件卫生陶瓷，这些在城市空间上体现为处处以采煤风井为标志的工业广场、京山铁路、唐遵铁路以及数不清的铁路专用线留下的线性遗址，启新1889工业文化街区以及一年一度的陶瓷博览会。

大地震后，唐山历经十年的震后复建成了抗震纪念碑广场、唐山百货大楼、唐山饭店等一批地标性建筑，也建成了49个震后复建社区。从某种层面上讲，这些震后复建的道路与建筑构成了当下唐山城市风貌的基质层。

进入21世纪后，生态修复与转型发展成为唐山发展的主要方向。南湖地区治理与建设，让采煤沉陷区变为世界园艺博览会主会场，进而成为唐山市民休闲、运动、餐饮、娱乐的文体活动中心。

在不同的历史时期，城市都会留下特有的空间环境与场所精神。城市风貌塑造必须要找到这些空间场所，让其精神得以延续，或者讲故事给当代人听。当然，我们更希望看到的是历史空间场所与当代人的生活紧密结合在一起，由于某种媒介而发生了奇妙的化学反应，使二者相得益彰。

我们希望通过历史地理特色风貌的塑造，让时间融入空间，用空间讲述历史，把城市从诞生到成长的一系列历程展现出来。当然，它绝不是单纯历史事件的拼贴，而是将历史印记转化为文化复兴行动。正如我们在唐山所做的，通过"一环五廊"构建起城市历史地理特色风貌架构，在此基础上城市开展了一系列文化复兴与城市更新行动。

同时，通过研究不同历史阶段建筑风格的演变，伴随不同文化的交融，在城市更新改造中做好新旧建筑风貌的衔接与融合。比如小山大世界片区更新、唐钢片区转型发展行动等。通过深度挖掘城市历史，了解城市的历史发展过程、重要事件和文化传统，构建城市的独特性和身份认同，展示城市发展的历史脉络和多元化面貌。

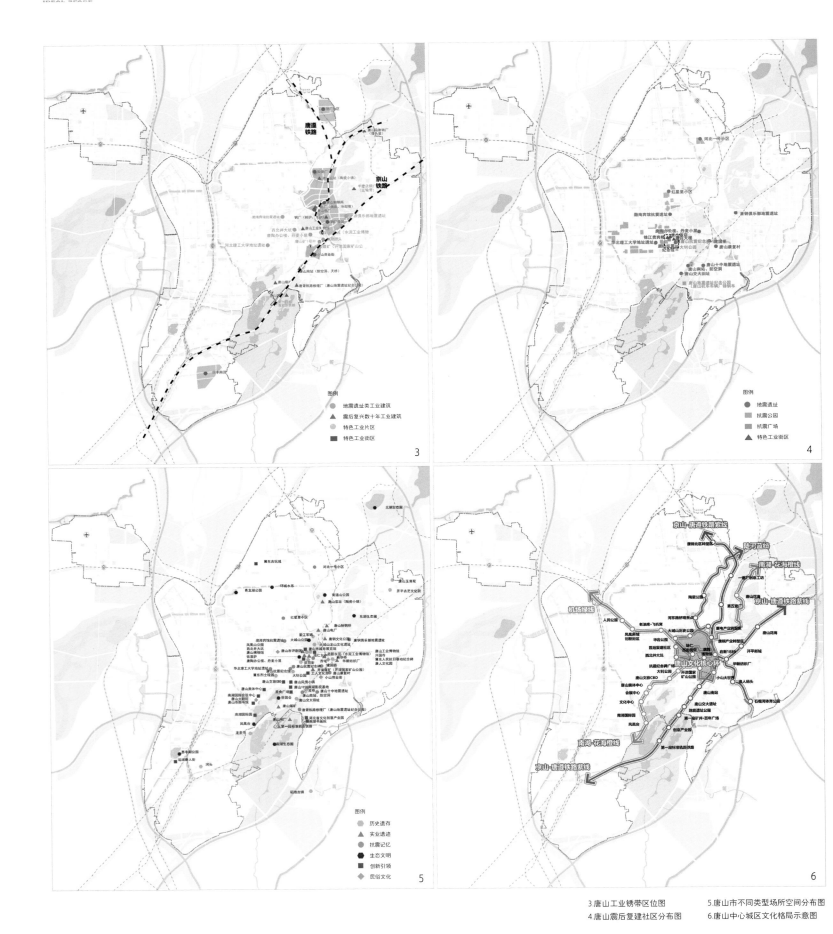

3.唐山工业锈带区位图　　5.唐山市不同类型场所空间分布图
4.唐山震后复建社区分布图　6.唐山中心城区文化格局示意图

7.唐山中心城区山水格局图

四、以人为本构建城市人文生活特色风貌

城市的主体是人。人的生活是影响城市风貌最重要的因素之一。一座城市中生活的百姓，既是城市风貌的评判者，又是城市风貌的演绎者。在消费主导、流量为王的当下，城市市民的生活方式、生活路径、消费模式均会深刻地影响城市风貌的构成。我们必须依然强调城市规划最重要的原则——以人为本。同样，我们也应当关注城市文化与人们生活的密不可分。

每座城市都有几种引以为傲的特色美食，外地游客来到一座城市，通常先想到的是吃到这里的特色菜。那么城市中的餐饮体系就必须作出应对。在唐山南湖建有一处唐山宴，这里汇聚了全唐山的特色美食——棋子烧饼、油炸糕、饸饹等各类小吃荟萃。中央舞台是传统评剧表演，室内空间是传统街道模式。当人们走过一家家吃肆时，当真有一种置身老唐山的感觉。这种类型的饭店已经不仅仅具备餐饮功能，其代表的是一种消费升级空间场所。这里融入了城市文化体验和历史场景再现，让人在亭台楼阁内欣赏非遗表演时大快朵颐，着实美妙。这种场所已然成为普通百姓接待外地宾客和本地亲朋的首选，那么我们可以认为，类似的城市空间不是太多，而是太少。多几处这样的场所，百姓的消费热情会更高，而城市的人文生活风貌特色也会更强。

冀东三枝花——评剧、皮影和大鼓是唐山的非遗品牌。以皮影为主题的唐山皮影乐园是一座"中国式"儿童乐园。这里将皮影文化传承与儿童研学娱乐结合在一起，面对青年与当新世代消费群体，城市需

要提供新业态与城市空间产品。这些更多体现在商业空间中，例如在北新道太阳城和小山大世界改造中将得以体现。

以人为核心的城市风貌塑造必然要关注市民的生活需求，应对消费升级和万物互联，城市必然需要创造出诸多新型空间场所，而其映射出的就必然是新型的城市人文生活特色风貌。面对这些，我们需要尝试与包容。我们的城市就是这样一天天变得与众不同，多姿多彩。

五、结语

随着我国快速城镇化进入高质量发展的下半场，城市风貌的重要性愈来愈得到彰显。笔者以唐山为实例，尝试从城市自然地理，历史地理和人文生活三个层面论述风貌构建的方法路径。城市风貌塑造需要把握好城市生态、文化、生活的关键要点，既要注重自然山水的保护与生态环境的修复，又要保证历史文化要素的延续和更新，还要触发城市人文生活的创新与活力。城市风貌的塑造绝不仅限于此三方面，它是一项综合性、系统性的工程，需要诸位同行行艰苦卓绝之事而致其功，希望我辈共同努力，使得我们的城市都拥有别具一格的魅力和源源不断的活力。

参考文献

[1]马武定.风貌特色:城市价值的一种显现[J].规划师, 2009, 25(12):12-16.

[2]孟娇蓉, 孟金刀, 徐维薇. 城市更新背景下城市风貌整治提升策略研究——以柯城南孔古城传统风貌区为例[J]. 建筑与文化, 2023 (5):155-157.

[3]朱冰冰. 宁国市城市风貌特色规划研究[D]. 合肥: 安徽建筑大学, 2022.

[4]GIVONI B. Climate Considerations in Building and Urban Design[M]. New York: A Division of International Thomson Publishing Inc, 1998.

[5]王伟武. 城市风道量化模拟分析与规划设计[M]. 杭州: 浙江大学出版社, 2020.

作者简介

田名川, 博士, 天津大学建筑设计规划研究总院有限公司规划一院院长, 正高级工程师, 注册城乡规划师;

李 莹, 博士, 天津大学建筑设计规划研究总院有限公司规划一院秘书, 正高级工程师;

焦宝楠, 天津大学建筑设计规划研究总院有限公司, 注册城乡规划师;

闫丽娜, 天津大学建筑设计规划研究总院有限公司, 注册城乡规划师。

乡村振兴视角下乡村文旅风貌规划设计的实践研究
——以浙江丽水市松阳县望松片区为例

Parctice Study of Culture and Tourist Planning in Vision of Rural Vitalization
—A Case Study of Wangsong District, Songyang County, Lishui, Zhejiang

鲍承业
Bao Chengye

[摘　要]　本文首先分析了中国当前乡村振兴的政策背景、发展流变与模式类型，然后介绍了乡村振兴的目标与基本方法，接着在乡村振兴视角下梳理了望松在文旅规划和设计方面的实践。本文从具体情况出发，分析了望松片区的乡村发展现状、文旅发展现状及存在问题、乡村振兴视角下的文旅规划设计"精准定位、全域统筹和赋能转化"三个要点，随后规划打造集"美食、美景、美宿"于一体的沉浸式文旅体验线路——"五都源状元文化体验带"。本文为积极探索乡村振兴视角下的文旅规划实践提供了参考。

[关键词]　乡村振兴；文旅；规划；价值；产业；实践

[Abstract]　This paper first analyzes the policy background, development evolution and model types of current rural revitalization in China, and then introduces the objectives and basic methods of rural revitalization, then from the perspective combs the rural revitalization of tourism planning and design of Wangsong practice. This paper analyzes the present situation of the rural development, the present situation and the existing problems of the cultural tourism in Wangsong district, and the three key points of the planning and design of the cultural tourism from the perspective of the rural revitalization, i.e. "accurate positioning, overall planning and energy transfer", then plans to build a set of "food, beauty, beauty and lodging" integration of immersive travel experience line—Wudaoyuan Zhuangyuan Culture Experience Zone. This paper provides a reference for exploring the cultural tourism planning practice under the perspective of rural revitalization.

[Keywords]　rural vitalization; culture and tourist; planning; value; industy; parctice

[文章编号]　2024-95-P-032

本文借鉴"2019年上海市促进文化创意产业发展财政扶持资金"（基金号：2019010420）——"乡村文化推广应用平台"专项课题成果

1. "生态保护、生产发展和生活富裕三位一体"关系图
2. 五都源状元文化体验带示意图

党的十九大报告中，强调新时代"我们要建设的现代化是人与自然和谐共生的现代化"。《中共中央 国务院关于做好2022年全面推进乡村振兴重点工作的意见》中又提出"扎实有序做好乡村发展、乡村建设、乡村治理重点工作"等多方面乡村建设的政策导向。可见，乡村振兴在新时代大潮中方兴未艾，也必将在未来的风起云涌中勇立潮头。

一、乡村发展的流变与模式

新型城镇化和信息化背景之下，全球化的正向、逆向力量相互撕扯之中，政策层面的顶层设计、科学甄别与自然规律之上，现有国土空间规划体系下的大部分乡村地区应该会分化为以下几种发展模式：①一部分乡村与其邻近的大都市圈内核心城市高度融合、联动发展；②一部分则与周边的一般大中城市形成功能关系重构而继续存在；③一部分

则通过更新产业互补与协同而融入区域产业连绵带内；④一部分则依托周边自然风景区演化成为景区一部分或者服务配套的功能性节点；⑤也有很少一部分则因为其独特的交通、资源、自然守护或历史文化价值而独立存在；⑥还有一些则是在吸收合并附近村庄后发展趋于停滞，直至衰亡。

二、乡村振兴的目标与基本策略

乡村振兴战略就显得非常迫切和必要，具体的20字的总方针是：产业兴旺、生态宜居、乡风文明、治理有效、生活富裕。乡村振兴之道又是怎样的？乡村振兴的核心驱动力在于乡村与城市的全方位融合与互补，以城市赋能去激活乡村。这种融合与赋能，就是要找准时代性政策性的时空点位，找准乡村自身的资源禀赋，找准城市对乡村的系统性反哺的现实路径——将城市的人流、物

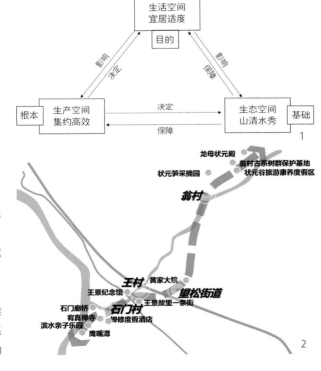

流、资金流、信息流、机制与观念流等优势资源嫁接给乡村。这不是把城市的资源生硬地植入到乡村，而是依托城市的优势帮助乡村去重置自己的底层逻辑、重估自己的潜在资源、重构自己的发展路径——建立一套属于乡村自身的人居社会模式，这一模式同时也尊重自然、敬畏自然的，与其相关的生存理念、生活生产方式，以及价值判断与风俗习惯，都更多倡导着人与自然环境、人与人之间和谐共生的低强度开发、低密度聚居和低烈度冲突。

针对具体乡村，则需要系统性分析研究问题、发现核心要点、给出解决方案。然后再整合资源、配置要素，适时适机地精准发力，狠抓落地，狠抓实操。在乡村振兴的诸多方法中，立足当地的文旅产业发展就是一个非常有效、切实可行的方法。本文以丽水松阳的望松片区作为研究对象，对其文旅规划展开实践研究。

三、乡村振兴视角下文旅规划与设计的望松实践研究

我们通过2019—2021年三年的持续调研与分析发现，必须以文旅发展为爪手，实现望松乡村振兴之路。

1.松阳与望松片区的乡村发展现状

浙江省丽水市历史文化底蕴深厚，生态自然资源富集，多年来并没有因为发展经济而牺牲生态环境，获得习近平总书记绿色发展道路典范的"丽水之赞"。松阳县位于丽水市西部，县域有龙丽高速等交通要道，并已规划衢宁铁路松阳站。未来高铁两小时交通圈将辐射杭州、绍兴、台州、温州等重要城市。松阳的望松片区(以下简称"望松")位于松阳县城北郊，面积40km²，有西河、翁村、望松、王村、石门等十个行政村，户籍人口1.1万，特点是半城半乡、半工半农，文化底蕴厚重，田园风光秀美。望松地处低山丘陵地形的松古平原，有农田、茶园、水库分布其内，形成"松古盆地，一溪多源"的山水大生态格局。望松有大面积山林和茶园，农作物主要为茶叶、油菜、大豆等，其中茶叶种植面积约7000亩，辖区内有工业企业上百家、规模以上企业4家，经济发展水平一般。

2.松阳与望松片区的文旅发展现状及存在问题

《松阳县旅游总体规划》中提出要打造具有田园风情的旅游度假目的地。旅游经济将是望松发展主方向，这在多规合一导向下的新一版国土空间规划中也得到了体现和确认。近几年，松阳凭借"最后的江南秘境"之名，走"中医调理、针灸激活"乡建文旅发展之路，小而精、美、特，卓有成效。以公共空间为载体，借助建筑师创作的一批网红建筑，诸如揽树山房、过云山居、云端觅境、茑舍、酉田花开等，复活了乡村整体风貌和生命力，连接了传统文化与现代产业的共生。其中王璟纪念馆、石门廊桥、云上平田就是望松的景点。

现代旅游体现出以下四个特征：体验至上的"旅游目的地时代"、内容为王的"深度优质时代"、粉丝经济的"网红打卡时代"、定制旅行的"个性专属时代"。相比而言，望松文旅还明显存在以下不足：一是资源散，缺乏空间整合，缺乏线路串联，更缺乏核心的引爆产品；二是品牌弱，文化引领力度不足，IP构建单薄，尚未能形成具有特色号召力的文旅品牌，旅游发展尚处于观光游阶段，旅游要素尚不齐全，缺乏具有吸引力的体验型产品；

3.项目历程一览图
4.乡村振兴20字方针
5.丽水—松阳—望松文旅发展大战略
6.望松乡村发展远景示意图

7-8.翁村入口区的文旅形象标志的微改造对比图　　11.望松村综合服务中心总平面图　　14.望松村初心图书馆效果图
9.古色古香意蕴的翁村怡老康养中心建筑方案总平面图　　12.望松村综合服务中心建筑效果图　　15-16."山下仁茶产业园"茶文化体验中心效果图
10.古色古香意蕴的翁村怡老康养中心建筑方案效果图　　13.望松村初心图书馆设计图

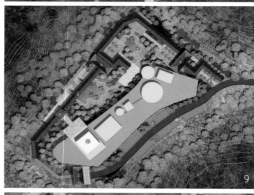

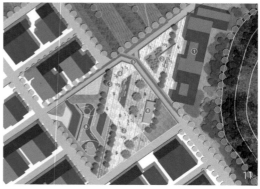

三是业态缺，自然资源（山、水、乡村）缺少文化赋能，缺少业态的培育，没有产业深度和附加值，客单价低，重游率也受限，急需完善体系化；四是效益低，停留在传统的基础产业（茶、食品）和产品上，附加值不高，急需以终为始，凸显市场导向并加强销售和运营前置。

文旅规划不是单一的物质形态与运营规划，而是站在更高层面统筹城镇和乡村的生态保护、生产发展和生活富裕的三位一体，是一种全域全方位的社会治理与发展方法论。

3.乡村振兴视角下的文旅规划设计要点

文旅规划在松阳乡村振兴的建设中立足于因地制宜、突出特色，发展要贯彻落实创新、协调、绿色、开放、共享的发展理念，打造"宜创、宜业、宜居、宜游"的新型发展空间。

乡村振兴视角下的文旅规划必须要在前瞻性、系统性与落地性上狠下功夫，要强化适应性分析和生态承载力评价，发现望松乡村振兴问题的本质。文旅规划设计有三个关键要点。

（1）精准定位

文旅规划具有的战略引导性，就是要定位精准，这关乎乡村的现实资源禀赋与未来目标设定，不能一味求新求高求洋，要扎根于本乡本土，精准定位才有生命力，才能生根开花。定位，要坚持目标导向，更要突出问题导向，突出对解决方案的必然性、实操性和时效性研究。

同时要在松阳一体化结构中找到自己优势与城市短板缺口可以对应匹配的位置，建立连接与互补关系，系统化地打造望松未来的旅游发展之路。通过挖掘、整合、提升，精选出一批在文化上有根脉、在形象上有亮点、在市场上叫得响的旅游资源，通过游线组织有机串联，使资源要素集聚、重组与激活，为景点带来流量、产生利润、转变为资产，打造出具有蓬勃生命力的文旅局面与振兴乡村发展的样板。

（2）全域统筹

乡村发展是经济问题，更是社会问题。它具有科学性，更具有"利益冲突"

与"价值判断"之间的博弈性。文旅规划的整合互融，就是要面对当地多维度多层次的认知与诉求，发现乡村发展的原动力、乡村运行的内在机制，集成乡村的资源禀赋、内在发展规律、社群共识、更高层次的政策意志、时代科技力量赋能的加权之和。

文旅规划与产业建设是一个集成大平台。望松走"文旅+"之路，与农业、手工业、乡俗民风协同，走"全域+"之路，与山水林田湖草融合。规划中一方面要激发人的主观能动性。人永远是解决某一问题的核心要素。坚持以人为主体，激发内生动力。同时夯实基层党组织建设。乡村振兴建设是一项系统工程，要突出强化党建引领和保障作用，加强"领头雁"的党员干部示范带头作用。另一方面也要激发社会经济发展的全要素——资源力、产业力、运营力、资金力的核聚变，实现乡村的发展进化与能级跃升。

（3）赋能转化

文旅产业规划应该在更大的宏观框架内，重新定义为一种发展战略方向和路径选择，它是一种区域发展的哲学思考与政策导向，也是一种片区经济发展模式和方法论。望松在未来发展中，可通过规划引领、文旅赋能、运营盘活把乡村沉睡的存量资源转化成为能够带来持续的正向现金流收益的资产。文旅产业就是把城市和市民需求与乡村体系以内的各类资源对接激活，成为资源转化为资产的"金手指"。即使新冠疫情对文旅产业的影响巨大，但这也是暂时的、经营性流量上的，而非资产化方向上的。存量的自然资源、风景资源是乡村的优势，也是城市与城市人所稀缺的。文旅规划就是要强调贯穿的全过程的伙伴式的协同，带动工商资本、乡贤和本地群众参与共建共享，实现多方共赢格局。这才是文旅产业规划中赋能转化的真正价值所在，有着无限广阔的前景，也是适应中国国情和具有普适性的乡村发展之路。

4.乡村振兴视角下文旅规划与设计的具体方案

望松乡村振兴建设中的文旅规划，全力打造松古平原传统村落复兴发展的新标杆。计划"十四五"期间通过政府出专项资金、社会化资金筹措与运营方出管理资源等多方合力，以历史渊源和地域文化为引领，通过自然溪流、

运营管理设计　　交通组织分析

整体效果图　　总平面图

图例
1. 大巴下客区
2. 游客服务中心（含公共卫生间）
3. 松阳特色售卖
4. 主入口广场
5. 停车场
6. 公共卫生间
7. 矶墙景墙
8. 戏台
9. 廊架
10. 亲水平台
11. 观演场地
12. 黄家大院入口
13. 摄影
14. 黄家大院出口
15. 公共卫生间
16. 摄影点
17. 竹径
18. 摄影点
19. "大树下"活动场地
20. 景区出口
21. 商业
22. 移动管理出入口
23. 粮库次出入口
24. 大堂服务区
25. 会展区
26. 餐饮区
27. 客栈区
28. 客房区
29. 乌村村委及公共卫生间

项目类别	序号	项目名称	项目类型	建设规模及主要内容	开工时间	完工时间	备注
环境美	1	大马线望松延伸段道路工程	新建	道路全长300m，宽约40m工程，建设内容：主要有道路主路面、给水、排水、通信、电力等配套工程	2021年	2022年	
	2	污水零直排工程	新建	依托辖区内污水零直排项目建设一张健全的雨污分流的处理管网	2021年	2022年	十一个工程
	3	垃圾分类收集处理网	新建	在望松村及周边村庄建设一张健全的垃圾分类处理体系网	2021年	2022年	十一个工程
生活美	1	望松五都源安置小区二期工程	续建	总用地面积50亩，后建筑100000m²，安置用房500套，排屋60套，地上下停车位500个	2019年1月	2021年12月	
	2	望松（草塔）农贸市场工程	新建	项目总用地面积5亩，总建筑面积3000m²，设置摊位300个，停车位100个	2020年6月	2020年12月	十一个工程
	3	沿街商业外立面提升	续建	沿街商业店面立面整治及周边环境美化	2018年1月	2020年6月	十一个工程
	4	商贸综合体	新建	新建一处集连锁超市、商业购物、休闲娱乐于一体的4层商贸综合体	2022年	2025年	十一个工程
	5	黄家文化一条街	续建	依托黄家大院，建设集文创、餐饮、购物、旅游接待于一体的特色文化商业街区	2019年1月	2020年10月	十一个工程
	6	望松街道文化活动中心	新建	新建望松街道文化活动室、体育活动室及室外篮球场	2022年	2025年	十一个工程
	7	砌坛村养老服务中心	续建	提升现有养老设施及服务水平	2022年	2025年	十一个工程
	8	城北小学及城北幼儿园教育体系加强	新建	提升教育体系建设	2020年5月	2021年10月	十一个工程
	9	望松卫生院拆迁建项目	新建	建成辖区内中医馆项目	2022年	2025年	
	10	望松公寓楼集聚区项目	新建	300余亩	2022年	2025年	
产业美	1	草塔粮库文创基地工程	新建	项目位于望松街道草塔村粮库，建设内容包括粮库仓库整体改造提升、艺术家工作室装修改造、休闲旅游配套设施工程	2020年3月	2020年12月	十一个工程
	2	黄家大院文化业态提升	新建	提升文旅产业类项目	2022年	2025年	
人文美	1	黄家大院风貌改造提升	续建	主要建设包括黄家大院景区提升、旅游接待中心、休闲旅游配套设施工程	2020年10月	2021年10月	
	2	黄家大院文化延伸	新建	黄家大院文化建筑保护	2022年	2025年	
	3	望松四都源绿道	新建	绿道总长约1500m，宽4~6m，工程建设内容主要包括：绿道路面、河道清淤疏浚、河岸两侧绿化、排污、排水等配套工程	2020年6月	2020年12月	十一个工程
	4	大马公路沿线立面提升改造	续建	沿街立面提升改造	2021年	2025年	
治理美	1	望松街道智慧小区、街区建设工程	续建	包括智能停车系统、人口出入监控系统、小区卫生监控系统、消防监控系统等	2019年1月	2021年12月	十一个工程
	2	数字化管理平台建设	续建	加强社会治理体系和能力建设，提倡网上办、掌上办，推行全程代办，实现辖区全程网办服务全覆盖	2019年12月	2020年12月	十一个工程

板块	序号	项目名称	项目类型	建设内容	用地规模（亩）	建筑规模（万m²）	投资金额（万元）
新北城	1	黄家大院及周边片区	黄家大院	整体扩建，附近黄家巷子立面整治，植入研学、文创类活动，举办百寿文化节	2.6	2.3	2000
			黄家文化一条街	开发黄家文化美食，改造为民宿业态，植入文创体验点，望松特产商店	0.8	0.7	300
			粮库、盐库文创综合体	粮库改造为餐饮、文创、教育等业态，盐库改造为艺术体验中心	1.7	1.5	1200
	2	北城会客厅	城市形象入口	沿550省道与大马公路交叉口设置片区形象入口	—	—	80
			城市休闲公园	改造为城市休闲公园，为望松居民提供休闲空间	0.8	—	240
			城市商业集群	整体为传统徽派建筑风格，业态包括商会、娱乐、商业、休闲等内容	1	1	6000
	3	王村、王景片区	玉林文化街	长度约150m，引进美食、娱乐、住宿、购物等业态	0.2	0.3	600
			王村建筑改造	按照王景纪念馆风貌对建筑进行立面改造，打造统一形象	1.8	1.4	200
	4	望松街道核心	街道核心空间风貌	拆除破旧建筑，整体为徽派建筑风格进行改造	3	2.4	500
			街道核心业态	引进新文创、新商务、新服务等业态，完善街道配套服务设施	1.5	1.2	3000
新田园	5	石门村区域	石门村村落	村落整体开发，打造度假村，植入民宿、生态农庄、农业科研基地等业态	1.2	0.9	2300
			石门廊桥	植入新功能，平时为观光休闲，节假日为临时农创市场	—	—	—
	6	石门田区域	亲子乐园	10亩地左右，建设亲子文化乐园，提供亲子活动场所	0.7	0.1	300
			婚纱摄影	在田园内打造婚纱摄影基地	1	0.1	200
	7	五都源绿道	五都源水系	对水系水渠进行整治，设置5处亲水平台，全长5.3km	—	—	2300
			五都源绿道	沿水系建设慢行骑行绿道，全长5.3km	—	—	500
			千米花廊	沿水系下游建设打造千米花廊，全长1.5km	—	—	300
			漂流体验	在鹰嘴潭附近打造五都源漂流基地，全长约2km	—	—	200
	8	吴弄传统村落	古村老屋保护	对吴弄内巷子进行立面整治，恢复修缮古村破旧老屋	1.1	0.9	500
			乡村文化植入	以吴弄为切入点，植入文化展示、写生摄影、民宿度假等业态	—	—	1200
	9	乡村休闲康养区块	西河休闲康养基地	在吴弄村、西河村、麻阳塘村、翁村、柳阳村、西河口等区域建设乡村休闲康养基地	6.6	7.9	28000
			翁村接待中心	在翁村建设旅游服务接待中心	0.3	0.2	200
			翁村露营基地	依托翁村瀑布，打造露营基地	0.5	—	100
新产业	10	农工文旅展销一条街	农工企业改造	将企业改造为生产加工与销售多功能复合空间，游客在企业内部参观体验，离开后可购买该企业特色产品	10	8	6000
			沿街道植入	建筑立面刷白，采用徽派元素改造建筑风格，增加人行道，路段改造等设施	—	—	1000
	11	产业体系升级	一、二、三产融合	打造农产品精深加工一条街，打造文旅小镇	—	—	3000
	12	交通体系升级	道路交通梳理	大马公路延伸，村庄主路完善	—	—	1000
	13	服务体系升级	慢行步道建设	建设15.5km骑行绿道，打造文化体验和田园休闲两条乡村游线	—	—	1000
			市政、标识、环卫设施	完善市政设施，按3A标准建设望松文旅小镇	—	—	500
总投资6.27亿元，其中政府投资约1.04亿元							

20-23.王村——生活品牌工厂的共享广场实景照片

24.王村——生活品牌工厂的共享广场效果图

25.松阴溪生态湿地绿道效果图

生态绿道和乡村小火车等形式的主要游线，对原有乡村旅游资源进行有机组织串联，打造集"美食、美景、美宿"一体化的沉浸式文旅体验线路——"五都源状元文化体验带"。

五都源始于翁村"大岗头"和"寨山"两山之间的峡谷，流经翁村、山仁下、望松、王村、石门五个村庄，汇入松阴溪。五都源在民间有着"一条源，两状元，一首富"的说法，是一条神奇的文化源流。以"旅游+康养+地产"的模式，规划打造集康复疗养、旅居养老、休闲度假、诗意栖居于一体的顶级生态人文乡村项目。具体游线如下：翁村（瀑布群状元文化怡老康养中心）—山仁下村（茶文化产业园）—望松村（黄家大院文化综合体）—王村（王璟纪念馆、望松生活工厂品牌）—石门村（石门廊桥、中医药康养集群）—松阴溪生态湿地绿道与鹰嘴潭（骑行越野露营）。

（1）翁村

距离松阳县城5km，共有481户居民，1123人，自然风光优美。其中状元谷，位于翁村后山，其主峰海拔千米以上，与数千亩原生态森林相依托，谷中瀑布成群，夏季凉爽幽静。谷内的龙母状元殿已有600年历史。文旅发展实施思路可依托状元谷中瀑布群，发展古色古香意蕴的翁村怡老康养中心。灵活运营，导入文旅业态供应商、专业运营商资源等。以40余亩土地，另80亩生态红线土地租赁建设农业配套用于整个康养地产项目的建设。项目规划总建筑面积1.2万m²。活业态，补齐乡村产业短板，强化乡村造血运营能力。发展森林徒步、山林氧吧健身。还可依托状元谷坡地上散落着的200多亩松阳原种土茶，其品质优越，被称为"状元茶"，有超过百年历史，由此发展茶道品鉴等活动项目。微改造，保留乡村底色，不搞大拆大建，以精细化提升来构建乡村生活美景。

（2）山仁下村

以"山下仁茶产业园"景点为主体，规划建设茶文化体验中心，建设茶文化旅游微目的地和养心地。一方面，打造绿色、优质、安全的茶品，聚焦高端市场。另一方面，通过植茶—赏茶—画茶—采茶—制茶—烹茶—品茶—茶宿等全方位茶文化体验，并将茶园婚庆、茶林康养、茶路越野、茶艺培训等产业链衍生也落地推广。

（3）望松村

也是现在的乡镇中心所在地。黄家大院，历史文化价值丰富，是浙江省级历史保护单位。黄家大院被誉为"木雕艺术殿堂"，厅内以"寿"字为主题，栋梁、檀枋、牛腿、雀替刻有204个不同笔画的篆体"寿"字。

黄家大院为典型徽派建筑，有着三进七开间院落：分别为前院（百寿厅）、中院（武技楼）、后院（梅兰轩、竹菊轩）。建筑面阔27.6m，进深33.8m，厅中172根柱子井然并列。整个黄家大院景区（寿文化街区+粮库艺术基地）定位为望松文化IP网红打卡地。

这种独特的、号召力强大的旅游核心吸引物，以点带面地激活和升级望松旅游品牌和能级。增设旅游接待中心、研学综合课堂与小剧场等，邀请全国知名工匠、艺术工作者开设文创工作室，配以木雕文化伴手礼——重现望松工匠精神，打造集木雕工坊、书法教室、画室、文创孵化工厂等艺术产业集聚地。通过认知重置、关系重构，将当地农户、住户与经营主体联结为利益共同体，将存量的旅游潜在资源转化为可以带来现金流量的高能资产。

同时，规划新建综合服务中心与广场，成为村民学习时政、聚集活动的室内场所，还设置了初心图书馆，将文化沙龙、画展，或者文创集市引入进来，打造成为当地村民和"异乡读者"的公共生活纽带，作为乡村文化振兴的创意产业聚焦点。

（4）王村

王璟纪念馆，是松阳第一个建筑剧场，也是国学网红文化打卡课堂、古建写生游学为主的文化研学空间。结合当地的产业园区，打造产销一体化望松生活品牌工厂，打造茶叶、中草药、有机食材的深加工、展览与销售基地。

（5）石门村

依托石门廊桥的网红流量，通过打造望松特有的桥上、溪上与水上农创市集，推广农品交易与廊桥品茶。依托石门村民居，通过立面整治、功能置换与结构更新，把传统民居改造为中医药康养微目的地，集成中医远程诊疗、线下培训、主题研讨沙龙、中药配方调制和康养理疗体验等，打造出一幅具有浓郁中医药乡土气息的新"望松山居图"。

（6）松阴溪

整体依托溪流的生态湿地与翁村至吴弄的生态绿道建设，中间点缀茶品种收集展览园与微型中草药材种质园。发展策略与产品内容：依托松古平原田园景观，发展生态观光客的田间骑行、户外拓展、生态观光等，以及亲子野营、研学教育、自然教育、湿地茶园瑜伽、文化禅修和导引功法等的田园康养地。

四、结语

通过对乡村振兴全生命周期的全景式认知，本研究认为有必要对其发展策略分类对待，须因地制宜，因势利导。明确乡村的文旅产业发展和规划对乡村振兴发展的价值意义，才会有更加立体和全局化的洞悉。

回望来路，不忘初心。乡村要振兴发展，就要不遗余力地创造自身的"核心价值"，寻求与城市的同构互补，差异错位，梯度层级，或是独立区隔等。总之，乡村振兴视角下的文旅规划，正是这样一条真正助力乡村在生态、生产和生活全方位振兴与发展的时代成功之路。

参考文献

[1]赵燕菁. 文旅产业与风景资源资本化[J]. 北京规划建设, 2020(6):152-154.,

[2]季正嵘, 鲍承业. 治序共生——乡村规划的研究与实践[M]. 南宁：广西科学技术出版社, 2020.

[3]王志芳, 高世昌. 国土空间生态保护修复范式研究[J].中国土地科学, 2020.

[4]鲍承业, 王剑. 控制性详细规划实施评价与调整思路——以攀枝花市钒钛产业园区为例[J].规划师, 2016, 32(1):76-82.

[5]孙广琦. 强镇扩权：苏南乡镇治理模式的重构[D]. 苏州：苏州大学, 2014.

[6]欧阳爱荣. 乡镇经济发展中的问题及对策分析[J]. 全国商情, 2015, (41): 50-51.

作者简介

鲍承业，上海开艺设计集团有限公司项目总监，城市规划师，风景园林高级工程师。

面向实施的城市片区风貌提升规划
——以嵊州领带园区为例

Implementation-Oriented Urban Landscape Improvement Plan
—Taking Shengzhou Necktie Industry Zone as an Example

沈丹平　寿文婧　陈罕
Shen Danping　Shou Wenjing　Chen Han

[摘　要]　在存量发展的背景下，城市片区更新、局部风貌提升已成为当前城市规划建设的重要内容，风貌规划、更新规划、城市设计等规划设计工作在这个过程中发挥了重要作用，但受限于规划体制、管理方式等因素，这类规划往往不具备法定效力，实施效果易偏离规划意图。本文以嵊州领带产业园区风貌提升的规划实践为例，试从规划编制、规划传导、规划实施三个层面，浅论此类面向实施的城市更新类规划的方法。

[关键词]　城市更新；园区改造；风貌提升；可持续发展；规划传导实施

[Abstract]　In the context of stock development, the renewal of urban areas and the improvement of local landscape have become important content in urban planning and construction. Landscape planning, urban renewal planning and urban design are playing important roles in this process. However, they are not given the legal validity due to the planning and management systems, implementation effect of which is easy to deviate from the planning intention. This article takes the landscape planning of Shengzhou Necktie Industry Zone as an example, exploring methods for implementation-oriented urban landscape improvement plan via planning compilation, planning conduction and planning implementation.

[Keywords]　urban renewal; industry zone renovation; landscape improvement; sustainable development; conduction of planning intention

[文章编号]　2024-95-P-038

一、领带园区实施风貌提升的背景及难点

1.对风貌提升工作的认知

城市风貌是指一个城市富有个性的外观风格与形象，不论大尺度城市总体风貌还是中小尺度的城市片区风貌，都是由高识别度的山水格局、独具匠心的功能布局、别具一格的城市肌理、因地制宜的景观环境等基本要素所构成，要素之间有机联系、相互映衬、相得益彰，是实用性（功能性）与审美性（观赏性）的统一。对于中小尺度的片区、街区类风貌提升工作，建筑外观、园林景观、环境艺术等外在表象给人以直观感知，片区功能、公共空间、街道形态等内在因素则影响实际体验，因此一个片区的风貌营造或风貌提升是土地、功能、空间、视觉等一系列要素提升的综合结果，需多方面协同考虑。

2.园区概况

嵊州市为绍兴下辖县级市，是以领带服装、厨具灶具、机电制造为特色的中等城市。领带园区位于嵊州主城区的核心地段，紧邻城市商业中心、文化中心、行政中心，地理位置十分优越。20世纪90年代，浙江块状经济起步，嵊州领带制造业蓬勃发展，大量中小企业扩产需求旺盛。为此，2001年嵊州市计经委特批成立领带集聚区（即本文领带园区），优先满足首批50余家企业用地需求，首批入园企业中部分已成为嵊州领带服饰行业的佼佼者。

2010年前后，嵊州城市建设提速，领带园区周边迅速发展，从初创时的城郊产业区转变为市中心的城中园，生产与生活矛盾逐步凸显，园区与城区风貌反差也日益拉大，城市中心区部分功能、道路、轴线等也因园区的存在而无法实施。另一方面，近年来领带行业整体下行，企业效益有所下滑，园区内部也出现企业兼并重组、厂房转租转卖等情况，亟需规范引导。

3.园区提升的目的和重点

为此，2022年嵊州市着手开展领带园区风貌提升工作，主要实现三个目的：一是通过道路拓宽、公园绿地和步行空间的建设，进一步打通东西向城市中轴线，使园区内外空间联系融合；二是利用领带园区的存量土地和建筑，弥补中心城区在教育养老、文化体育、公园绿地等方面的短板，使园区内外功能交融互补；三是规范引导园区产业发展，淘汰落后产能，提升传统产业，培育新兴产业，实现产业升级。

4.园区风貌提升难点和挑战

领带园区更新的目标是将该地区从以工业职能为主导的封闭式园区转型为兼具城市服务和产业服务的开放式街区，实现城园融合、优二兴三。对照片区现状和规划愿景，提升工作存在更新内容繁多、对象情况各异等挑战。

（1）更新内容繁多

①土地和功能提升

如前所述，风貌提升不是对视觉要素的单一提升，其他要素作为前置条件必不可少，土地功能优化就是其中重要一环。园区内部现状工业用地占比约90%，但实际功能比例与用地性质比例并不相符，工业生产和商服等功能在街坊层面、地块层面甚至楼宇层面都存在相互混杂问题，各问题矛盾突出。此外，领带园区周边的城市功能尚不完善，市民对幼教养老、文化体育、公园绿地等需求旺盛，目前利用厂房开办的各类服务型小微企业超过600家。因此，风貌提升首先需要对现状产业和功能业态进行梳理和优化。

②空间和环境提升

空间和环境要素是风貌提升的主要对象，内容包括绿地、街道、广场、建筑等。首先，领带园区现状存在公共空间和绿地不足，街道空间单一、地块封闭

1-4:领带园区及周边城区发展演变图

隔绝等问题。现有公共空间仅有一处街头绿地（警钟公园）和两条10m宽沿路绿地，现有东西向城市绿轴至警钟公园处后即告中止。其次，根据地方规定，工业用地应构筑围墙实施封闭运作，园区部分街道两侧已局部形成商业界面，街道与地块之间仍需保留围墙（围栏），造成街道品质难以提升；部分街坊已实现设计创意等服务业集聚，但街坊各地块依然需要保留围墙，导致地块间步行不畅。再次是园区内停车设施缺乏，导致地面空间基本被汽车占据，影响了空间品质。

③建筑景观要素

领带园区现有存量建筑近70万m²，部分已实施自主更新，建筑景观风貌较好，但仍有近20%的建筑存

在闲置残破、风貌不佳等问题，一般厂房也不同程度存在立面陈旧、局部污损、张贴无序等问题，风貌提升工作任重道远。

（2）对象情况各异

①企业主体多样

领带园区更新的主体是企业，但现状企业存在数量多、情况各异的复杂局面。园区现有土地权属人46户，其中私营企业占比90%。另有各类租户600多家，分布于电子商务、家具家装、餐饮娱乐、物流汽修等诸多领域。46宗地块的土地权属人经营状况又各不相同，其中依然从事领带纺织主业的仅占1/3，另有1/3几乎完全脱离主业，厂房建筑完全转租他用，自主更新意愿差别较大。

②土地情况各异

各企业现状用地情况也存在差异。第一类企业用地建设强度较低，仍有闲置土地或存在单层简易厂房的情况，依然有提升空间；第二类现状建设强度较高，园区内也存在违章搭建等情况，后期需要进行减量和局部拆除的；第三类是基本维持现状，无需进行拆建的。

5.小结

领带园区具有纷繁复杂的内外部诉求，也有情况各异的房屋用地和企业经营情况，如何科学评估、合理归类、因地施策，是实施此类片区提升改造的重要步骤，也是存量背景下更新规划无法规避的问题。

5.领带园区现状航拍图
6.领带园区功能分区规划图
7.领带园区风貌提升规划效果图

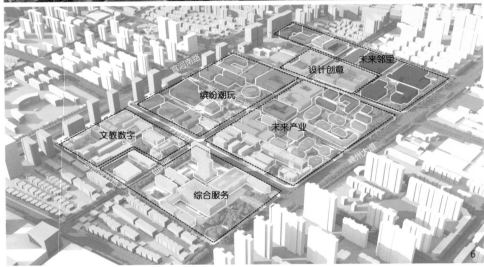

二、嵊州领带园区风貌提升方案及重点

1.总体思路

针对领带园区的实际情况和发展目标，风貌提升方案提出三点思路。

（1）近远结合，先易后难

在实施对象和实施时序上，近期对经营状况欠佳、土地效益低下、环境风貌不甚理想的三个街坊率先进行提升，合计18.1hm²，存量建筑24.6万m²，这些地块收储难度相对较低、改造成本较小，因此更新方式以政府收储出让为主、企业自主更新为辅，由地方政府实施开发，优先配套城市公共服务设施和社区邻里服务设施，形成示范效应。

（2）减量增质，统筹平衡

领带园区存量建筑规模大，按照减量增质的原则，规划建筑容量不超过现状规模。其中，政府主导地块以减量为主；企业自主更新地块给予5%~10%的容积率奖励，允许有一定增量；对于保持现状建筑规模不变的企业自主更新，则在税收、政策方面给予奖励。

（3）刚性弹性，有机结合

在管控内容上，按照刚性管控和弹性引导原则，对各要素进行分类分级。对于开发强度、建筑高度、建筑退让、配建停车设施等内容进行刚性控制，对功能业态、建筑色彩、立面材质、灯光照明等内容进行弹性引导。

2.产业和功能提升

方案形成"一心六片"的功能布局结构，一心位于园区中心位置，依托先期收储地块建设城市公共文化设施和城市级公园，六片区分别为未来邻里、设计创意、综合服务、缤纷潮玩、未来产业、文教数字组团，通过各个片区的功能优化提升，进一步完善城市功能、社区功能和产业功能。

（1）城市功能

主要位于缤纷潮玩和综合服务组团，重点完善公共服务功能和城市文化功能。缤纷潮玩组团通过先期收储的三幅用地，建设领带公园、步行街等公共空间，围绕公园广场空间布局全龄友好的亲子公园、科技文化、餐饮美食、时尚潮玩、青年创业汇集地，提升城市活力。综合服务组团主要位于领带园五路北侧，通过土地和房屋收储，实现城市行政服务部门集中办公，完善会议后勤等功能，并增加沿街绿地、市民公园等公共空间。

（2）产业功能

产业功能主要位于园区中部，包括设计创意和未来产业两个组团。其中，设计创意产业在现有基础上，引导家装设计、建筑设计、文化创意、金融服务等进一步集聚发展，形成城市金融和设计创意产业高地。未来产业组团是结合现有企业效益良好、产业负面影响较小的两个街坊，保留纺织服装、厨具灶具产业的设计、研发、销售环节，实现现有产业就地升级，并积极引入企业、电商等新兴产业。

（3）社区功能

社区功能分布于园区南北两端，与周边城市社区需求紧密结合。园区北部沿领带园一路现已形成围绕农贸市场的社区功能雏形，包括社区球场、餐饮娱乐、教育培训等业态，规划利用存量空间，进一步完善卫生服务、文化体育、养老幼托等功能，形成完整的社区邻里中心。园区西南侧则依托邻近学校、会展和文化传媒机构的条件，规划布局数字传媒、电子商务、教育培训等功能。

3.街道和公共空间提升

（1）绿地广场

空间方面，发挥领带园区居中的地理区位，按照"减量增绿"原则，通过"开墙透绿""拆简增绿""沿路退绿"等方式增加公共空间面积。一是在核心区位置增加了1.5hm²城市绿地，通过领带园三路的步行化改造，形成近5000m²的城市步行街和广场用地。二是沿嵊州大道城市主干道界面，通过拆建减量和重建退让，形成沿路20m的绿地空间，有效提升城市界面绿化效果。三是积极引导各地块实现开放式管理，将地块配建绿地和内部庭院空间对外共享。

（2）街道空间

领带园街道尺度宜人、绿树成荫，现状内部道路宽度18~20m，均为双向两车道，车流少车速低，步行舒适度较高。现存主要问题为临街厂区围墙造成的空间区隔和临街建筑的功能，规划通过拆墙透亮的方式，拆除临街地块围墙（围栏），实现街道空间和地块空间一体化，大大优化了街道空间的步行环境，二是规定临街建筑一层空间以商业、文化、展示为主的功能业态，以通透玻璃幕墙替代实体围墙等方式，实现临街界面的提升。

（3）步行空间

为实现以街坊为单位的开放街区，方案对现状企业围墙的"拆、改、留"进行分析。原则上，除规划作为幼托养老、医疗卫生等功能，以及部分企业不适合开放式管理的，其他地块围墙应拆尽拆，拆除后街坊形成连续的步行空间，内部公共空间面积和质量得到大幅提升。对于必须实施封闭管理的地块，则要求采用绿植、墙、透空栏杆等形式，以增加通透感。

4.建筑和公共景观提升

（1）建筑立面

现状园区建筑高度以4~6层为主，建筑多沿街呈围合布局，建筑结构以多层框架式结构为主，建筑高度、风格色彩基本统一，空间形态较为有序。方案以清新淡雅、中性沉稳的片区总体风貌基调为基础，根据各街坊功能定位形成一定差异化要求，如在片区核心，新建建筑要求更多采用玻璃幕墙等材质，以实现通透、明亮的效果，与存量建筑形成对比。产业和综合服务类建筑则要求采用沉稳、明快的浅灰、米黄等主色调，体现现代和简洁风貌；社区服务功能和设计创意功能建筑色彩要求采用灰、蓝等中性或冷色调为主，赭、橙、金等暖色为辅，适当体现时尚、活泼的功能特点。

（2）公共景观

领带产业是嵊州具有代表性的产业，园区更新后领带产业规模比重有所降低，但文化记忆需要保存，因此在公共景观元素中着重强化了领带元素的体现，除了在核心区规划一处领带文化馆外，对园区公共空间设计也提出具体要求，即通过雕塑、小

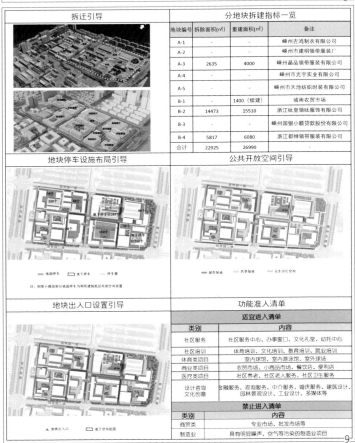

10.领带园区风貌管控图则示例图
11-12.领带园区近期风貌提升地块实施效果对比示意图

新建建筑风格引导	本街坊以社区服务功能及设计创意功能为主导，新建建筑主要位于呔皇领带服饰和都绅服饰地块邻嵊州大道一侧。新建筑应体现简洁大气、时尚现代的风格，体量、高度、立面与存量建筑相协调，营造嵊州大道城市新界面。 **建筑风貌**：宜采用现代简约风格，且与周边存量建筑相协调。 **建筑材质**：立面材质以石材、玻璃幕墙等为主，辅以涂料等其他材料，沿嵊州大道建筑底层立面应通透、明亮，以玻璃幕墙、金属板材为主，避免大面积实墙。 **建筑色彩**：新建建筑用色以清新淡雅的灰、白、蓝为主，与存量建筑相协调，避免大量采用高饱和度的艳丽色彩。	
存量建筑更新引导	本街坊存量建筑大部分已由工业生产转向三产服务业，已完成了建筑功能更新和建筑外立面改造，取得了较好的效果。 剩余有待改造更新的存量建筑主要为呔皇领带大跨度单层钢结构厂房，按规划需改造作为室内文化体育设施，建议在保持原有钢结构基础上，翻新屋面和立面围护。立面色彩可在浅底色基础上，适当加入高明度的赭、橙、黄、蓝、绿等暖色调，以体现社区体育公园年轻、活力的特色。	
围墙及绿化种植	**围墙**：本街坊除光宇实业和社区养老卫生服务中心两地块需封闭管理外，其余地块建议开放式管理，地块间不设围墙以形成连续的步行空间。地块界址建议采用界址桩形式进行标注，地块间可采用绿植、树池、石墩、不锈钢柱等形式进行软隔离。需封闭管理的地块，建议采用透空铁艺栏杆或绿植墙形式。 **景观设计**：沿嵊州大道、领带园二路保留不少于10m绿化带，领带园一路与嵊州大道交叉口规划不小于0.5hm²的路头绿地。公园绿化应体现社区文化，创意文化，绿植以疏林草坪为主，形成通透开敞的视线景观。	
环境设计	**设施配置**：街坊内部结合社区服务功能设置必要的户外健身设施、户外亲子活动设施、居民休息设施、露天市场等；街坊内应设置必要的导向标识和信息栏、街坊内雕塑、家具、小品等体现未来社区和文化创意特点，与周边功能相一致。 **公共艺术与雕塑**：鼓励社区广场、社区公园等重要景观空间设置体现邻里亲情、设计创意等主题的公共艺术作品。	10

品、历史照片等手法体现领带文化。

（3）广告标识

园区目前大量服务型中小企业租用厂房，但由于缺乏引导，建筑外立面广告、标识、招贴等较为无序，方案提出三点管控引导要求：一是外立面标识的数量和形式，原则上以业主企业或园区名称为主，形式为标牌和文字形式；二是规定标识标牌的尺寸和位置，安装位置不应凸出建筑外轮廓，不得影响建筑造型与园区天际线；标牌标识底板面积不宜超过2m×10m，不得覆盖门窗等部位；三是规定招贴招式的色彩不得采用过于鲜明的色彩。

（4）夜景照明

为增强城市活力，提升夜景风貌，方案对夜景照明方案进行引导。整个片区划分为低、中、高三个照度区，公共文化生活核心为高照度区，应对建筑本体、绿地广场、公共景观进行充分照明，光源以面源泛光照明为主，点状照明为辅；邻里中心、设计创意为次高照度区，以街道和场地照明为主，建筑立面泛光照明为辅；其他功能区块、靠近居住区的地块为低照度区，以街道和步行空间照明为主。

5.规划实施的政策工具

作为方案的重要配套内容，规划同步提出方案实施的政策工具，根据土地和企业的现状评估情况，分为四类。

（1）土地收储出让

方案中共有9个地块共计9.24hm²用地通过收储方式纳入城市土地储备，主要为城市公园、公共活动中心、综合服务组团、幼托养老设施等功能。土地收储出让是实现规划目标的最直接手段，规划意图可直接传达至设计方案，可以实现最小偏差的规划落地。

（2）产业就地升级或腾退

三个产业功能组团内的企业，符合产业发展导向、满足一定的产值（税收）要求的情况下，可保留工业用地属性，但只保留设计、销售、研发等功能，生产流程应予腾退外迁。企业自主改造完成后，对引进电子商务、设计研发、企业总部、文化创意等符合产业清单的项目，给予权属企业税收奖励。

（3）土地性质变更

对于三个产业功能组团以外的地块，应按照规划功能实施用地性质变更并补交土地出让金。按照地方产业提质增效政策，现状亩均税收较低的，须在一年内转变用地性质；亩均税收较高的可适度延长转性时间。无意愿进行土地性质变更或自主更新的，可将土地交由地方政府收储或挂牌拍卖。

（4）临时房屋功能变更

部分企业因客观原因无法完成永久转性的，经政府批准后可进行临时改变房屋用途，最长期限不超过5年，首次期限不低于2年。

三、风貌管控图则及意图传导

城市设计、风貌规划等非法定规划如何精准有效向规划实施传导，是城市更新实施过程中面临的最大挑战。一方面，由于此类规划缺乏统一的编制标准，内容各异、深度不一；另一方面，编制人员对于引导或管控的具体要求难以把握，或因规定过于宽泛造成约束力不强，或者规划方案与设计施工、政策法规脱节，造成规划意图无法执行。领带园区风貌提升规划，在政策设计的同时，也将规划意图通过管控图则的形式进行提炼浓缩，便于规划管理部门、具体设计部门衔接。

1.管控图则的内容

在规划成果基础上，以街坊为单位，按照街坊信息、刚性管控内容、弹性引导内容三大类约20个要素，归纳形成管控图则，主要内容如下。

（1）街坊基本信息

包括街坊面积、地块面积、分地块建筑面积、地块权属等情况，并附加航拍影像、三维影像等，以便于与现场情况和规划方案进行比对。

（2）刚性管控内容

在地块层面，对地块更新强度、新建建筑高度、地块建筑密度、配建停车设施、拆除新建建筑位置五项内容进行刚性管控。对于收储用地，刚性指标将纳入控规图则中，对于自主更新用地，这些指标将纳入地块改造合同。

（3）弹性引导内容

除以上刚性控制内容以外，各个地块功能业态、地块出入口、共享空间布局、拆除围墙位置、建筑色彩、立面材料、夜景灯光等10项内容为弹性引导内容，也可纳入控规图则的引导性内容。

2.图则管控内容的传导

风貌规划作为非法定规划，仍需通过一定方式实现内容法定化，通常有三类传导路径。

第一类是将技术成果纳入地方性管理规定或技术导则，由于各地的技术管理规定是当地进行方案审核和管理的法定依据，被纳入的风貌管控条文在一定程度上也具备了法定效力，但这种类型通常针对总体风貌规划等全局性、纲领性的规划成果，落位到片区或局部地块管控力度可能有所减弱。

第二类是与建设审批程序结合，也就是通常所说的"带方案出让"或者"保底方案"。在这种传导机制下，风貌提升方案被直接作为管理部门进行方案选择或方案审批的参考依据。这类方式在重点地区采用较多，管控方式最为直接有效，但对设计能力与管理程序方面有更高的要求。

第三类为控规+附加图则的形式，风貌专项规划编制完成后，涉及土地性质变更等重大变化的，往往要同步进行控规修改，此时即可将风貌规划的内容以附加图则的方式纳入控制性详细规划，实现风貌管控内容的有效传导。

对于领带园区风貌提升工作而言，实施过程中主要是通过第二类和第三类方式实施规划意图的传导。

四、结语

风貌规划编制完成后，片区初步试点了两个地块的更新改造，获得了不错的效果，也为后续工作积累了一定经验。在新的国土空间规划体系和存量发展的背景下，城市更新和风貌提升工作的重要性和复杂性势必进一步增强。通过领带园区风貌提升的实例，说明只要规划成果与实施政策工具、法定规划编制有效衔接，规划意图能够得到准确的传递，城市设计、风貌规划这类非法定规划也可以成为有用的规划工具。

参考文献

[1]田静宇.面向实施的城市风貌规划初探——由思南城市风貌规划引发的思考[J].《规划师》论丛,2018(1):199-206.

[2]杨华文,蔡晓丰.城市风貌保护经验的借鉴与启示[J].国外城市规划.2005(6):62-64.

[3]杨文华,蔡晓丰.城市风貌的系统构成与规划内容[J].城市规划学刊.2006(2):59-62.

[4]段德罡,王丽媛,王瑾.面向实施的城市风貌控制研究——以宝鸡市为例[J].城市规划,2013,37(4):25-31+85.

[5]戴慎志,刘婷婷.面向实施的城市风貌规划编制体系与编制方法探索[J].城市规划学刊.2013(4):101-108.

作者简介

沈丹平，深圳市新城市规划建筑设计股份有限公司浙江分公司规划师；

寿文婧，深圳市新城市规划建筑设计股份有限公司浙江分公司规划师；

陈　罕，嵊州市自然资源和规划局详细规划和城市设计科副科长。

山地带形城市的风貌探索
——酉阳桃花源新城规划设计实践

Exploration of Mountainous Liner-city Scene
—Planning of Taohuayuan New City in Youyang Autonomous County

刘 懿 周东东
Liu Yi Zhou Dongdong

[摘 要]   城市风貌的形成是自然因素和人类活动综合作用的结果，既是对社会人文的软性概括，又是城市总体环境硬件特征的综合表现。山地多呈脉状走向，山地城市在谷地中蔓延，与在地文化民俗共同生长，形成特殊的山地带形城市风貌。本文以重庆酉阳桃花源新城的规划实践为契机，创新规划设计手段，通过对空间体系、生态环境、交通方式、文化传承等发展路径的创新，构建出适应山地带形城市的新风貌，形成人与自然和谐共生、世外桃源般的美好生活画卷。

[关键词]   带形城市；山地城市；风貌规划

[Abstract]   The formation of urban landscape is the result of the comprehensive effect of natural factors and human activities, which is not only a soft summary of social and cultural aspects, but also a comprehensive manifestation of the overall hardware characteristics of the urban environment. Due to the fact that mountainous areas often show a vein-shaped trend, mountainous cities spread in valleys and grow together with local cultural and folk customs, forming a unique mountainous belt-shaped urban landscape. This article takes the planning practice of Taohuayuan New City in Youyang, Chongqing as an opportunity to innovate planning and design methods. Through innovation in spatial system, ecological environment, transportation methods, cultural inheritance and other development paths, it constructs a new style that adapts to mountainous belt cities, forming a harmonious coexistence between humans and nature, and a beautiful life like a paradise.

[Keywords]   liner-city; mountainous city; landscape planning

[文章编号]   2024-95-P-044

中国多山地，全国的山区面积占陆域总面积的69%以上，重庆、云南、四川、贵州等省市山地面积（含丘陵）甚至超过了辖区面积的八成[1]。山地城市约占全国城市总数的一半以上，且集中在我国经济发展较为落后、生态系统脆弱的内陆地区，同时山地多呈现地形地貌复杂、生态环境敏感、工程和地质灾害频发等特点[2]。

地形地貌通常决定了一个城市的空间结构的基本模式。相较于平原城市较易形成的集中紧凑形态（方形、圆形、扇形等），山地城市一般呈脉状分布，因地形、河流的走势的限制与诱导，山地城市往往容易在谷地蔓延，并呈带状扩张发展，我国典型的带形城市有兰州、西宁、抚顺、康定、绵阳等。重庆酉阳自治县属武陵山区，山脉多呈西南平行排列走向，呈现典型的"川东隔挡式褶皱"，奠定了山地型城镇的分散带状发展格局。

一、山地带形城市风貌特征及面临的问题

城市风貌是通过自然景观、人造景观、人文景观而体现出来的城市发展过程中形成的城市传统、文化和城市生活的环境特征[3]。本文将从以下四个方面简要阐述山地带形城市风貌特征及问题。

1.特殊的城市空间结构与快速城镇化带来的城市功能结构破坏

山地城市的土地利用形态受自然因素的影响，一般呈带状或者线性分布，其发展只能沿着川道、岸线或峡谷间平整地带延伸。在近20年快速城镇化的背景下，中国城市空间大多呈快速蔓延趋势，这种侧重于土地导向的飞速扩张，使得山地带形城市的新城建设大多参照平原城市的规划处理方法粗暴扩张，对城市空间结构造成一定程度的破坏。加之受地形、自然资源的限制，山地带形城市的适宜建设用地一般较为稀少，低效的资源利用与资源分配加剧了对土地发展的负面影响。

2.优良的生态资源禀赋与山地区域生态高敏感性与高脆弱性

山地带形城市周边岭谷交错、资源丰富，有着独特的气候、水文、土壤和生物群落特征。随着快速城镇化，城市的生态环境保护越发棘手。如本文研究的重庆酉阳小坝，位于武陵山脉北西侧，区域内岩溶地貌较发育，水文地质条件复杂，导致其生态环境脆弱，地质灾害频发，每年雨季均有滑坡、崩塌、泥石流、地面塌陷等地质灾害发生。生态的高敏感性与高脆弱性使得城市开发建设存在诸多风险。

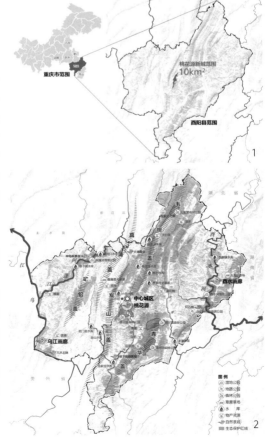

1.规划范围图
2.重庆市酉阳自治县文化及生态资源图

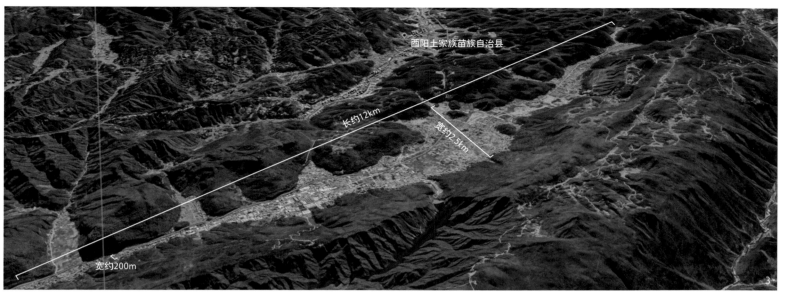

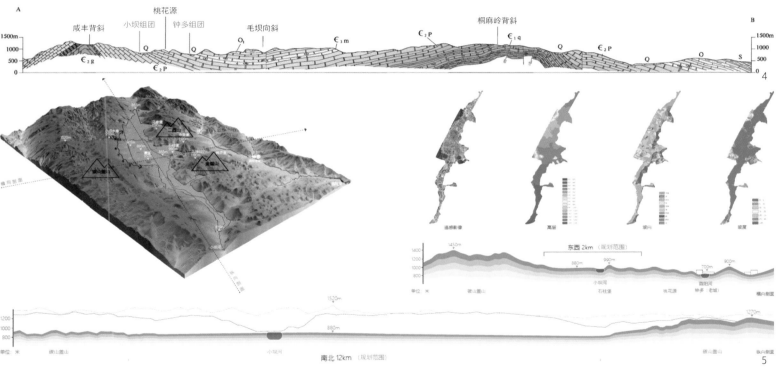

3.酉阳自治县桃花源新城现状鸟瞰图   4.酉阳自治县"川东隔档式褶皱"示意图   5.酉阳自治县桃花源新城地形GIS分析图

3.沿主干交通生长的用地组织与城市交通拥挤与效率低下

山地带形城市往往沿着纵向的交通干线绵延建设，由于城市空间结构与功能布局不均衡，城市公共设施和公共生活过于集中在市中心，带形城市的路网流量、负荷度均显著大于团状城市。在相同出行规模下，带形城市的中央核心道路走廊负荷度均显现过饱和的态势，并呈现越接近中心位置越拥堵的特征[4]。

4.丰富多彩的人文资源与快速开发形成的"千城一面"

城市文化的形成作为一种历史性的过程，受到不同地理位置、气候条件、生产生活方式的影响。山地是我国少数民族的重要聚居区，其文化形式多样、分布立体、传承神秘，为城市添加了魅力独特的人文色彩。但随着城市建设开发的不断加快，不少城市的规划设计趋同，城市空间缺乏对在地文化的传承与发展，不能适应山地城市文化的表达需求，区域的民族

传统、地方特色不断失落。

二、重庆市酉阳桃花源新城规划设计实践

1.基本情况

（1）规划范围

酉阳自治县地处渝、鄂、湘、黔四省市接合部，属重庆市"一区两群"格局中渝东南武陵山区城镇群的区县，全县辖区面积5173km²，是重庆市辖区面积

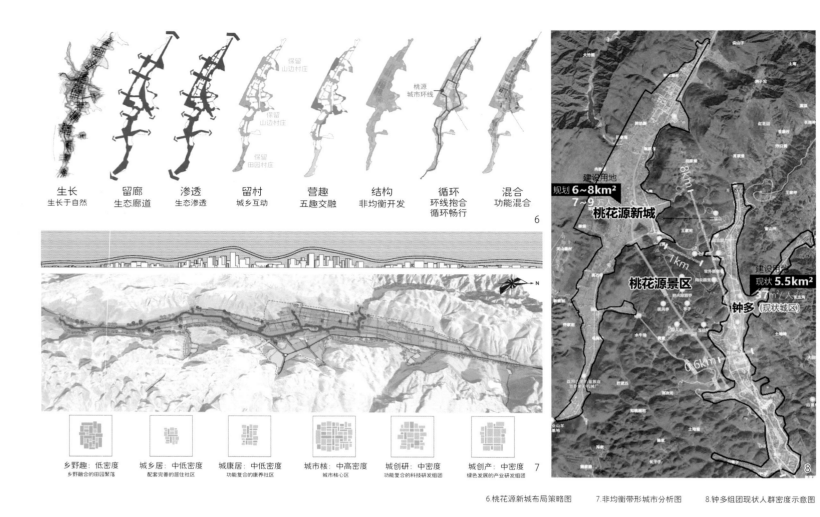

生长
生长于自然

留廊
生态廊道

渗透
生态渗透

留村
城乡互动

营趣
五趣交融

结构
非均衡开发

循环
环线抱合
循环畅行

混合
功能混合

6

乡野趣：低密度
乡野融合的田园聚落

城乡居：中低密度
配套完善的居住社区

城康养：中低密度
功能复合的康养社区

城市核：中高密度
城市核心区

城创研：中密度
功能复合的科技研发组团

城创产：中密度
绿色发展的产业研发组团

7

8

6.桃花源新城布局策略图　　　　7.非均衡带形城市分析图　　　　8.钟多组团现状人群密度示意图

最大的区县。桃花源新城（小坝组团）紧邻酉阳桃花源5A级风景区，位于环桃花源主中心西北侧，规划范围约10km²。正在规划建设的渝湘高铁途经小坝，拟在规划范围中部设站。范围西侧规划通用机场，未来桃花源新城将成为全县域的交通枢纽。

（2）区域资源

区域极具生态优势，周边森林覆盖率高到达60%以上，年平均气温15.1℃，富集多种珍稀动植物，是重庆最多样的珍稀动植物基因库。其农林产资源十分丰富，有"世界青蒿之乡"的美誉。是重庆最大少数民族聚集区域，民族文化氛围浓重，传统生活习俗保留较好，建筑、服饰、节庆等极具特色，非物质文化遗存承载的民俗要素众多。

（3）地形地貌

规划范围内地势平缓，呈典型带状分布。南北长约12km，开阔连片用地主要集中于中部及北部，中部最宽处位于祁家湾至桃花源旅游接待中心处，宽约2.5km，南部狭窄处位于S304省道王家坡附近，宽约200m左右。

小坝外有两山相合、山势绵延，西侧炭山盖绵延成岭，东侧二酉山、金银山（桃花源于内)山峦层峦叠嶂，同属武陵山系，呈南北走势。桃花源新城范围内依山势形成纵谷，有《桃花源记》所谓"土地平旷，屋舍俨然"之境。谷内有一水名"小坝河"，自北向南蜿蜒流过，宽约5~10m，部分已渠化。

2.建设用地适宜性分析

依据第三次全国国土调查数据，场地现状用地主要以林田为主。对地质环境、风环境、地理环境、生态环境、水环境五个维度进行综合分析，结合地理信息参数分析构建出小坝生态阻力模型。分析得出规划范围内总体生态阻力值较小，北部较高，东高西低。根据评价分析，规划范围内城镇适宜建设用地规模约8km²，主要分布于东流口社区以北区域。

3.桃花源新城山地带状城市规划策略

（1）探寻带状城市空间结构新模式——非均衡布局策略

目前酉阳的城市功能核心区——钟多组团，东西宽约0.6km，南北长约8km，用地面积5.5km²。2020年底常住人口已近15万人，人均城市建设用地面积仅37m²。带状城市均衡开发带来的城市病问题突出，道路交通基础设施匮乏，配套设施不完善，城市绿地广场等开敞空间不足，城市功能、人口亟待疏解。结合山地带形城市特性，当城市规模扩张超过单中心服务承载能力，应发展适宜规模的新中心，形成多中心协同发展模式，提升空间经济绩效。桃花源新城从空间距离、交通联系、功能延续、设施共享上考虑，都将是承接钟多组团功能和人口的最佳选择。

通过生长、留廊、渗透、留村、营趣、结构、循环和混合的八个步骤形成整体规划设计方案。首先承接谷地肌理，规划致力于打造一座生长自然之间的城市。通过梳理山势、水脉、风向，保留重要水系、田园和林地，预留出重要生态廊道。将生态廊道渗透至组团内部，形成自然无界的生态架构。在山边保留村庄，带状城市南部尽端保留大片田园，不同的生态要素与城市功能混合，形成山、水、林、园、田五趣交融城市韵味，城市与自然之间，不再是僵硬的隔离边界，而是相互渗透、融合、共生。适度提高中部片区开发强度，两端逐步降低开发强度，形成带状非

14.六大典型空间模式图
15-16.内部交通及特色交通规划图

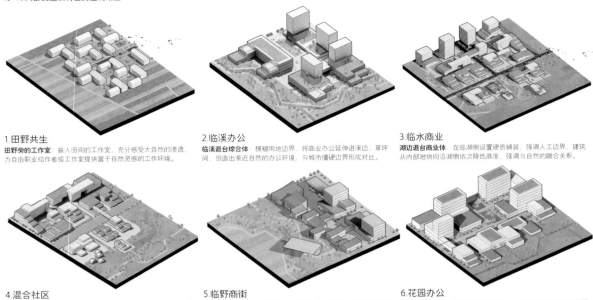

1.田野共生
田野旁的工作室：嵌入田间的工作室，充分感受大自然的渗透，为自由职业给作者或工作室提供富于自然灵感的工作环境。

2.临溪办公
临溪退台综合体：模糊用地边界，将商业办公延伸进溪边，草坪间，创造出亲近自然的办公环境，与城市僵硬边界形成对比。

3.临水商业
湖边退台商业体：在临湖侧设置硬质铺装，强调人工边界，建筑从内部地块向沿湖侧依次降低高度，强调与自然的融合关系。

4.混合社区
融入自然的高度混合社区：在南侧组团设置高度混合社区，与溪水，草地自然融入，创造出自然生境的社区环境。

5.临野商街
自然田野式商街：保留现状田野肌理，引入溪流，创造出仿佛置身于田野乡间的商业街区，创造独特桃花源景区式商业街。

6.花园办公
花园退台式办公：通过错落的建筑布局，将自然环境融入办公组团，取消地块边界感，保留最大景观面，让更多使用者享受到自然生境。

14

内部街道——回归街道生活方式

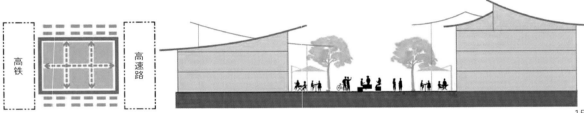

15

创意展示　乐享办公　智慧社区　文化创意　乐享办公　休闲娱乐　活力街区

16

衡开发结构。适配于这种非均衡开发模式，构建"一环两射、环线抱合"的循环式交通，在高强度的中心区构建环线交通，两侧构建放射状交通，解决带状城市交通拥堵问题。各组团内部建立次级中心，合理提高土地混合利用度，营造活力之城。

按照非均衡布局策略，形成了桃花源新城自然、城市、村落交融的组团式生长结构。依据建设用地适宜性分析，基于土地集约节约利用与城市高品质人居环境建设与生态保护维育相结合的原则，布局城市建设用地约6.8km²，在南部预留建设用地约2km²。

创造舒缓起伏、错落有致的城市天际轮廓线，按照中心区域高，向近山、近水区域逐级降低的形式控制建筑高度。核心区段、重要节点建筑高度控制在60m，一般地段建筑高度控制在36m以内，绿色研创产业区建筑高度控制在18m以内。

（2）城野共趣的生态空间营造策略

通过留山势，控水脉，构建带形生态框架。保留炭山盖、二酉山、金银山坡岭与小坝河主河道，严格控制城市建成区扩张，形成生态绿廊，依山就水建设生态友好型城市。控制山脚、低地为生态限建区，构建山地城市生态绿底，最小化地质灾害风险，保障城市安全。

因地制宜，保留6条雨洪安全通道。山侧结合山体汇水线设置山麓分散式海绵设施，形成集水绿廊，利用生态手段截蓄山体雨水，防治水土流失，实现暴雨径流控制。城市内结合景观设计增加绿色渗透的海绵基底，包括建筑雨水收集利用、透水铺装、低影响道路设施等，创建安全韧性、动态两栖的山水海绵城市。

顺应自然风向，搭建贯穿全城的清凉线性公共空间。布局多条通风廊道，依托生态洼地、雨水花

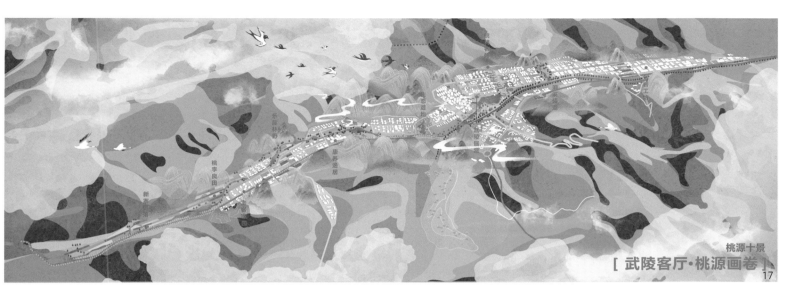

桃源十景

[**武陵客厅·桃源画卷**]
17

17桃源新城未来愿景示意图

园、屋顶绿化等布置连续的城市绿地，削弱城市热岛效应，搭建清凉舒爽的城市公共空间，形成小坝的生态凉谷。

结合场地生态特色，形成田野共生、临溪办公、临水商业、混合社区、临野商街、花园办公六大典型空间类型，低影响地置入活动设施，让人们可以走进自然，享受自然。

（3）适应非均衡用地的新交通模式

由于出行方式较为单一，老城钟多组团的均衡型带状结构带来早晚高峰较大的交通拥堵、公共服务配套不均等城市问题。适应非均衡带状结构，规划提出构建"一环+两带"的循环式交通模式，形成"非均衡、小街区、密度网"路网体系。总体路网密度控制为11km/km²，核心区控制为12km/km²，外围组团控制为10km/km²。对外交通方面，强化高铁、高速重要对外交通与城市的联系，衔接国道、通用机场，强调交通功能与空间的有机融合。

内部交通注重街道空间的打造，保证界面的开敞和空间的连续。公共空间布局退台式建筑，引导人流进入，重点地区的街区之间适当布局连廊，强调空间活力的连续。街区强调聚集性、小街区式布局，地块尺度控制为（100~120m）×（150~180m）。根据城市功能差异化设置街道宽高比（D/H），传统风貌商业街巷D/H控制到1以下，强调空间的乡愁味道及场所感。通过街道尺度的控制、活动空间的设计，让居民的生活回归街道，让城市恢复活力。

除了为公共交通提供了充足的客流，也可以减少公交线路的数量。在发展传统公共交通的基础上，本规划提出造价低，运量高，适应县域规模城市的路面

地铁新型公共交通出行方式，一环两带的轨道线路布局，缓解带形城市常有的交通瓶颈及压力，与高速、高铁、国道等通过性交通形成快捷联系。同时对轨道线路展开主题化、观光化打造，融入酉阳生态文化特色，助推文旅高质量发展。

（4）多元共存的文化会客厅

桃花源新城作为酉阳的发展新动力，是酉阳文化传承、展示、转化的重要载体。依托多元的文化形态，沿小坝河与周边绿地系统形成贯通南北的带状文化主脉，同时基于桃花源本底资源设立丰富多样的文化节点。通过文化会客、文旅服务、文创孵化等形式，培育文创品牌，开发文创产品，实现创新历史人文资源与新产业形态、新商业模式的连接与价值转化，多渠道、多层次、多维度提升酉阳历史人文资源的展示度和体验度。

对酉阳传统聚落的空间和风貌进行研究，提取空间要素和风貌元素，进行现代化的演绎，形成古今文化共存的建筑群，营造文化会客空间。践行"文旅+科技""文旅+文博"新趋势，打造少数民族体验文化剧场、武陵腹心生态博览天地、绿色低碳示范中心等特色文旅会客产品，融入情景演艺、数字智能、研学互动手段，策划民族特色的功能活动，形成全季全时的活动体系，全面展示酉阳独特的民俗风情和生态人文。

三、结语

本次桃花源新城规划方案以非均衡布局为主要设计理念，旨在创造城景融合、舒缓有序、外联内畅、

文脉彰显的世外桃源与栖居山水。希望本方案能为其他山地带形城市的城市风貌营造提供参考，并能引起更多从业者对这种特殊地貌的营建模式进行更深入的研究。

参考文献

[1]赵济生.中国自然地理[M].北京：高等教育出版社，1995.

[2]赵万民.关于山地人居环境研究的理论思考[J].规划师，2003，(6)：60-62.

[3]蔡晓丰.城市风貌解析与控制[D].上海：同济大学，2006.

[4]伍速锋，康浩，曹雄赳，等.带形城市交通规律与启示研究[C]//中国城市规划学会城市交通规划学术委员会.品质交通与协同共治——2019年中国城市交通规划年会论文集.北京：建筑工业出版社，2019.

作者简介

刘懿，同济大学建筑设计研究院（集团）有限公司重庆分公司规划师；

周东东，同济大学建筑设计研究院（集团）有限公司重庆分公司副总规划师，规划所所长。

基于湖丘生态景观塑造的城市微度假目的地开发策略
——以南昌儒乐湖滨湖地块策划规划为例

Urban Micro-Resort Destination Development Strategy Based on the Ecological Landscape of Lakes and Hills
—Take the Planning of the Lakeside Plot of Rule Lake in Nanchang as an Example

戴立群　韩丹杰
Dai Liqun　Han Danjie

[摘　要]　为贯彻落实国务院赋予长江中游新型城镇化示范区、中部地区先进制造业基地、内陆地区重要开放高地、美丽中国"江西样板"先行区的战略定位，儒乐湖新城积极创建具有潮流引领力的消费中心。本文从项目缺什么、有什么、做什么、怎么做等角度进行分析，顺应城市消费空间向城市休闲与社交空间转变的趋势，参考借鉴相关典型案例，将项目整体定位为"城市微度假目的地"，策划相关功能业态及重点项目等，最大化激活片区湖丘生态资源。最后，为提升项目可行性，合理制定开发推进机制、开发与运营策略、财务评价等实施策略。

[关键词]　湖丘生态；城市微度假；开发策略；儒乐湖

[Abstract]　In order to implement the strategic positioning of the new urbanization demonstration zone in the middle reaches of the Yangtze River, the advanced manufacturing base in the central region, the important open highland in the inland area, and the "Jiangxi Model" pilot zone in Beautiful China, Rule Lake New City has actively created a trend-leading consumption center. This paper interprets the regional positioning, the function of the area and the positioning thinking from the perspectives of what is missing, what is available, what to do and how to do it, conforms to the future development trend of urban consumption space to urban leisure and social space, refers to the successful cases, positions the project as a whole as an "urban micro-vacation destination", plans and designs functional formats, spatial patterns, and key projects, and maximizes the activation of the ecological resources of the lake and hills in the area. In order to ensure the feasibility of the project, the implementation strategies such as development promotion mechanism, development and operation strategy, and financial feasibility analysis are reasonably formulated.

[Keywords]　lake and hills ecology; urban micro-resort; development strategy; rule lake

[文章编号]　2024-95-P-050

1-2.基地处于片区功能缝合要地

一、找基因：片区独特性识别

1.城市与新区缺什么

城市软实力竞争格局之下，南昌仍需打造城市符号。虽然南昌拥有红谷滩商圈、八一广场商圈两大市级商圈及多个新兴商圈，但仍缺少具有鲜明属性的城市符号。通过对东、中、西部地区重点城市典型地标的梳理，团队经研究发现，强化城市IP属性、重视运营逻辑与消费者体验是成就经典项目的关键。如武汉楚河汉街全长1.5km，主体采用民国建筑风格，拥有非常丰富的商业内容、许多时尚流行品牌，集合世界顶级文化项目，使汉街成为中国极具文化品位的商业步行街；成都远洋太古里作为开放式、低密度的街区形态购物中心，为呈现不同的都市脉搏，同时引进快里和慢里概念，集合生活趣味、都会休闲、精致餐厅、历史文化及商业功能，汇聚国际一线奢侈品牌、潮流服饰品牌、米其林星级餐厅以及国内外知名食府，2019年评定为国家五星购物中心，2020年当选"成渝潮流新地标"，2023年更名为"成都太古里"。

赣江新区亟需完善商业休闲等服务配套。儒乐湖新城由产业新城和城市新区构成，产业新城通过大力发展高端装备制造、战略性新兴产业和现代服务业，引领带动新区产业结构优化升级和经济发展方式转变；城市新区由科技创新组团、创意办公组团、总部商务组团、区域中心组团和滨湖地块（项目片区）构成，未来以发展现代服务业聚集区为导向，以产业高质量发展塑造强大活力动能，创建具有潮流引领力的消费中心。同时，南昌市及南昌经开区商业综合体和街区商业多集中于两大核心商业板块，项目片区周边商业综合体及地标项目匮乏，亟需完善商业休闲等服务配套。

2.片区资源条件有什么

（1）靠核心：国家新区背书

赣江新区拥有国家级南昌经济技术开发区，省

级南昌临空经济区、永修云山经济开发区、共青城高新技术产业园区和桑海生物医药产业基地等产业园区，形成了光电信息、智能装备制造、新能源新材料、生物医药、有机硅、现代轻纺等在国内外具有较强竞争力的优势产业集群，是中部地区重要的先进制造业和战略性新兴产业集聚区。项目片区位于新区核心区，将通过构建高端商务、总部办公、会议展览、文化艺术、生活居住、体育健康、综合医疗等功能，打造成为赣江新区宜居宜业示范区。

（2）滨湖绿：凭山襟江枕湖

项目片区东临赣江，西靠庐山西海、云居山、梅岭国家级风景名胜区，赣江、修河及其主要支流纵横交错，主要河流断面水质常年保持在Ⅲ类以上；儒乐湖、幸福河由于地形的起伏变化，以及受外围水系影响，形成多条冲沟，水资源丰沛，可开发利用土地较多，资源环境承载能力较强；同时拥有多处省级森林公园和湿地，生态系统和自然景观多样，环境优美。自西向东，结合外围的梅岭形成了山—城—湖—江的良好生态格局，儒乐湖新城开发吸引力得以提升，具备进一步集聚人口和产业的有利条件。

（3）近遗址：文旅资源丰富

项目片区周边文旅资源丰富，有被评为江西南昌"风景独好"旅游名镇的梅岭太平镇，山水画卷、诗意田园的溪霞特色小镇，以及南昌汉代海昏侯国考古遗址公园、七星堆六朝墓群遗址等。经团队研究，项目应充分依托南昌城市文化基底，更充分地将书院文化、商贾文化、民俗文化、红色文化、瓷器文化等文化底蕴转化为发展新优势。

3.片区未来能承担什么

区域协同发展，激活全局效应。立足整体发展格局，项目片区协同环儒乐湖片区，通过丰富功能内涵，最大化提升儒乐湖生态门户效应；项目片区应突出环湖区域商业地标角色，以及助力北岸产业功能营商环境提升，助力儒乐湖新城与空港片区整体协调发展。

彰显文化特色，塑造文化地标。契合经开区高品质现代化城区建设，以文化兴城为特色，把握区域性文化资源撬动契机，积极探索文化地标建设，推动南昌经开区地标效应与城市轻旅游目的地建设，加速城市新产业、新业态集聚发展。

补缺商业需求，满足消费升级。顺应城市居民消费升级需求，聚焦体验消费、文化消费、亲子消费、参与式消费等消费新业态、新模式，导入新商业综合体和新商业品牌，提升消费品质与消费目的地建设，加快区域产城融合发展与产业转型。

二、找参照：城市微度假目的地是什么

1.看趋势：城市消费空间向城市休闲与社交空间转变

商业的发展从自然经济、商品经济、服务经济走向体验经济时，商业竞争也从传统的商品质量、品牌、服务等内容扩大到了商业空间的营造。购物中心也逐渐从单一的形态走向将零售业、餐饮业、娱乐业和服务业相结合的趋势。

中心型购物中心。近年来在体验经济的催生下，购物中心逐渐整合包括零售、餐饮、娱乐、酒店、音乐、文化、艺术、展览等在内的多种商业功能，日益成为城市公共空间的重要组成部分，很大程度上替代了街道、广场、公园等传统意义上的城市公共空间，发展为一种集购物、社交、娱乐和休憩于一体的新型城市公共空间。如深圳壹方城汇集36万m²多元主题体验，集饕餮美食、社交聚会、品质生活、时尚潮流、娱乐视听、儿童成长、人文创意、运动休闲八大业态于一体，打造轻奢购物高地和潮流生活目的地。

街区型商业（社交、文化、微旅游中心）。空间开放性方面，相较于传统的盒子商业，半开放/开放式商业街区由于不受时间和空间的限制，主题更加丰富，体验感更强，能够赋予消费者除购

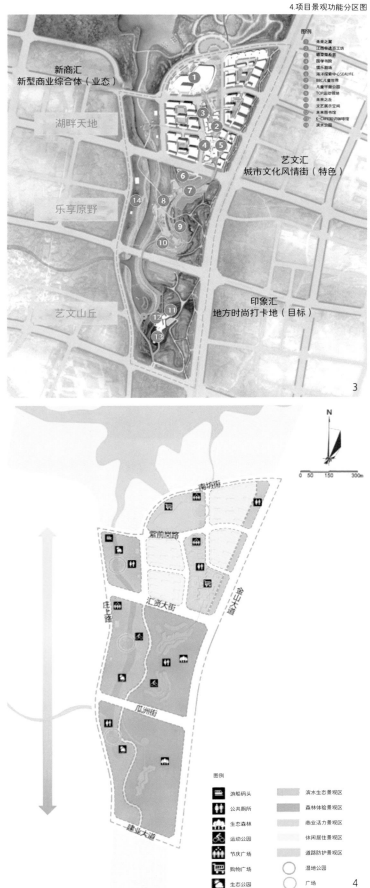

3

4

土地一级开发模式	政府主导开发		企业主导开发		
	政府与法定机构协作	政府主导市场化运作	主题型项目开发	挂牌出让开发	一二级联动开发
模式特点	·政府相关部门和政府投资成立的开发企业完全垄断土地一级开发 ·政府在既定的规划计划下委托指定的企业进行一级土地开发 ·市场化操作较难，土地一级开发的利润率计算方式很难确定	·政府和企业合作进行一级土地开发，并分享土地一级开发后土地增值的收益 ·企业和政府签订合作协议，明确双方的责任、权利和义务 ·要求企业具备丰富的一级开发经验和实力，协助政府进行整体规划、土地推介，并为二期开发服务	·常见于主题型地产开发，如旅游主题地产，文化主题地产 ·常以招标或挂牌形式出让"生地"，引进具备一级开发和二级开发能力的专业发展商	·政府制定土地一级开发的时间、流程 ·通过挂牌的方式进行土地一级开发，有利于控制开发方案与开发策略 ·推动一二级联动可能性，优化二级市场竞争环境	·政府与企业合作，明确成本与固定收益后由企业进行一级土地开发 ·开发企业参与市场拿地，为补偿其一级开发的投入，在土地溢价上部分建模或获得一定比例分成 ·降低政府前期资金投入风险和招商成本，但市场化较弱
典型案例	上海城投	成都中信蜀都土地开发	华侨城（深圳、北京）	上海南外滩董家渡地块、徐汇滨江区域	长沙梅溪湖新城、天津团泊新城
适用项目	一二线城市非成熟区域	非成熟区域整体开发	旅游、教育、产业主题区域	利润稳定区域	新城或中小城镇

5.项目开发模式选择分析图

物之外更多的休闲体验，能够满足消费者娱乐、文化、社交等多样性消费需求。业态多元性方面，传统的餐饮、零售等同质化业态已不能满足消费者需求，商业街区业态配置将更加趋向多元融合，更加注重打造体验式消费，将商业与文化、旅游、体育、艺术、人文、时尚、创意、科技等领域跨界融合。社交属性方面，商业街区不仅是一个购物场所，更是承载一个城市社交内容的公共空间，满足休闲娱乐、社交等精神层面的需求，更加注重营造社交空间，突出社交属性，打造休憩空间、阅读空间、商务洽谈空间等。

2.看案例：城市新区激活的密码在于微度假空间营造

（1）金鸡湖李公堤：园区转型问鼎之作，苏州新兴休闲景区

苏州工业园区于2004年开始向综合型城区转型，环金鸡湖打造商务旅游示范区，李公堤2005年筹建，2006年一期开街，是转型系列项目中最具风情与特色的休闲商业街区。金鸡湖中唯一的湖中长堤，全长1400m，项目总占地面积32.46万m²，总建筑面积约25.8万m²。其特色是通过"桥堤文化"和"湖滨公园"把金鸡湖的水、绿与姑苏的文化结合在一起，将金鸡湖与现代多元风情、历史与现实、休闲旅游与商业文化等有机地组合起来。

从业态与定位来看，一期是集高端特色餐饮、娱乐、观光、休闲、文化为一体的国际风情商业水街，汇聚来自丹麦、意大利、德国、日本、比利时及中国香港等地的知名品牌商家，现已成为苏州最为璀璨的现代都市商业特点。二期将欧陆风尚建筑与新古典主义道桥亭台巧妙结合，营造出苏州水巷邻里氛围。三期将Street Mall概念首次引入苏州，利用优越地段，以极具特色的风情建筑提供休闲、娱

乐、购物为一体的服务。四期是环金鸡湖八大景观中最后一块待开发区域，集零售、餐饮、休闲、娱乐等为一体的半岛临湖绝版特色商业领地，全力打造金鸡湖湖南新商圈。

（2）蛇口海上世界：历久弥新，城市的标识与情感记忆

20世纪80年代，深圳改革开放背景下蛇口聚集了大量外资企业与外籍人士，蛇口逐渐发展了以明华轮为主体的中国第一座海上娱乐中心，1984年邓小平为之题词"海上世界"，2010年招商局以600亿重新改造海上世界，如今海上世界成为蛇口的标志，深圳的必游景点之一。项目占地规模60hm²，拥有800m海岸线，总建筑面积100万m²；包括海上世界广场、伍兹公寓、招商局广场、金融中心、太子广场、希尔顿酒店、15km滨海休闲长廊、文化艺术中心等。

从定位来看，项目打造集文化艺术、休闲娱乐、商务办公、餐饮购物、酒店度假于一体的国际滨海人文时尚综合体。从形象特色来看，一艘"明华轮"不仅赋予海上世界鲜明的地标形象特色，也连接起深圳人的情感记忆，是深圳经济特区改革开放的历史见证与蛇口的标志。"明华轮"原名ANCEVELLER，由著名的法国委纳译尔大西洋船厂建造，共9层，建筑面积达16239m²，主要经营酒店、大型主题酒吧、世界各国主题风味餐厅等，拥有套房239间，可同时接待600多位宾客。

三、定方向：如何最大化激活片区湖丘生态资源

1.项目定位：片区整体发展定位与目标思考

从城市与新区发展诉求来看，南昌亟需强化城市

符号塑造；从片区要素条件来看，江—湖—河—田—林五大生态要素交织，项目开发吸引力得以提升；从基地承担功能来看，项目地块位于赣江新区核心区，承担衔接科技创新组团、商业休闲组团、区域中心组团、新城安置等组团的缝合提升功能；从地形地貌条件来看，基地地势北高南低，丘陵地貌，微地形丰富，为打造特色空间创造了有利条件。经多轮研讨，项目整体定位为"城市微度假目的地"，愿景为"乐享都市桃源·畅游山韵水趣"，突出功能、形象、地貌等特征，致力于打造南昌都市人文新地标、经开区商务旅游打卡地、儒乐湖新城生活娱乐休闲地，全面提升片区核心服务功能和辐射带动作用。从发展突破口和关键支撑来看，需要重视区域协同发展、彰显特色文化、补缺商业需求等，尤其是强化滨湖功能与形象，形成人气集聚效益，以及打造北侧和南侧两大形象地标，并打造贯通南北的慢行路径来串联核心公共空间片区。

2.功能业态：从被动景观到活化项目，最大化激活自然生态资源

项目植入文化艺术、创意酷玩、数字科技、健康运动、家庭亲子、生态休闲、城市社交、学习教育等特色功能，由北向南形成湖畔天地、乐享原野、艺文山丘三大分区板块，其中，湖畔天地以家庭娱乐购物、文化休闲为主要功能，建设新型商业综合体、城市文化风情街，打造时尚消费场景。乐享原野以亲子、运动、休闲为主要功能，打造娱乐、休闲、体验、运动场景。艺文山丘以文化创意为主要方向，建设未来图书馆和城市文化地标，打造城市文化新名片。同时，项目充分利用空间结构特色，打造山水记忆场景、自然疗愈场景、诗画漫步场景、诗意栖居场景等。

（1）湖畔天地：豫章艺文特色街区

以江西地方文化为核心，将本地文创基因与国际文创资本资源结合，构建集文化产业服务、文化商业、文化消费等功能于一体的商业综合体。围绕文化产业培育的目标，建设文化产业服务交流中心，通过产商结合的模式，发展多元化文艺主题商业业态；发展产业服务业态，建设文化工作创造营、江西非遗百工坊、国学书院等项目；发展文化消费业态，打造跨界文创品牌生活店、艺术礼品店、赣菜菜系荟等项目，构造体验式的新消费模式，增强商家与客群间的互动沟通。参考借鉴成都太古里，将豫章艺文特色荟建成开放式、低密度的街区形态，沉淀城市的文化与历史，提供开阔的平台汇集当代思潮的商业空间。

（2）乐享原野：城市主题微乐园

参考借鉴成都·UPARK公园+，以开放的独栋院落布局打造属于城市居民的第三生活空间，打造"商业在公园里，公园在城市中"的泛空间概念，建成融合城市主题微旅游、主题运动、户外游乐于一体的综合片区，涵盖活力运动馆、户外探索园、社交新空间等乐享场景，定位于"运动、亲子旅游、主题体验"的城市微旅游目的地，城市主题微乐园。

（3）艺文山丘：未来图书馆

对接方所、西西弗知名品牌书店，借鉴书籍、生活、美学、展览、活动等书店功能板块，以当代生活审美为核心，将未来图书馆建设成为涵盖书籍、美学生活品、植物、服饰、展览空间、文化讲座与咖啡的公共文化空间，建设未来图书馆、文艺展示空间、K—CAFE知识咖啡馆、跨界文创品牌生活馆、文艺主题餐厅等子项目，打造集展示、阅读、商业、媒体、社交于一体的都市读书休闲的新空间，建设城市文化地标，为南昌打造城市文化新名片。

3.空间利用：片区空间格局与核心设计策略

从项目景观功能分区来看，项目将分为滨水生态景观区、森林体验景观区、商业活力景观区、休闲居住景观区、道路防护景观区五大板块。

一是最大化利用滨江公园，打造城市中轴绿带串联邻区、延长引入滨湖景观。

二是引入滨湖空间，创造滨湖节点，将市民活动中心、会议中心、滨江公园入口、滨江明珠和市民体育中心作为滨湖第一界面，强化滨湖功能，凸显滨湖形象。

三是打开视廊通廊，营造地区门户，将滨湖商街、城市商圈、科创办公和商务办公作为滨湖第二界面，连通商业界面，积聚人气效益。

四是建立漫步通廊，贯穿山水联系，将滨湖明珠、文化商街、山丘商街、文化公园等空间进行串联，体验商业活动，联动新城街道。

五是就山借坡建设，创造独特地标，由北向南，开放空间（新城绿轴）的节点处将滨湖明珠、山丘地标、山顶书馆等设置为地标节点。

四、定策略：片区合理制定实施策略确保落地可行

1.整体开发推进机制设计

建立基于企业—政府双方统筹的区域开发机制，实现招商统筹、运营统筹与区域统筹。开发推进主体统筹层面，由南昌经开区牵头，成立项目建设工作小组，由分管副区长与企业区域公司负责人分别牵头，协调项目过程中规划、建设等问题。

招商推广统筹层面，在统一规划与管理协调机构指导下，企业与政府共同搭建开发统筹招商平台，明确招商标准、招商目标企业；针对区域特定产业项目定期开展招商联系会议，沟通内部招商的进展与存在问题，确保招商有效推进。

周边区域协同层面，南昌经开区

6.项目分期开发策略图　　8.核心项目资源链接图
7.品牌推广策略图　　　　9.主题节事策略图

政府与周边开发商对接，解决区域项目建设协同发展问题，优化片区环境；针对片区多样化物业产品与业态完善，推进二次招商与品牌引进协调，以龙头企业、引擎项目为核心，完善业态。

区域运营统筹层面，儒乐湖新城以一个整体片区建设模式打造，确立独立的品牌与形象，进行统一包装与宣传；筹划设立儒乐湖新城，定期开展商圈企业的统一促销与节事活动，完善商圈软环境针对不同类型商业商务主体，协调开发时序与开业安排，确保总体运营效果。

2.项目开发与运营策略

（1）开发模式

从开发模式来看，主要分为政府主导开发和企业主导开发模式。其中，政府主导开发模式涉及政府与法定机构协作模式及政府主导市场化运作模式。政府与法定机构协作模式的特点是政府相关部门和政府投资成立的开发企业完成土地一级开发，政府在既定的规划计划下委托指定的企业进行一级土地开发。政府主导市场化运作模式的特点是政府和企业合作进行一级土地开发，企业和政府签订合作协议，明确双方的责任、权利和义务，要求企业具备丰富的一级开发经验和实力，协助政府进行整体规划、土地推介等。

本项目适用于企业主导开发模式，包括主题型项目开发、片区综合开发模式等。主题型项目开发模式常见于旅游主题、文化主题地产开发等，以招标或挂牌形式出让生地，吸引具备一级开发和二级开发能力的企业。片区综合开发以土地开发利用为基础，涉及规划设计、土地整理投资、基础设施和公共设施建设、产业发展服务和运营服务等多项建设服务内容。

（2）开发分期

项目整体开发实行分期管控，由北至南，先行启动滨湖地块开发，打造区域门户形象；遵循商业、居住、配套等协同发展原则，减轻项目开发现金流压力；每期开发规模保持大致平衡。近期，聚焦湖畔天地板块，启动沿湖商业片区，提升地块价值，同时改造现有的水系，形成引水入城的休闲景观带雏形。中期，进一步拓展至乐享原野板块，逐步丰富和完善城市微度假目的地的旅游功能，系统塑造商业空间和公共空间，并植入主题节事活动。远期，围绕南侧艺文山丘板块，全力打造城市文化地标，完善片区服务配套等功能。

从开发阶段性目标来看，在项目启动期，发展核心是推进项目合作达成及完成规划设计，重点任务包括达成土地出让协议、区域重大规划对接、完成具体分项目开发计划等；在项目建设期，发展核心是推进分阶段建设及开展招商前期工作，核心任务是开展重点基础设施建设、开展重点项目建设、项目前期宣传与招商工作、项目合作伙伴商洽等，即包括商业综合体、酒店、书院项目建设及住宅开发和幼儿园、社区服务中心等配建。在项目发展运营期，将招商引资、推进企业入驻作为发展核心，重点包括公共服务配套完善、招商深化等，逐步提升片区整体品质。在项目提升期，将项目后续运营管理升级、逐步显现标杆效应作为核心任务，打造区域性服务平台，稳定运营效益，提升区域品牌影响。

（3）运营策略

形象塑造策略方面，突出儒乐湖新城整体品牌的塑造与一体化运营，同时打造项目品牌形象，如采用河流、都市线和山丘流线来设计该地块的独特LOGO，强化城市品牌，提升片区整体竞争力与影响力。品牌推广策略方面，应紧抓距离基地2小时车程的大南昌都市圈核心市场，在建设期和开业初期，通过具有影响力的事件引爆形成关注度，同时以新媒体+虚拟现实技术、短视频（抖音/Vlog）等方式进行广域传播，提升南昌周边其他城市等拓展市场和机会市场的客群捕获率。

主题节事方面，打造文化艺术、儿童主题节事系列等。如开展儒乐文化艺术周活动，立足场地的山水条件，利用周边的文化遗址、文化展馆等，以"艺术点亮生活"为主题，邀请知名艺术家在场地进行艺术装置展，同时提升项目影响力。通过亲子运动主题季，开展传统竞技、创意表演与儿童潜能趣味大赛等，增进亲子情感交流，培育儿童良性竞争意识，感受合作的喜悦。此外，可结合基地丰富的地形地貌，开展青少年夏令营、家庭夏季露营等丰富活动。

3.项目财务可行性视角的关键问题

从项目的财务可行性来看，规划地块指标及容积率、商住开发量比例、土地出让节奏等均影响本项目的落地性。团队以商住开发量比例4:6（原控规方案）、商住开发量比例5:5、商住开发量比例3:7为条件分三种情形进行模拟测算，并给出相应的财务可行性评价。

投资估算方面，整体参照市场平均水平，商业综合体、星级酒店等单方成本相对略高；收益估算方面，居住及配套商业参考项目地块周边项目售价情况，商业综合体及星级酒店参考南昌区域市场标杆项目及市场常用估值方法。

经评估，在商住开发量比例4:6（原控规方案）

情形下，如要达到静态投资收益率10%的水平，则建议出让条件中明确公共设施及绿地、道路等公建由开发商出资建设，建成后无偿交付政府；在商住开发量比例5:5情形下，难以达到静态投资收益率10%的水平，为保障地块顺利出让，建议调高居住功能占比或代建费用由政府出资；在商住开发量比例3:7情形下，假设静态投资收益率10%，考虑到部分地块和周边环境地形结合紧密，建议带方案出让以保证落地性，并在出让条件中明确公共设施及绿地、道路等公建由开发商出资建设，建成后无偿交付政府。

（项目规划牵头单位为华阳国际设计集团，上海远博志城经济咨询有限公司与华阳国际设计集团联合参赛，获得竞赛第一名。）

参考文献

[1]中芬设计园. 演变中的城市公共空间，如何留住城市里的人？[EB/OL]. https://www.sohu.com/a/473201337_121148070.

[2]江泓. 商业综合体与城市公共空间[J]. 现代城市研究，2009(11): 48-52.

[3]冯静，甄峰，王晶. 西方城市第三空间研究及其规划思考[J]. 国际城市规划，2015,30(5): 16-21.

[4]钟芷涵. 旅行新潮流 解锁"微度假"——看上饶各景区玩转欢乐新场景[N]. 上饶日报，2023-08-20 (1).

[5]梁慧. "微度假"概念下典型民居空间的传承——以常庄村改造为例[D]. 济南：山东工艺美术学院，2023.

[6]李德荣. 基于地域性的城市旅游建筑景观设计探索[J].建筑结构，2023, 53(16): 181.

[7]刘源. 建筑景观设计中的数字媒体艺术应用分析[J]. 建筑结构，2022, 52(21): 155.

[8]韩付家. 城市片区综合开发项目落地时序与策略初探[J].产业创新研究，2022(2): 55-57.

作者简介

戴立群，上海远博志城经济咨询有限公司咨询总监；

韩丹杰，上海远博志城经济咨询有限公司项目经理。

以古树群为顶层架构的老公园更新实践
——嘉兴市人民公园整体风貌提升技术总结

Renovation Practice of Old Parks with Ancient Tree Clusters as the Top-Level Structure
—Summary of the Overall Landscape Improvement Technology of Jiaxing People's Park

茅 岚
Mao Lan

[摘 要] 嘉兴市人民公园位于城市核心区域，是一处历史悠久古树林立的老公园。该公园自20世纪末历经数次局部提升改造工程，造成景观风貌凌乱无序、服务设施系统性与功能性缺失、无法适应时代使用需求等一系列问题。适逢2021年百年党庆之时代机遇，公园获得充裕的专项资金支持，并从植被、服务与活动设施、水环境、照明等全要素进行了整体统筹，形成了以保留古树群落为顶层架构的林下整体提升策略。

本文回顾了项目的建设全生命周期过程，探讨了在保护原有古树资源的同时，如何合理镶嵌功能性设施，如何适应新时代的使用人群多样性，又如何将其固有文化中的精髓完好保存下来；最后，对公园未来的运营也提出了合理化的可行建议。

[关键词] 城市修补；老公园；公园改建；古树；园林建筑；建设全生命周期

【Abstract】 Jiaxing People's Park, which is an old park with a long history, is located in the core area of the city. Since the end of the last century, the park has gone through several partial upgrading and renovation projects, resulting in a series of problems such as messy landscape, lack of systematic and functional service facilities, and inability to meet the needs. Coinciding with the centennial party celebration in 2021, the park received abundant special financial support, and made overall planning from all elements such as vegetation, service and activity facilities, water environment, lighting, etc., forming an overall improvement strategy under the forest with the retention of ancient tree communities as the top-level structure.

This article reviews the whole life cycle of the project. While protecting the original ancient tree resources, we discussed how to reasonably inlay functional facilities, how to adapt to the diversity of users in the new era, and how to preserve the essence of its inherent culture. Finally, feasible suggestions for the future operation of the park are also put forward.

【Keywords】 city betterment; old park; park renovation; ancient trees; garden architecture; life cycle construction

[文章编号] 2024-95-P-055

一、家底梳理

嘉兴市人民公园（以下简称"人民公园"）位于嘉兴市老火车站北侧，1959年由原铁路苗圃改建而来，用地面积约5hm²。园中植物优美，约有维管束植物品种90余种，隶属于49科80属，其中乔、灌、藤、草的比例约为9：5：1：3，常绿落叶比为1：2，乡土与外来品种比例约为1.2：1。植被主要由樟科、木犀科、蔷薇科、槭树科、榆科、漆树科、豆科等组成，优势品种有香樟、桂花、五角枫、枫杨、朴树、黄连木、水杉等。

借百年党庆献礼工程之机遇，人民公园于2019年被一并纳入嘉兴火车站区域整体更新改造工程项目中，成为火车站北广场的延伸绿色空间。由于老公园复杂的现状条件，设计组经过多次详细的现场踏勘和基础资料采集，才得以深入了解公园优劣势，并整理归纳为如下几个方面。

1.资源禀赋

古树：人民公园内保护树木资源具有很强的聚集效应，其中最年长的为144岁的裸子植物侧柏——因为原址铁路苗圃建成于20世纪30年代开始构建的一处保育场地，所以大部分保护乔木的树龄在90岁左右，如黄连木、五角枫、香樟、青冈栎、糙叶树等大型乔木（如原管理方提供表一所示），更有观赏价值极高的白花木绣球灌藤；剩余的保护树木多为60岁左右树龄，可见20世纪60年代人民公园又经历了一次集中的植树工程，多为丰富季相色调的秋色观叶乔木——如三角枫、鸡爪槭等。在调研过程中，管理方又提供了大量未挂牌的保护大树信息，使得总数上升至400余棵（等于约每100m²即有一棵保护大树），这样难得的古树群规模为人民公园提供了优质的生态本底。

置石：同时，人民公园中的掇石工程亦是一笔珍贵的历史文化遗存。当年的主持工匠为知名韩派传人，留下了几处精妙绝伦的孤峰与组景，同时还为公园的水体构筑了绵长的叠石驳岸，高低错落、兽形隐现，惟妙惟肖。公园有三块知名的孤峰石，造型玲珑有致，将公园西南两处主入口点化成金——其中尤以西入口这处传闻来源于余新的"元石"最具代表性，更有吴展成在《兰言萃腋》中以"峰能皱瘦堪图画，洞亦空窿不弩顽"的诗句描绘其形之雅致；南入口的"五石组景"中两粒孤峰分别由嘉善北山草堂后人和吴昌硕指为"舞袖峰"和"独秀峰"，并留篆以正名，无论是石头本身姿态还是篆文都具备足够的艺术造诣与历史文化价值。

精神堡垒：园中南入口更有高约14.5m的辛亥人民英雄纪念塔一座，与旁侧的汉白玉浮雕墙一起，代表了嘉兴的革命力量。居于园内坡顶的真如塔70年代在"文革"期间塔身遭到整体拆除，只留下塔基遗址，塔身拆除后，部分定制砖经公园管理人员连夜掩埋才得以成功抢救并于数年后重见天日；真如塔塔刹则保留于嘉兴市博物馆内，从塔刹做工之精致用料之讲究依然可见真如塔当年位列嘉兴"七塔八寺"的雄风。

2.存在问题

人民公园作为嘉兴市中心的一处绿色空间，其拥有的资源已经为游园人群带来了非常好的基础体验，但随着时代的变化，城市格局与市民生活也在悄然发生着变化，这其中也包含人民的审美方向、游园习惯、感知构成等变化，并因此带来公园难以满足使用需求等诸多问题。

植被衰退：始于最初的苗圃用地性质，人民公园的植物密度较高，随着生长带来的种间竞争与层间竞争，形成了鲜明的优势个体与劣势个体，很多乔木存在脱干现象，营养供给不良，病虫害严重；中层与地被因缺乏良好的光环境，除小乔和高灌木外，开花品种基本退化并退出自然竞争，使得公园整体色调单一趋同，脱层现

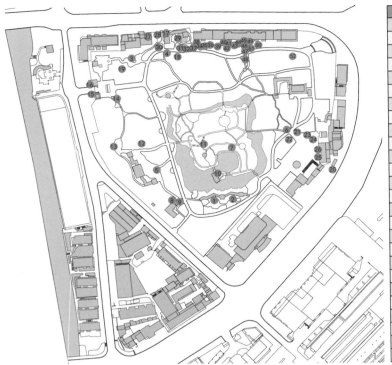

序号	编号	树名	胸径	树龄	保护等级	序号	编号	树名	胸径	树龄	保护等级
1	214	雪松		80	三级	27	403	黄连木		90	三级
2	215	雪松		80	三级	28	309	黄连木		90	三级
3	216	广玉兰		80	三级	29	428	朴树		60	三级
4	217	黄连木		90	三级	30	306	瓜子黄杨		90	三级
5	218	朴树		90	三级	31	426	三角枫		60	三级
6	219	银杏		90	三级	32	413	三角枫		60	三级
7	220	三角枫		90	三级	33	410	三角枫		60	三级
8	221	朴树		90	三级	34	405	三角枫		60	三级
9	222	朴树		90	三级	35	407	三角枫		60	三级
10	223	青冈栎		90	三级	36	404	三角枫		60	三级
11	225	朴树		90	三级	37	414	三角枫		60	三级
12	226	朴树		90	三级	38	424	三角枫		60	三级
13	227	朴树		90	三级	39	425	三角枫		60	三级
14	228	香樟		90	三级	40	412	三角枫		60	三级
15	229	香樟		90	三级	41	416	三角枫		60	三级
16	230	香樟		90	三级	42	408	三角枫		60	三级
17	231	黄连木		90	三级	43	409	三角枫		60	三级
18	153	枫杨		80	三级	44	411	三角枫		60	三级
19	154	广玉兰		80	三级	45	406	三角枫		60	三级
20	175	糙叶树		100	二级	46	427	三角枫		60	三级
21	139	银杏	49	110	二级	47	419	三角枫		60	三级
22	140	银杏	66	110	二级	48	415	三角枫		60	二级
23	400	侧柏		90	三级	49	431	鸡爪械		50	三级
24	401	侧柏		90	三级	50	429	鸡爪械		50	三级
25	450	香樟		50	三级	51	430	鸡爪械		50	三级
26	451	香樟		50	三级	52	307	瓜子黄杨		90	三级

1.主要保护树木分布图　2.人民公园古树列表

象更是日益加重，开阔地带被绿荫逐渐吞噬。从公园形成的小气候特征上来讲，高温季节公园有其良好的遮阴效果，降温增湿，带来绝佳夏季游园体验；但在冬季，江南的湿冷气候与园内的高郁闭度环境形成叠加效应，尤其在常绿乔木密集的空间早晚体感更加阴寒，给其间锻炼的老人带来了一定的健康隐患。

设施老旧：园中已建成的休憩设施共计9处，均为20世纪90年代前投入使用的苏式古典园林建筑，普遍存在年久失修、木结构件松散的问题。沿公园路一侧设有入口小卖和公共厕所各一处，但公园管理房、变电设备房等均为临时起意而修筑，建筑形制及品质与整体建筑风貌无法协调；园中游路系统分为3m、1.5m~2m、0.6m~1m三个等级，其中二级游路残损严重，部分一级游路宽度无法适应高峰时高密度的对向穿越人群，路边土壤也因此过度踩踏造成板结；园中端坐空间亦不能满足棋牌爱好者的总量需求，座椅数量偏少，已有石质坐具居多，冬季无法直接使用，木质面坐具腐烂破损的更不在少数；访谈中老人普遍抱怨现有健身场地规模过小，设施老旧，设施类型也不能适应多样化的健身需求；园内标识系统组织薄弱，保护树木挂牌大量缺失，已有挂牌悬挂高度参差不齐导致部分挂牌过高内容无法读取，导向系统、设施标牌也均未统一表达方式。

管维困难：由于人民公园是整个火车站区域的洼地，场地内的积水点、积水路段形成了日积月累的塌陷，难以排除，在极端气候及连绵雨季中体现出韧性不足的窘境；公园内原有夜间照明只有3m高庭院灯一种，共计62盏，盏间平均间隔为25m，照明的重点与强度都有所缺失，且因为人民公园原属于封闭式管理，导致公园的夜间活动缺乏活力；因运维资金有限，公园现有水系内循环无法形成，断点较多，水环境治理缺乏设施支持和人工干预，内湖底泥更是多年没有清淤。

3.契机

综合分析现有问题，长期缺乏资金是主因，而人民公园在高标准高定位的嘉兴站枢纽一体化提升工程中被纳入整体构架，这足以带来宽松的建设资金保障；从上位规划成果来看，北侧红线因城市道路面临退界，南侧红线因人车分流工程与火车站北广场无缝衔接带来了公园封闭格局的破圈，与城市双向渗透的诉求使公园获得改造的规模效应；从工程组织形式来看，老公园的改建受限条件复杂，但基于项目采用EPC模式，有助于设计初期的不可预见因素在施工过程中边实施边摸索边解决，设计与施工在资金框架下实现紧密协同并获得最优解；从对标个体来看，人民公园所在南湖区老绿地及地缘关联城市上海的一批老公园均已改建完成，其间许多成功案例例如嘉兴南湖绿地、上海黄浦公园、上海人民公园与嘉兴市人民公园建成年代相仿，其改建工作的方法、重点与成效亦可作为借鉴经验。因此，本次人民公园的提升是综合既有经验、保护场地特色的一次融合创新，也是长三角地区城市修补理论指导下的一次空间实践，更是盘活区域活力激发市民获得感的一次大胆举措。

二、指导方针

1.生态优先

作为嘉兴市整体生态格局的一个小斑块，人民公园的作用如同"踏脚石"，可以通过促进要素流动进行赋能，以提升城市整体生态效能。因此，人民公园改建工程需要强调生态文明思想的指引，以提高生物多样性为核心采取一系列的举措，如调整区域整体光环境以改善下垫面及地表的基质健康，构建清水稳态淡水湖泊系统以优化公园水系整体生境，调整垂直空间结构以增进空气流动交互，提高开花挂果植物比例以吸引更多昆虫鸟类拓展生态食物链，等等。

2.基于使用

随着户外活动日渐主导城市人居休闲生活，城市绿色空间的吸引力日趋增强，公园活动人群蔓延至全龄化，这对公园的容量吸纳、活动空间规模、休憩场地类型等都提出了新的要求。而且，人们往往以脚投票，通过群体无意识表达了真实的意愿与诉求，设计场地与使用习惯间的错位经时间推移愈发拉愈大。在调研中，不同季节的全天候使用观察成为主要工作内

十八景总体布局PLAN

1、松韵景廊
（太湖八石、泰山松、时花、草坪）
2、清潭幽院
（芭蕉、竹子、茶花、保留香泡、保留柿子）
3、桂香弈苑
（保留桂花、一桌四椅）
4、凤栖芳丛
（芍药、栀子、结香、腊梅、红梅）
5、秋泊亭廊
（保留三角枫、保留朴树）
6、凤亭翠坡
（茶梅）
7、秋寒堤
（保留香樟、腊梅、保留侧柏）
8、冬蕴丹朱
（保留珊瑚、小丑火棘、无刺枸骨、保留蚊母）
9、爷青回运动场
（西洋杜鹃、更新运动区）
10、杉间靓原
（保留水杉、鸢尾、葱兰）
11、国风神院
（春鹃、玉簪、结香、鸢尾）
12、岩境风骨
（铺地柏、小丑火棘、忍冬、虎耳草、络石）
13、清池红荷
（海棠、荷花、喷雪花、棣棠）
14、柳岸花明
（保留柳树、保留紫藤、木芙蓉、矮海棠）
15、碧檐观花
（保留雪松、紫藤、海棠）
16、紫气东来
（紫薇、西府海棠、马蔺、百子莲）
17、东园寻茶
（茶梅、茶花）
18、清洞碧洗
（睡莲、假连翘、保留松柏、苦草）

3.公园建筑布局图   4.提升分级布局图   5.十八景布局图

容，通过照片、访谈与文字记录形成了场地优化的依据性意见，如尽量增设或将台阶改建为坡道以实现弱势群体友好，扩建老年活动场地并置换高品质器械以减轻运动伤害，依据主要表演群体的场地使用习惯增设舞台和观众席位以强化演出仪式感，丰富不同休息亭廊区域的植物色调及芳香以增加驻留人群的愉悦度等。巧妙腾挪现有林下空间，在不损失绿化覆盖率的前提下将退化地被置换为透水铺地装，并饰以细腻的传统纹样展现古风雅韵。

3.修旧如新

老公园的发展伴随着时代审美的变迁，园林建筑随每年的有限维修预算"生长"于不同工匠之手，虽五花八门却已融入市民游园记忆和固有认知，因此修缮必须有"度"——在园建更新的汇报过程中，嘉兴党庆总师团队提出了"升级"概念：要求所谓修旧如新——旧者为形制，新者为构件；旧者为园建文化内涵，新者为周边环境空间；旧者为既有轮廓躯壳，新者为升级工艺饰材。

4.便于维护

一次性的提升能带来基面问题的集中解决，但是也可能对未来的管维带来新的挑战，所以嘉兴市园林管理中心在本次改建过程中采取辅助决策、全程监督的模式，保证移交后运营预算可覆盖，建设成果可持续。维护最为关注的点包括非机停车问题、垃圾清运问题、气候应对预案、植保与低维护造景、日常与节庆管理。设计方换位思考管理者痛点，通过参与近一年的"预移交"，自发作出若干次微更新，使最终移交成果更适合日常运营需求。

三、整体工作框架

1.建立古树群顶层架构

从既有文献与经验可以获知，0.5的郁闭度是最适宜林下空间植物生长的生境，在这个指标空间中不仅可以满足植物多样性需求，更有助于鸟类觅食与栖息、防止下垫面霉菌滋生。嘉兴市人民公园植物夏季郁闭度过半区域达到0.7，局部密林群落可达到0.8及以上，株距密集更造成土壤肥力消耗严重，使得地被存活品种只剩下麦冬一种，因此疏林与抬冠成为构建生物多样性的第一步工作。通过7次现场植物调研，对需要迁除的植物分别在肉眼可及位置做出明确树标，园林管理中心予以验收——最终确定树木共计458株。为了最大化保护古树，仅对病弱株或与所在群落极不协调的常绿树种如棕榈、珊瑚等做出了圈定，其余均予以原地保护或保留；对于重点古树，不仅强调其株型的完整及与周边树的树冠分离，且树根周边严格控制地被生长条件并以无机覆盖物进行隔离；由于公园面积有限，但大面积的八角金盘、桃叶珊瑚等耐荫灌木群将大空间严重割裂，且对公园内的通风与景观形成了一定的影响，所以也进行了大量的移除；园内地被经自然选择和养护调整仅剩麦冬生长良好，开花地被尽数淘汰，在仔细梳理地被现状生存条件后，决定对大坡度地被予以全面保留，缓坡与林下的麦冬近人区域全部移走，对开阔区域的退化草地进行翻除，并对整个区域予以追肥处理。

2.重构林下底层植被

经过该轮梳理，公园已经获得了肉眼可见的光环境提升，以现有高大乔木群落为空间限定基础，其底层园建景点与植物造景的重新构建必须基于顶层架构，顶层架构形成了城市的天际线与远景，同时关注近人尺度的植物多样性，强调游人的感官体验。由此从声景、观赏、芳香这几个方面入手，再塑人民公园失落的芳馥韶华。

在此基础上，在中层适当引入观赏性落叶乔木如青枫、红枫、羽毛枫、晚樱、垂丝海棠、紫薇、红梅，常绿乔木如造型油松、造型罗汉松、红花继木桩等，引入乔木经层层选拔，重姿态轻规格，定植经多角度视线聚焦确定树冠主面摆设方向，有些为确立预设精准姿态指标后定向寻觅所得，确保新入小乔能与保留大乔形态充分融合。

在灌木与地被层的再构建中，充分借力西侧与北侧破墙工程带来的有效日照，借鉴市内南湖大道的组团

6.上元石整石照片　　8.下舞袖峰整石照片　　10.人民英雄纪念塔照片　　12.真如塔塔基照片
7.上元石篆字照片　　9.下舞袖峰篆字照片　　11.真如塔塔尖照片

式造景手法吸纳大量多年生新型开花地被（花色多选粉色与蓝紫色调）形成蜜源，以吸引昆虫造访；在中部保留提升重点设计区域选择了一月低温全晴日上午8时、中午12时、下午4时三次进行现场拍摄确定光斑位置并进行节点设计配置，春季现场定植时根据实际苗源适当予以调整，并选择性状稳定的彩叶品种（如银边玉蝉花、花叶绣球、金叶大花六道木等）和浅花色品种（如粉/白花茶花、粉花紫鹃、粉/白花茶梅等）以提亮人民公园的基底色调；更在风道中引入结香、栀子、芍药等芳香花卉，结合已有蜡梅、桂花，形成人民公园四季不同的气味；采用了火棘、枸骨、南天竹这类冬季挂果植物为鸟类提供食源，以丰富公园内的鸟类品种和声景类型；同时注重古树周边所选地被品种的抗性与根系萌蘖力，并采用浅、软根系品种（如玉龙草、石菖蒲等），以降低对保护乔木根系表面毛细层的破坏；除了开敞区域采用了部分开阔草坪，整个项目在相对平缓的地形区域都力图形成高度近似的平整地被"薄毯"，以衬托和掩映保护乔木的优美形态。

最终，在保护树木构建的顶层架构之下，构成新的人民公园"十八景"，分别为：松韵景廊、清潭幽院、桂香奕苑、凤栖芳丛、秋泊亭廊、风亭翠坡、秋寒堤、冬蕴丹朱、爷青回运动场、杉间靛原、国风禅院、岩境风骨、清池红荷、柳岸花明、碧檐观花、紫气东来、东园寻茶、清涧碧洗。

3.提升蓝色空间品质

人民公园原有水系既有潺潺涓溪流，亦有人工动力跌瀑，有平静的人工湖面，更有波光涟漪的荷塘，但现在动态水景基本消失殆尽，水质浑浊，人工湖的挺水植物与沉水植物缺失。在对水底底泥进行深度清淤的同时对其进行了成分检测，发现重金属超标，且捕获生物中未发现黑鱼、鳖等凶猛肉食性品种，也未在清淤过程中

发现螺蛳这样的常见淡水软体，水环境整体品质堪忧；又及，近水地表因大量人为践踏多处植物退化，且北广场与公园借助隔离道路下穿实现人行空间无缝衔接后两者间产生了两米的高差，作为区域海绵工程的主要雨洪承载体，新的面源污染在所难免。

因此整体水环境重构分成六大块工作：一是采用"截、引、排"的整体思路对北广场向人民公园的地表径流冲刷进行人为控制，即通过不同高程的截流渠对雨水实行降速，再借助管路与地表浅沟引流与收集雨水，最终通过初级处理阻断垃圾与落叶保证进入人工湖的水质；二是采用太湖石与透水铺装适当硬化滨水露土区域，并于石间点缀常绿岩境草本和藤本以防水土流失；三是通过动力设施更新手段（如跌瀑水泵、曝气装置）增加动点，确保水体的流动速度，防止高温环境下的藻类过快滋生；四是适当塑造二级驳岸以增加挺水植物净化池，并采用马来眼子菜、黑藻作为主要沉水植物并优选精品粉花荷花恢复原有荷塘，辅以合适比例的螺蛳与柳条鱼投放以恢复人工湖的水体生态；五是结合上位规划的海绵工程要求，在不破坏保护树木的开阔区域塑造下凹绿地，并采用滤料和德国鸢尾、金叶石菖蒲等植物加速渗透拦截污物；六是排水管网提升与骤雨后积水点排查相结合，将大量雨水排至城市管网及外部环城河，雨后无积水点和易滑倒处，并在台风季和静止锋期间增加动力强排预案以提高人民公园及整个区域的防灾韧性。

4.升级整体服务设施

人民公园设施提升由如下四个板块构成。

（1）园林建筑

首先是统一原有园林建筑的色调与形制，对于六处需要原地修缮的单体，着重屋顶、木构与漆作的翻新，统一调整为玄黑；屋面的瓦、脊、宝顶均统一置换为深

色泥瓦构件并搭配防排水设施；梁、椽、柱、枋、饿、楣子、背靠、花窗等木构件或采用三防工艺老杉木新制，或以三道灰黑色国漆刷新，因人民公园一直沿袭苏州园林形制，所以这次均统一为传统苏式园林风格；园建墙体地基予以加固并加设基础排水管沟；阶条石、踏跺、柱顶石、礅墩等石作全部采用厚料更新。

公园北侧勤俭路因拓宽工程侵入现有红线带来了原亭廊组合的整体南移重建，建筑空间维持原来的构成不变，但因南移后与原有公园主路碰撞，所以只能进行现场设计——放线后按照保留的黄连木、三角枫群落、朴树为场地依据，局部改变了公园主路走向，才成功在斜出的枝下安置了这组建筑，相较疏朗的原空间，现在则颇有曲径通幽之美。

（2）硬质场地与游路

在保留原有质量良好的花岗岩饰面的基础上，采用了更为传统的清水立瓦卵石拼花、席字青砖拼花以丰富园内文化符号；同时道路的局部加宽避开植物根系，辅以大规格箅子保护古树毛细根；游园小径增加有限，均基于人们已经形成的穿越习惯，采用与原有主路统一的形式但多以筑坡代替石阶，满足弱势群体的游园需求。

（3）照明与标识系统

由建筑屋面照明与游路照明两个系统构成。建筑只采用泛光强调屋面的起伏轮廓，园建内部只悬挂低亮度暖光灯笼，以塑造幽静的庭园氛围；游路系统采用合杆庭院灯，滚动信息数字屏与简古风灯头提供了较好的整体亮度，尤其在冬季增添了足够的暖意。

标识系统小巧玲珑古色古香，指向明确，并入整体火车站区域，并于西、南、东三处人流导入口设置与火车站统一的平面导引图。

（4）垃圾桶与座椅

公园内采用分类垃圾桶，并于西入口设置集中垃圾收集站，选用简古款式，在初步设置使用后，发现

与预设相差甚远，后根据人们投放垃圾的总量与类型重新进行了排布，部分区域加密间距，部分替换为大容量同款。

座椅多采用成品座椅沿路放置，并结合庭院灯、垃圾桶照顾端坐需求，同时在沿坡脚设置的垒石隔断中间隔采用高度适宜的卧石作为天然石凳，并增设多组整石桌椅以满足老年人棋牌与聚餐需要。

四、结语

整个人民公园项目从方案设计组织、团队构成、现场调研、落地建设、试运营调整一直到最后完全验收，经历了整整两年半时间，也是一次典型的全生命周期的实践。在整个过程中，业主方、设计方、施工方、管理职能部门、使用者共同参与其中，贡献了集体智慧，使得设计师突破了过往"本我主义""经验主义"的思维局限，实现了多角度审视需求，全方位权衡利弊。从这次经验可以发现，随着产业链的拉长，团队组织、现场指导和参与运营在逐步代替纯案头的过往设计模式，未来一个项目的投资成本亦不应只停留于建造这个阶段，而是应该把组织、运营等阶段全部包含进去，使得项目的落地更具有可操作性，成果也具有可持续性。

由于管养依然占据了大量的人力与物力，未来城市公园的管理可以考虑"智管+自治"的新形式——可通过定期收集游客手机信令、客观环境收据采集等形式，更精准获知人民公园的需求变化与环境品质，对于违规提醒、垃圾清运、照明调节、浇灌排水等方面都可以采用智能化管理，以减轻职能部门的工作量；同时，可吸纳有闲暇和兴趣的志愿者形成民间组织加入公园运营管理以增强市民的归属感与荣誉感，平时更可通过自然教育与互联网培训让更多人了解自然、尊重自然，也方便提高游园整体素质，还公园整洁、有序、安全的整体环境。

参考文献

[1]蓝悦, 任一涵, 徐宁伟, 等. 嘉兴人民公园植物景观调查[J]. 福建林业科技, 2015, 42(3): 210-213+232.DOI:10.13428/j.cnki.fjlk. 2015.03.044.

[2]李运远,张云路,严庭雯.城市双修导向下的城市绿道规划方法更新[J].中国园林,2017,33(12):75-80.

[3]刘佳妮. 基于鸟类栖息地修复的浙江省城市滨水开放空间设计研究[D]. 杭州：浙江农林大学, 2015.

作者简介

茅　岚，同济大学建筑设计研究院（集团）有限公司市政工程设计院景观技术总监。

13.排水组织照片
14.亭廊组合演进照片
15.新亭廊组合月亮门照片
16.水环境治理效果照片
17.亭廊组合演进照片
18.照明测试与古树铭牌照片

十年再萌芽
——合肥万科森林公园社区焕新

Sprout After Ten Years
—The Revitalization of Hefei Vanke Forest Park Community

胡必成
Hu Bicheng

[摘　要]　在项目完成后，我们常会站在同一视角来观察场地中发生的变化，我们会看到很多令人欣喜的新的生活场景，直观地感受到更新后的空间变得更加舒适、积极、有趣且有烟火气了。而这亦即城市更新项目的魅力所在。
本项目位于合肥市庐阳区，合肥城乡接合部四里河板块约774亩土地历时10年开发，在2012年变成了如今的"森林公园"社区，也成为合肥最宜居最具影响力的大型综合社区，但同时城市与居民生活之间的一些问题也接踵而来。本次焕新的固镇路为社区的核心街道。焕新团队在不同时间段沿着道路进行观察、采访和踏勘并结合市民日常生活的心声，找到了10个焕新场景，正好契合社区10周年这个主题，打造森林公园社区的"十年十景"，为城市生活带来新的活力和契机。

[关键词]　城市更新；公共空间；儿童友好

[Abstract]　After the project is completed, we often observe the changes in the site from the same perspective. We will see many pleasant new life scenes and intuitively feel that the updated space has become more comfortable, positive, interesting andIalive. And this is the charm of urban renewal projects.
The project is located in Luyang District, Hefei. In 2012, about 774 mu of land in the Silihe, the urban-rural fringe of Hefei was developed over a period of 10 years and turned into today's "Forest Park". The community has also become the most livable and influential large-scale comprehensive community in Hefei, but at the same time, some issues between the city and residents' lives have also emerged. Guzhen Road, which is rejuvenated this time, is the core street of the community.The Huanxin team observed, interviewed and surveyed along the road in different time periods, and combined with the voices of citizens'. They found 10 Huanxin scenes, which coincided with the theme of the 10th anniversary of the community, and created the "Ten Scenes in Ten Years" of the Forest Park community, bringing new vitality and opportunities to urban life.

[Keywords]　urban renewal; public space; child-friendly

[文章编号]　2024-95-P-060

一、新城焕新

　　合肥万科森林公园综合住区所在的四里河片区，是庐阳区"省级中央商务区"的功能片区。2013年1月，合肥市出台了《南淝河-合九铁路-肥西路地区控制性详细规划》，根据规划，四里河片区位于合肥城区西北，南至南淝河与北一环、西、北至合九铁路，东至肥西路，总面积约1.4km²，是承担着城市西北部发展与内城联动的关键片区。时间回拨4个月，2012年9月6日，万科集团拿下当时合肥城乡接合部四里河板块约774亩土地，历时10年的有序规划和逐步开发，如今该区域已成为合肥最宜居最具影响力的大型综合社区。

　　在项目规划之初，就将东西长约1km的固镇路定位为社区功能配套的核心轴，沿路自东向西将集中商业、配套商业、教育、养老、社区邻里中心等集中布置，形成高强度的配套集聚区，提供大盘配套服务。

自东向西分别规划以优质品牌和儿童互动为特色的商业综合体万科广场，社区商业——森·生活汇让周边居民在家门口就可享受鲜活丰盛的日常生活消费配套，实现"出门一公里"的便捷生活。万颐·庐园长者照料中心是以照护服务与康复理疗为主要内容的养老机构，并采用全新社区嵌入式的人居养老理念，配备了120张床位，满足了住区内老人社区养老需求，是高龄老人的温馨家园。合肥四十五中森林城校区在2015年9月正式启用，实现了森林公园综合住区内优质教育资源的全覆盖，促进了区域内均衡教育的发展。同年南门小学森林城校区正式启用，其设计理念超前，设施配置一流，使更多学子享受优质教育，该小学所依托的合肥市南门小学是一所有着百年历史、校风严谨的学校。大西门幼儿园森林城分园于2017年9月正式开园招生，该幼儿园所依托的大西门幼儿园建园于1958年，隶属合肥市庐阳区教体局，是安徽省一类幼儿园，也是目前庐阳区办园规模最大的园所。

在基础建设逐步完善的同时通过对十大未来美好生活场景的勾勒，旨在打造具有前瞻性和开放性的综合社区，并专门设置了社区教育、社区服务、社区休闲三个层次的配套功能，通过合理的规划来推动功能内容的有效配置，勾勒出完整的市民生活地图，推动社区配套水平的持续提升，搭建覆盖"步行+自行车+公交"的均衡型的城市慢行交通体系，完成市民生活路径的梳理，构建市民5—15—30分钟的慢行生活圈。

　　"森林公园"社区历经10年发展，越来越多的居民在此安居乐业，如今已经形成一个包含约4万常住人口的全龄生活片区，既有自成一体实行独立封闭式管理的住区，又有互为补充形成开放式综合社区的大格局。在已入住居民中20~45岁的中青年人群占比达到66%，其中已婚已育人士占比88%，且70%的家庭中儿童年龄分布在0~12岁，其中包括约8000个学龄前儿童和5000个初中小学在校学生。

　　随着社区人口趋于饱和，也给社区运营带来了新的考验，与此同时社区逐步开发动态建设所带来的问题也逐渐显现。沿固镇路两侧人行道、市政绿化带以及商业街区域内社区风貌的统一性、交通与安全隐患、公共设施老旧与缺失等问题轻易可见，因此在社区开发10周年之际对核心街区做一次环境体检并从功能和品质方进行全面和整体性的提升，是对社区建设的完善，也是对成熟新城更新的一次探索。

如同每个城市都有自己的精神风貌和文化特色，不同的社区也会因为规划肌理、建筑特色、人群结构与文化基因的不同而拥有自身个性，"森林公园"的个性从名字就可以略知一二，社区依托合肥市区最大的公园庐州公园而建，公园社区是区域的第一大属性。社区内部教育资源充分，学龄儿童较多，必然会包含亲子教育、科教游乐等充满活力的基因。另外整个社区的建筑风貌以现代建筑结合部分红砖建筑为主，因此气质上又兼具国际化都市属性。把这些个性融为一体就形成了森林公园社区特有的个性名片。

每一位社区的使用者正是社区状态最直接的反馈者，从衣食住行玩各个方面，作为个体给予对社区的关注、肯定、期待与诉求。本次更新的设计团队通过在不同时间不同场景的观察去了解社区使用的情况，同时通过访谈以及从物业端口收集来的市民需求来进一步了解当下社区所面临的困扰和本次焕新急需处理的问题。

在进行区域焕新设计之前，充分挖掘场地个性、了解开发进程、关注市民需求，将这些信息融会贯通，使之成为延续整个焕新过程的设计依据。焕新工作的开展逻辑遵循最初的规划沿固镇路自东向西展开，东起四里河路西至绿柳路全长1km所涉及的内容包含城市形象、通行空间、公共绿化、市民休闲节点、亲子活动场地等各类场景。发现并解决其中的问题、提供更便捷舒适的生活就是本次焕新的核心内容，也是森林公园社区再次萌芽新生的契机。

二、十年十景

社区更新的基本策略就是因地制宜，随机而变，所以更新的场地形态和内容形式都是根据现场问题而决定的，我们在不同时间段沿着道路进行观察、采访和踏勘并结合市民日常生活的心声，找到了10个焕新场景，自东向西分别是"萌芽之境""森生活汇""颐悦之境""森之展廊""动物派对""智慧森林""森悠街区""森活街区""果实诱惑"和"木林之境"，从萌芽开始到最终木以成林，正好契合社区开发10周年这个主题，是对社区生长的回顾，焕新打造森林公园社区的"十年十景"也预示着社区发展新的萌芽。

1.萌芽之境

萌芽之境位于固镇路四里河路口，是东边门户，北侧就是集中商业万科广场，西侧就是森生活汇社区商业，因此这里是

1.场地设计图　　　　　3.场地改造前后对比图
2.场地空间布局与节点分析图　4.形象展示空间鸟瞰图

十年树影   枝叶扶疏   萌芽焕新   5

7

5.萌芽元素示意图   7.文字造型坐凳设计图
6.场地设计图   8.文化展示墙分析图

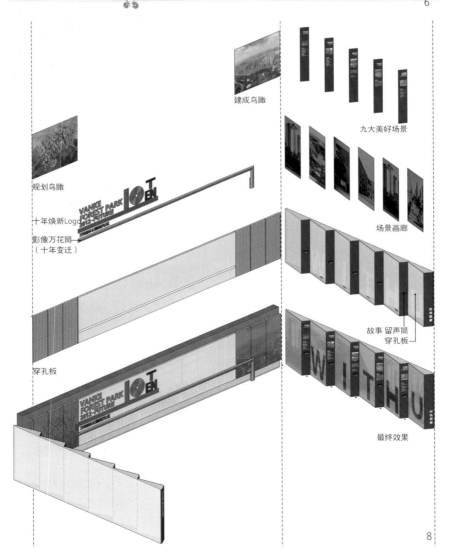

6

8

最重要的形象展示点，也是人员聚集区，焕新工作首先利用隔离花箱对原本混乱的非机和人行交通进行梳理以提升安全性，然后将老旧的LOGO焕然一新，再利用原有市民公约墙结合铺装修复和灯光设计打造了"萌芽"特色小品，新材料不锈钢与玻璃和原有的红砖耐候钢板形成反差，仿佛一棵棵嫩芽从现有环境中破土而出。

2.森之展廊

森之展廊位于第四十五中学南侧，原本此处就有一个廊架但极度缺乏存在感，平平无奇无人问津，但这里其实是商业和学校的交汇点，人流量很大，所以焕新工作就是充分激发场景的流量。设计先是在廊架顶部加置玻璃增加庇护性，同时增加座椅和花箱提供场景内可聚集使用的条件，然后利用三个立面将森林公园社区10年成长的故事以及美好社区的运营理念进行展示并与此休憩的市民产生互动，充分激发社区居民的认同感和自豪感。

3.动物派对

动物派对同样位于第四十五中学南侧现场原有的三块塑胶场地，其中两块安置了活动器械，但老旧破损的地垫确实大煞风景，同时也存在安全隐患。本次焕新遵循低成本原则，所以仅对地垫进行焕新并简单补充了两组活动器械。设计灵感源于隐藏在森林中的动物，从动物的皮肤抽象出地垫的肌理，更新完成后趣味性的增加，也进一步激发了场景的吸引力。

4.智慧森林

智慧森林位于南门小学西北角，设计的出发点源于更新前的一次

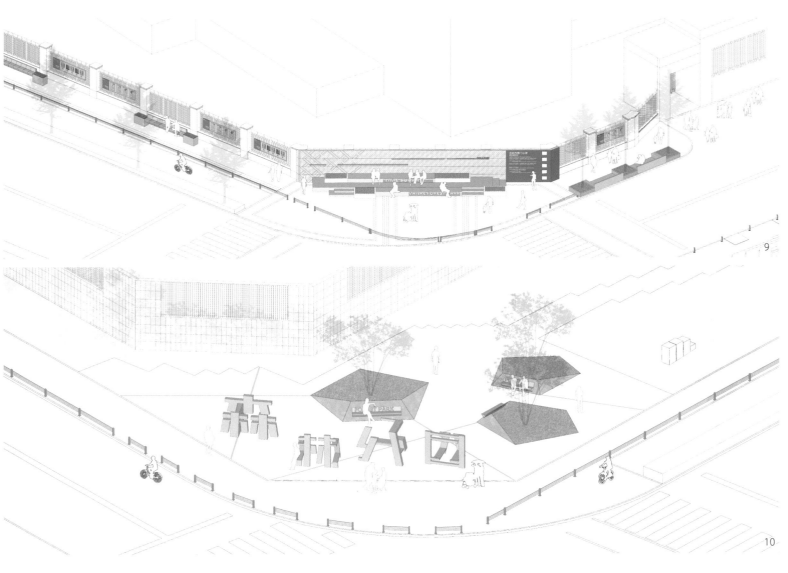

9

10

9-10.场地设计图

现场踏勘，我们看到放学时这里混乱不堪的交通以及摩肩接踵又无处安放自己的家长们。所以设计希望通过护栏、宣传墙、台阶坐凳以及花箱的组合将这个节点提升为一个集校园文化展示、日常休憩、学生玩耍以及放学时有序组织于一体的定制化场景。

5.木林之境

木林之境是西面门户，设计在这里希望整个1km长的森林公园能从东面"萌芽"开始，在这里木已成林，同样"木林"也暗寓着睦邻友好的社区氛围，所以我们创造了一组立体的LOGO字，这组大字不仅仅有标示性功能，更要给居民们创造交流互动的环境，带来社区睦邻生活的乐趣。

三、焕新策略

1.交通组织

针对部分区域非机动车与人行动线交叉，非机动车停车区域缺失、机动车无序停放等交通问题，本次焕新的主要命题之一就是对固镇路沿街做一次系统性的交通动线梳理，针对不同区域的使用需求规划并增加非机动车停放点，通过完善隔离带疏导交通，改造后人行与非机动车与机动车将各行其道。

2.功能完善

通过现场调研团队发现街区的城市配套设施老旧以及明显数量不足，另外部分区域道路铺装损坏，电箱外露在人行道中间等情况也较为普遍，造成诸多不便与安全隐患。因此本次更新对铺装进行了局部修缮，对儿童活动区域塑胶进行翻新，在聚集性广场和商业步行街及幼儿园东南侧街角等区域定制了个性化休憩设施，提升了城市空间的便捷性和舒适性。

3.形象提升

对于社区内市民关注度和参与度较高的节点进行形象升级，包括东侧四里河路入口广场的昭示性LOGO设计、庐园入口区域打造、紫荆路固镇路东南角商业广场提升、利用第四十五中学南侧现有休闲亭改造为社区文化展廊、南门小学街角文化墙设计等一系列场景焕新。

11-16.场地改造前后对比图

4.氛围营造

在整个提升中希望通过符合当代审美的现代设计，以及更多的绿化介入，将沿固镇路核心街区打造为一条人与自然融合、充满轻松趣味氛围的社区街道，将社区生活引领到一个新的高度。

5.微更新与低成本

本次更新的范围虽有1km长，并且有十年十景众多特色节点，但对成本的控制非常严格，这也是在焕新之初就制定好的目标之一。正因为是新城更新，很

多现有设施也不至于老到需要推倒重来，所以微更新在此次设计中随处可见，设计尽量做到物尽其用，比如拆下来的老旧LOGO在街区其他地方二次上岗，很多小品都是新老结合通过嫁接的形式来实现，对于一些新增设施也是非必要不设计，在非重要节点处都会尽量设计便于加工的造型来控制成本。

四、结语

随着时代变迁、社会进步、城市发展和生活水平

的不断提高，城市居民对生活环境的要求发生了翻天覆地的变化，不再只满足于建筑作为住宅的单一功能需求，对住宅之外的配套、环境、服务等美好生活的渴望愈发强烈。自万科集团将发展战略升级为"城乡建设与生活服务商"以来，坚持"房子是用来住的"理念，致力于成为城市居民的"美好生活场景师"，不断做出创新探索与尝试，以满足人们对美好生活的向往及需求，致力将森林公园打造为城市公园式综合住区生活方式的样板。但社区发展亦是一个新陈代谢的过程，新老交替不断变化，新的好的符合当代生活

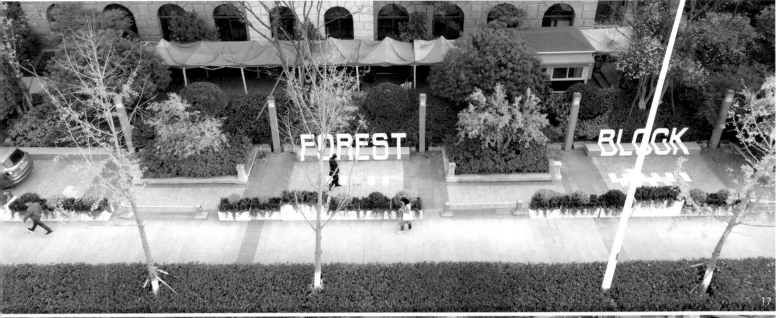

17-18.规划更新后的街道空间实景照片

需求的场景会随着城市更新进程出现并激发新的社区生命力。

城市更新的魅力就在于项目完成后当我们站在同一视角来观察更新前后的生活发生了哪些变化的时候，焕新后的生活场景会给我们带来很多喜出望外的画面，可以直观地感受到通过场地更新空间变得更舒适更积极更有趣了，这是一种清新的烟火气。由于本次更新涉及红线外的公共界面，焕新功能需求各不相同，在梳理典型问题的基础上，由万科牵头与区政府、城管、市政园林局、属地政府、社区委、学校、交警部门、移动、联通、铁塔、供电等多部门进行沟通与方案协商，并获得各部门的有力支持，最终顺利将更新场景落地，为居民提供未来更好的社区生活。

作者简介

胡必成，境上设计设计总监。

城市风貌管理下的深圳立体绿化管控问题及策略优化

Control Problems and Strategy Optimization of Three-Dimensional Greening in Shenzhen Under Urban Landscape Management

李 云 朱玉冰 张东升
Li Yun Zhu Yubing Zhang Dongsheng

[摘 要] 随着城乡建设转向高质量发展，城市风貌塑造的重要性日益凸显，城市绿地系统对城市特色景观风貌的形成与发展具有重要作用。深圳是我国典型的高密度特大城市，城市建设用地趋于饱和，可用于城市绿化的土地十分稀缺，立体绿化将绿化空间从二维转向三维，是不占用地面土地前提下增加绿化覆盖率的唯一途径，也是城市绿地系统中的重要组成部分。当前深圳立体绿化管控对城市风貌的考虑不足，存在高度管控缺失、整体性不足、碎片化发展、特色化不明显、建设效果无法保证等问题。针对现存问题，本文提出增加立体绿化高度折算系数、增加绿化完整度概念、强调立体绿化融入城市设计方法、增强立体绿化工程前期审查与后期监督管理等措施，为深圳市立体绿化管控在风貌营造方面改进完善提供建议。

[关键词] 城市风貌管控；立体绿化；深圳；高密度城市

[Abstract] As urban and rural construction turns to high-quality development, the importance of shaping urban landscape becomes increasingly prominent, and the urban green space system is an important carrier for shaping the characteristic landscape of the city. Shenzhen is a typical high-density mega-city in China, where urban construction land tends to be saturated and land available for urban greening is very scarce. Three-dimensional greening shifts the greening space from two-dimensional to three-dimensional, and is the only way to increase greening coverage without taking up land on the ground, and is also an important part of the urban greening system. At present, Shenzhen's three-dimensional greening control does not sufficiently consider the urban landscape, and there are problems such as lack of high control, lack of integrity, fragmented development, lack of distinctive features, and lack of guarantee of construction effects. In response to the problems, this paper proposes measures to increase the height conversion factor of three-dimensional greening, increase the concept of greening integrity, emphasise the integration of three-dimensional greening into urban design methods, and enhance the preliminary review and post-supervision supervision of three-dimensional greening projects, in order to provide suggestions on how to improve the control of three-dimensional greening in Shenzhen in terms of landscape creation.

[Keywords] urban landscape control; three-dimensional greening; Shenzhen; high-density cities

[文章编号] 2024-95-P-066

党的十八大以来，国家对城乡规划建设管理的关注日益增加，城乡建设转向高质量发展阶段，城市风貌塑造成为城市建设的重点。2020年出台的《住房和城乡建设部 国家发展改革委关于进一步加强城市与建筑风貌管理的通知》强调要贯彻落实"适用、经济、绿色、美观"的新时期建筑方针以促进城市风貌良性发展，对城市与建筑风貌管理重点、管理制度等方面提出要求。城市绿地系统是塑造城市特色景观风貌的重要载体，其景观风貌是否特色鲜明，关乎城市形象和品质，直接影响城市的可意象性[1]。

随着城乡建设快速发展，城市可建设用地逐渐匮乏，城市绿地空间不断受到挤压，生态环境急需改善，立体绿化以建成空间为基础，是在不占用地面空间的方式下，增加城市绿化的重要途径。另一方面，绿色低碳经济理念不断发展，绿色建筑设计理念在建筑行业中被广泛运用，立体绿化是绿色建筑的重要组成部分，逐渐成为建筑设计的重要发展方向[2]。立体绿化在城市中不仅具有减少建筑能耗、缓解热岛效应、较少噪声污染、增加雨水下渗等作用，还能够美化城市第五、第六立面，对城市景观风貌塑造具有重要影响作用[3]，因此城市立体绿化不仅需要体现城市自然景观特征，还应与城市地方特色与都市风貌协调统一[4]。

与国外相比，我国立体绿化推行时间较晚，存在总体增长速度慢、发展水平低，各地区发展不均衡，产生生态效益有限的问题。我国大多数城市存在建筑立体绿化管控不完善、推广宣传力度普遍较小、缺乏法律支撑与长期规划、绿化折算体系缺乏科学性与统一的政策化评价标准的问题[5]。深圳作为国内最早发展立体绿化的城市之一，研究其立体绿化管控对其他城市发展具有一定的指导意义。当前对深圳市立体绿化问题的研究主要集中在宣传推广不足、绿化形式及生物多样性单一、缺乏绿化整体系统规划、法规激励政策不足等、区域发展差异明显、整体推进缓慢等方面[6-9]，而在城市与建筑风貌管控方面研究较少，本文结合深圳市立体绿化相关政策与建设发展问题对此进行探讨。

一、立体绿化是高密度城市风貌提升的重要途径

城市风貌是城市的自然景观和人文景观及其所承载的历史文化和社会生活内涵的总和，是城市风采容貌的展现[10]。城市风貌由空间、建筑和环境要素构成，城市绿地系统在城市建成空间中占有较大比例，是城市空间和环境的重要景观要素与生态载体[1]，对城市风貌塑造具有重要作用。高密度城市大多存在土地资源稀缺、空气质量差、绿化覆盖率低、热岛效应显著等城市问题，生态环境急需改善。立体绿化能够有效处理高强度开发与绿色发展之间的关系，是适应未来城市密度发展的一种绿化方式，是提升城市生态人居环境的重要手段[11]。因此立体绿化作为城市绿地系统必不可少的组成部分，是城市风貌的重要载体之一，能够较大程度影响城市总体形象，创造优美宜人的城市环境，提升居民生活环境满意度和幸福感。为了加强城市风貌管理，对立体绿化的管控需要进一步完善。

二、深圳市立体绿化发展现状概述

1.深圳市立体绿化管控概况

深圳是国内最早倡导立体绿化的城市之一，经过二十多年的发展，立体绿化管控逐渐完善。深圳作为我国典型的高密度特大城市，建设用地日益稀缺，地面绿化无法满足城市发展需求，绿化形式逐渐走向立体化，传统绿化率控制方式不再适用，绿化控制方式逐渐转变。在建设用地绿化控制上用"绿化覆盖率"代替"绿地率"，将立体绿化纳入建设用地绿化指标中，能够更好地增加城市绿化空间层次，解决增加绿

化量与城市建设用地稀缺之间的矛盾。当前在城市建设用地中对于立体绿化管控的标准是依据《深圳经济特区绿化条例》《深圳市建筑设计规则》与《深圳市城市规划标准与准则》。"城市第六立面提升专项行动""公园城市建设总体规划"等有利的政策条件为立体绿化发展提供了保障。

2.深圳市城市建设与绿化发展概况

1999年至2020年间，深圳原特区内容积率、建筑密度整体呈上升趋势，综合容积率增长幅度均达到100%，综合建筑密度从26.4%增长至27.5%，其中商业办公用地容积率与建筑密度增幅最高（表1）[12]。环境因子与商业办公用地的容积率变化呈正相关，因此在其容积率不断增加的同时，应当增加有效公共绿化以保障环境品质[12]。随着建筑密度不断增加，可用于绿化的用地逐渐稀缺，因此发展建筑立体绿化以缓解高密度建成区热岛效应与环境污染等城市问题，从而改善生态环境质量成为必要趋势。

2020年，深圳全市绿化覆盖率总面积为101267.180hm²，其中建成区绿化覆盖面积41457.39hm²，绿化覆盖率43.38%，在全国城市绿化建设中处于较高水平。通过收集分析近两年深圳市商业、公服、居住等项目的绿化建设数据发现，各项目地面绿化严重不足，立体绿化折算绿化面积占较大比例，超过六成的商业、住宅类建设项目立体绿化折算比例超过50%，建设项目绿化覆盖率对"立体绿化"有着过高的指标依赖。

表1　深圳市原特区各类建设用地1999—2020年间容积率与建筑密度增幅

用地类型	容积率增量	建筑密度增幅
商业办公用地	2.97	6.6%
居住用地	2.33	3.7%
公共管理与服务设施用地	0.68	1.5%

三、深圳市立体绿化风貌管控问题

当前深圳立体绿化具有应用范围不断扩大、技术应用形式不断提高、植物种类丰富、参与企业逐渐增加等特征[7]，深圳立体绿化发展态势整体蓬勃向前，但现阶段深圳立体绿化也存在风貌管控不足的问题，完善其管控体系对城市整体风貌塑造具有重要意义。

1.高度管控缺失，对绿视率与可达性考虑不足

立体绿化作为一种城市景观，主要以屋顶绿化、架空绿化、墙体绿化、阳台绿化等形式呈现[2]，而立体绿化在不同高度范围所产生的生态效益、景观价值与社会价值有所差异，因此需对其进行差异化管控，在当前规范中未对不同高度的屋顶绿化和架空绿化进行折算系数差异化处理。通过对深圳市建设项目立体绿化高度分布频次统计发现，当前建筑立体绿化呈现高度分布跨度大、高度管控弱的特征。建设项目立体绿化分布高度横跨0~200m之间，其中立体绿化高度分布主要集中在0~5m，主要是地下室或半地下室屋顶绿化，其所占比例为17.39%；24m以上的立体绿化占比为57.25%，100m以上立体绿化占比为5.07%。

随着建设高度的上升，立体绿化将会受到台风等极端天气的影响，难以大面积种植小乔木和灌木，多以地被植物为主，使绿化生物多样性减少，带来的生态价值和景观价值有所降低；由于人的视角范围有限，随着绿化建设高度增加，人对绿化存在的感知逐渐减弱，其绿视率会随之降低，削弱对城市景观风貌的营造效果；且因建筑的私密属性和原设计荷载的局限性，建筑绿化建设过高将会使公共可达性降低，难以使行人在视觉感知上产生独特的景观意象与空间体验，不利于城市景观风貌营造[6]。立体绿化建设过高会降低其社会效益与生态效益，可视性较强的建设高度能够带来更高的景观价值。完

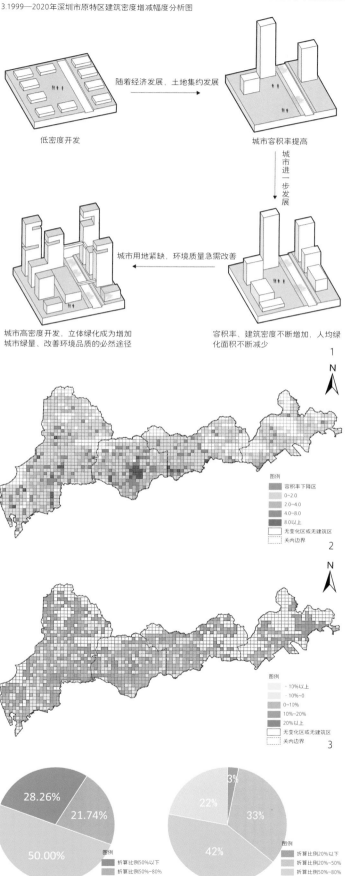

1.城市高密度开发下的绿化空间转变示意图
2.1999—2020年深圳市原特区容积率增减幅度分析图
3.1999—2020年深圳市原特区建筑密度增减幅度分析图
4.商业类建设项目绿化折算率概况分析图
5.住宅类建设项目绿化折算率概况分析图

低密度开发

随着经济发展，土地集约发展

城市容积率提高

城市进一步发展

城市用地紧缺，环境质量急需改善

城市高密度开发，立体绿化成为增加城市绿量、改善环境品质的必然途径

容积率、建筑密度不断增加，人均绿化面积不断减少

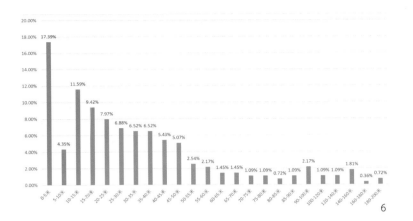

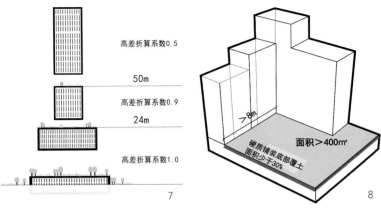

6.深圳市调研项目立体绿化主要高度分布情况分析图　　7.绿化高差折算示意图　　8.绿化完整度示意图

善对立体绿化高度的管控指标，构建更经济适用的绿化折算系数，以准确判断不同高度立体绿化的生态及社会价值，对优化城市生态环境与城市景观风貌具有重要作用。

2.立体绿化碎片化，缺乏完整性与系统性

立体绿化呈规模化、系统化发展不仅能产生良好的生态价值，还能够创造具有特色的景观风貌。深圳作为土地资源紧缺的高密度城市，发展立体绿化使在有限的城市空间建设大规模绿化的成为可能。由于深圳市立体绿化缺乏规模管控，导致许多开发商为了满足绿化覆盖率要求、节省工程造价，立体绿化呈现出碎片布局的现象。深圳市立体绿化以散式项目推动为主，缺乏整体性和系统性，应当与公园绿地、道路绿化、城市绿道等地面绿化形成相互配合和相互补充的系统性关系[6]，打造多层次、系统化的城市绿地系统，营造良好的城市形象。缺乏规模管控的绿化空间零碎分散、难以形成大规模的绿化空间，不利于城市景观风貌营造，且公众体验感较差。

3.特色不突出，缺乏重点地段特殊性考虑

城市重点地段是城市的名片，立体绿化形式需与地段风貌相吻合，不得违背地段形象定位，因此对重点地块立体绿化的风貌管控十分重要。当前深圳市立体绿化植物品种较为单一，项目立体绿化植物重复率较高，立体绿化效果多样性不足[7]，重点地段的立体绿化缺乏景观特殊性，未能展现地块特征，不利于有效打造城市品质空间。且深圳市立体绿化建设与城市设计融合有限，缺乏统一设计，缺乏对立体绿化形式艺术性、美观性的探索，应当结合城市重点地段地面绿化和公共空间进行系统分析与空间整合，搭建有机联系。

4.工程管理不到位，立体绿化建设质量无保障

当前深圳市立体绿化缺乏对绿化实施效果的管控，无法保障立体绿化实际建设效果。由于规划和管理的错位，绿化项目的竣工验收常与建筑主体竣工验收一并进行，验收工作主要由市规划和自然资源局下的测绘部门（主要负责测绘立体绿化覆土面积和所在位置等信息）负责。在提前验收并缺少后期监督的情况下，容易导致实际验收工作未考核绿化植物的实际生长情况，后期建设单位并没有按照送审文件要求进行植物补种等问题，这一过程中出现监管漏洞。同时监督管理工作缺乏与其他部门协调管理。在规资局对建设项目指标验收完成后，缺少对建设项目立体绿化的监督管理，导致规划管理部门无法得到验收后立体绿化实际的植物生长、空间使用等情况，管理与实施之间无法及时地联系与反馈，容易形成规划文件与实施效果差异较大、立体绿化风貌管控不到位的问题。

四、深圳市立体绿化风貌管控策略

1.新增绿化的高度管控

绿视率是衡量人们对城市绿化环境感官效果的重要指标、较高的绿视率能给人们带来良好的视觉体验。在立体绿化管控中考虑以人为本，通过人的视角对城市立体绿化建设进行管控，建设高度适当的立体绿化能增加公众可达性、提高绿视率、美化城市环境，带来较高的景观价值和社会价值。深圳现有规范中未进行折算系数差异化，因此可通过增加立体绿化高度折算系数对不同高度的屋顶绿化和架空绿化进行价值评定。

国内其他城市如上海、厦门等对纳入折算的立体绿化都有高度约束，原则上绿化高度越远离地面，折算系数越低。在反映城市三维空间绿化量的"绿强度"概念中，对高度管控的划分以24m、50m、100m为

界定值[13]。在案例环上大国际影视园立体绿化专项规划中，利用人眼在放松状态下观看事物的最佳垂直视角，分析在建筑下、隔路和广场上3个不同位置的行人视线，估测视觉范围，对可视立面进行高度划分[14]。本文结合实际案例、国内其他城市对立体绿化的高度管控指标、"绿强度"概念的高度划分方式，并综合考虑深圳的高密度建设情况，将立体绿化按高度分为3个层次进行控制。对屋顶绿化与架空平台绿化高度进行控制划分为0~24m、24~50m、50m以上三段区间进行管控，并予以相应折算系数（表2）。

表2　　绿化高差折算标准

屋面或平台标高与基地地面标高的高差H（m）	折算系数
H≤24	1.0
24＜H≤50	0.9
H＞50	0.5

2.提出"绿化完整度"概念

绿地的规模对城市环境的改善能力有较大影响，绿地面积越大、降温增湿作用越强，消减空气污染的效果越好。不同规模的绿地对公众行为方式会产生不同的影响，通常情况下，绿地规模越大，其空间可塑性越强，更能够创造城市特色空间，能够承担的行为活动越丰富，带来的社会效益和景观价值越高。

大多数城市在最新发布的绿化相关条例中对屋顶绿化的集中面积提出要求，基本上对集中绿地的规模大小界定在不小于400m²已达成共识。当前深圳市规范未考虑对不同立体绿化规模差异化管控，出于对生态效益与景观价值的考虑，提出"绿化完整度"的概念，定义为地块内各类绿化种植(地面绿化、屋顶绿化和架空绿化)连续覆土种植面积不低于400m²，且宽度大于8m（其中硬质铺装满足底部覆土且面积不大于30%部分可计入绿化面积）。对屋顶绿化、架空绿化满足绿化完整度要求的，给予一定的绿化折算奖励系数（表3）。

表3 绿化完整度与奖励系数

绿化完整度（集中绿化面积）	奖励系数
≥400m²（宽度不小于8m）	0.1

3.引导立体绿化规划引入城市设计方法

运用城市设计方法塑造绿化特色风貌，成为解决绿化风貌"千城一面"问题的关键[1]。在宏观层面将立体绿化作为城市总体绿化网络中的重要一环进行整体考虑，并以片区划分塑造风貌特色，以要素分类规划进行整体控制。在微观层面，为立体绿化融入特色要素形成特色空间，可结合片区定位与文化特征，对立体绿化进行主题化设计。

当前深圳市立体绿化管控与城市设计结合较为薄弱，需在立体绿化规划中考虑城市设计手法。在总体设计层面，把握立体绿化丰富城市第六立面、塑造城市形象中的重要作用，奠定立体绿化发展总基调；将立体绿化作为城市生态景观网络的三维空间拓展，使立体绿化与地面绿化共同规划协同发展，打造具有整体性、连续性的城市绿地系统。在片区设计层面，应重点协调立体绿化风格与片区风貌统一，研究片区历史演进与未来发展规划，在准确把握整体形象特征与建筑现状的前提下进行规划设计，对各地块立体绿化进行功能定位与建设指引，在整体风格和谐的同时创造局部绿化特色。在重点地段设计层面，立体绿化应结合建筑设计，运用空间设计策略，塑造场所精神，创造宜人空间。同时应当丰富重点地段立体绿化植物配置，考虑植物属性特征，进行色彩、高度、季节等搭配，增强景观层次性，并进行精细化管理。通过在城市设计中运用立体绿化技术，在立体绿化建设中引入城市设计手法，创造具有特色的多维绿色空间，彰显城市艺术气质[6]。

4.加强立体绿化的前期审核与后期监督管理

在规划送审阶段，优化绿化审查要求，加强对方案设计的质量把关，集中绿化面积超过400m²的屋顶绿化或架空绿化需展示示范绿化效果图。在后期验收阶段，细化绿化验收内容，明确相关概念，控制建设误差在允许的范围内。

应当增强各群体对立体绿化实施效果的监督。在社会监督层面，建设单位竣工完成后，要求各建筑项目在建筑完工投入使用前需配套绿化公示牌，内容须与建设方送审绿化专篇内容一致。将绿化公示牌摆放于项目范围内公共开放区域，便于城市居民查看监督，同时将其也纳入竣工验收内容。在政府监督层面，由于植物具有生长周期，无法及时验收，在建筑投入使用六个月后，建设单位需重新提交绿化生长

情况，相关部门将在建设单位送审文件基础上进行抽查。经抽查发现建设单位送审文件与实际建设效果不相符的情况，或产权业主或管理单位已获取立体绿化建设、养护经费补贴但对负责管理和养护的立体绿化项目存在任何失职行为的，应当结合具体情况限期整改。不整改或经整改后仍不合格的，应当全额退付建设经费补贴。还需增加部门间协调配合，在立体绿化建设各个阶段明确分工，各司其职，相互配合，共同保障立体绿化建设效果。

五、结论与展望

随着城市建设走向高质量发展，人们对城市环境品质与景观特色的要求日益提高，因此城市风貌管控的重要性不断增强。城市绿地系统是塑造城市特色景观的重要载体，立体绿化依托城市建成空间，是高密度特大城市绿地系统的重要组成部分[6]，发展立体绿化对改善城市环境与塑造城市风貌具有重要作用。当前深圳市立体绿化管控缺乏对城市风貌的有效引导，本文从技术方法与规划管理两个方面出发，提出存在问题：①高度管控不足，缺乏对绿视率与可达性考虑；②缺乏系统性管控，立体绿化呈碎片化发展；③缺乏特色化指引，重点地段立体绿化风貌不突出；④后期验收管理不到位，无法保障绿化建设实际效果的问题。针对提出问题，本文提出立体绿化管控建议采取的策略有：①增加高度管控，依据不同高度绿化的可视性及生态效益差别，将立体绿化分层级进行管控，并予以相应折算系数；②提出绿化完整度概念，大规模的绿化具有较强的景观与生态价值，为鼓励绿化集中成片，对符合规模要求的立体绿化给予折算系数奖励；③立体绿化规划引入城市设计方法，总体设计层面强调绿地系统性发展与总体风貌策略，片区设计层面注重绿化整体风貌协调与差异化发展，重点地段设计层面强调与建筑设计相结合并丰富植物配置；④加强规划管理，前期审核加强对方案设计把关，后期验收确保施工质量，并加强多方对立体绿化后期实施效果与养护的监督管理。影响立体绿化风貌管控的因素较多，仍有许多其他方面的影响因子如色彩管控、公众偏好等有待探究。相信通过多方后续研究，立体绿化风貌管控内容将会逐步完善，其对城市风貌环境的美化作用会进一步凸显，人民的满意度与幸福指数亦将不断提升。

参考文献

[1]朱镦妮, 朱海雄, 李翅, 等. 城市绿地系统景观风貌规划中的城市设计方法运用策略[J]. 规划师, 2022, 38(10): 93-100.

[2]曾春霞. 立体绿化建设的新思考与新探索[J]. 规划师, 2014, 30(S5): 148-152.

[3]许东, 王雪英. 基于生态城市的立体绿化构建系统研究[J]. 建筑与文化, 2018 (3): 167-169.

[4]宋希强, 钟云芳. 面对21世纪的城市立体绿化[J]. 广东园林, 2003 (2): 34-38+43.

[5]孟晓东, 王云才. 从国外经验看我国立体绿化发展政策的问题和优化方向[J]. 风景园林, 2016 (7): 105-112.

[6]陈柳新, 唐豪, 刘德荣. 对高密度特大城市绿地系统规划中立体绿化建设发展的思考——以深圳为例[J]. 广东园林, 2017, 39(6): 86-90.

[7]林书亮. 深圳地区立体绿化现状及存在问题研究[J]. 中国园艺文摘, 2017, 33(12): 74-77.

[8]刘毓锦, 张伊梦, 胡雅丽. 我国立体绿化激励政策探析——以深圳市为例[C].//中国城市规划学会.共享与品质：2018中国城市规划年会论文集. 北京: 建筑工业出版社, 2018: 1-12.

[9]毛君竹, 宫彦章, 申凯歌, 等. 深圳市立体绿化现状分析及应对策略[J]. 绿色科技, 2020 (5): 21-23.

[10]孙畅. 新时代背景下城市重点地段建筑风貌管控探索[J]. 城市建筑空间, 2022, 29(10): 212-214.

[11]刘学斌. 立体绿化在城市园林中的应用探讨[J]. 现代园艺, 2017 (15): 124-126.

[12]李云, 罗佳, 陈嫣嫣, 等. 深圳城市密度时空特征演变及影响因子研究[J]. 规划师, 2022, 38(5): 68-75.

[13]千靓. 城市三维绿色空间指标"绿强度"研究——以青岛西海岸新区中央活力区为例[J]. 住宅科技, 2019, 39(11): 38-42.

[14]胡蓉, 冯一民. 立体绿化专项规划多层面设计——以环上大国际影视园区为例[J]. 中国园林, 2019, 35(S2): 61-64.

作者简介

李云, 博士, 深圳大学建筑与城市规划学院城市规划系主任、副教授, 深圳市建筑环境优化设计研究重点实验室副主任；

朱玉冰, 深圳大学建筑与城市规划学院研究生在读；

张东升, 安徽省城乡规划设计研究院有限公司工程师。

中国：上海崇明区乡聚实验田
——有审美的乡村，有温度的欢聚

Rural Gathering Experimental Field in Chongming District, Shanghai, China
—The Aesthetics of the Countryside and Warm Gatherings

俞昌斌
Yu Changbin

[摘 要]　乡聚实验田的设计灵感源于英国的"麦田怪圈"，其隐喻为未知星际文明的交流方式。设计师提出"稻田+"理念，以临时性场地构造结合稻田收割季，形成多样化的活动场所，包括乡聚建设村+儿童活动+音乐+绘画+表演+艺术展览等各种创意活动，并以此作为乡聚公社及周边城市区域一年一度盛大的农耕文化嘉年华。乡聚实验田的图案设计从复杂到简单的过程，是我们尝试着通过孩子的视角看世界，以儿童的视角去叙述设计故事，让孩子能看得懂，从中感受到快乐，勾勒出美好的童年记忆，崇明乡聚实验田希望为大家带来一场沉浸式体验。在缓解都市压力、疗愈"自然缺失症"的同时，通过人的参与，实现"人与人、人与土地、人与乡村"之间的对话，激活乡村活力，共创、共建美好乡村。

[关键词]　体验设计；乡村振兴；实验田；崇明；乡聚

[Abstract]　The design of the Rural Gathering Experimental Field draws inspiration from the crop circles in the UK, which may metaphorically represent the communication methods of unknown extraterrestrial civilizations. The designer proposes the concept of "paddy field +" to create diverse activity spaces by combining temporary structures with the rice harvest season, including village construction, children's activities, music, painting, performances, art exhibitions, and other creative activities. This serves as an annual grand agricultural culture carnival for the Rural Gathering Community and its surrounding urban areas.The pattern design of the Rural Gathering Experimental Field follows a process from complexity to simplicity. We attempt to see the world through the eyes of children and narrate the design story from perspective, making it understandable and enjoyable for them, thereby outlining beautiful childhood memories. The Rural Gathering Experimental Field in Chongming hopes to provide immersive experience for everyone. While relieving urban stress and healing "nature–deficit disorder," it aims to enable dialogue between people, land, and rural areas, activate rural vitality, and collectively create and build a beautiful countryside.

[Keywords]　experience design; rural revitalization; experimental field; Chongming; rural gathering

[文章编号]　2024-95-P-070

首先，乡聚实验田以每年一个主题的稻田活动将风景园林学科推进到农业学科的边界而有所融合和创新。

其次，乡聚实验田向当地居民、社区和城市游客揭示了农业土地更多的价值，这有利于人们了解农业的季节动态性和使用多样性。

最后，通过乡聚实验田的活动，社区之间产生了相互的联系，实现了人、土地与自然三者的和谐共存，让更多的游客体验到乡村、农业和景观的魅力。

上述三点是崇明乡聚实验田对中国其他乡村的借鉴意义。

一、了解需求

上海作为中国的国际大都市，在过去的30年里发展迅猛，大量的农田与乡村消失了，崇明岛（也称崇明区）成为上海一个真正拥有大量优质农田的乡村。崇明岛有着1300年的农业生产历史和乡村景观，这里生产的粮食在中国是一流的品质。目前，《上海市城市总体规划（2017—2035年）》将崇明岛定位为"世界级生态岛"。

乡聚实验田位于崇明岛中部的建设镇建设村，是由笔者亲自发起的实验项目，占地约20亩，位于一个100亩的高产农业园区的中心。从2016年到2019 年秋季，每年举办一届"乡聚实验田"活动，并吸引了同济大学、东南大学、西安建筑科技大学（以下简称"西建大"）的师生前来联合策划与实施各种建筑学与风景园林学的构筑物实地设计与营造活动。

1.乡聚公社对崇明建设镇建设村民众及游客的采访与调查

通过2019年初对崇明建设镇建设村民众的采访与调查，得到如下结论：建设村一共1297户，2844人。中年男性765人，占27%；中年女性742人，占26%；老年人1244人，占44%；儿童及年轻人93人，占3%。

2.2016—2019年崇明乡聚实验田推导客户的需求

2016年正是民宿风潮最火的时候，笔者认为崇明有民宿的需求，就改造了这个乡间的农舍。由于该农舍面积只有120多平方米，只能改造出两间客房，所以不足以支撑起一个民宿的运营。但是由于这个农舍的建造，笔者开始思考除了民宿之外，乡村是否还有其他的可能性。当时请教很多的朋友和专家，就是想了解乡村到底该怎么做，也是在寻找需求，希望通过了解需求能找出定位，能在乡村作出一些与众不同的东西。

当时笔者在和同济大学的老师交流的过程中，发现他们的学生希望将自己的设计实地营造出来。因为很少有合适的真实项目可以将客户和学生的需求链接起来，所以这就成为2016年崇明乡聚·稻田迷宫的客户需求，也是乡聚公社的突破点，证明了"了解需求"的必要性。

2017年乡聚公社在笔者的朋友圈里面已经小有名

1.崇明乡聚公社的位置及周边环境鸟瞰图（摄影：金笑辉）
2.改造好后的崇明乡聚农舍的北立面照片（摄影：金笑辉）
3.鸣翠亭建好之后，同学们、老师及游客都亲自体验（摄影：西建大师生）

气了，朋友们希望能在乡聚吃农家菜，在稻田周边玩一玩，所以笔者分析2017年的需求应该是有一个"稻田剧场"的概念："吃"不同于一般的吃，我们希望大家坐在水稻田边吃；"玩"也不同于城市里常规的玩，小朋友可以无拘无束地在稻田边跑来跑去，也可以发现各种城市里没有的东西（如鸡、鸭、羊等家禽与家畜），这是城市的家庭及他们的小朋友对乡村最直接的需求。实践证明，2017年的乡聚·稻田剧场非常成功，来参与活动的大人们都满载而归，小朋友也都玩得不愿意离开。

2018年当笔者筹办乡聚实验田活动的时候，还是首先分析参与者的需求，我们的朋友家庭还需要体验什么呢？因为很多朋友已经在我们这儿吃过农家菜，也住过我们的乡聚农舍，所以他们提出来想采购一些具有崇明特色的商品，所以我们当时就进发出"乡村集市"的创意。那么，家里的大人来集市采购东西，小朋友怎么办呢？而且小朋友才是我们乡聚实验田最重要的体验者。我们继续冥思苦想，突然想到了2017年小朋友特别喜欢爬我们堆在角落的稻垛，他们爬上爬下，特别灵活，也不会受伤。所以有人提出建议：堆一个大金字塔形的稻垛山，再结合滑梯，这样小朋友就会玩得非常开心。果然如此，2018年的乡聚·稻田集市也十分成功，稻垛山成为真正的儿童乐园，也成了感人的乡村稻田婚礼的最佳取景点。

2018年11月笔者在西建大风景园林系做演讲，师生们都对崇明乡聚实验田充满了好奇和兴趣。西建大的学生们有乡村实地设计营造的实践需求，老师们也希望在乡村方面能做出一些有趣的教学工作。所以笔者与师生达成一致，共同实现了2019年7月的崇明乡聚·西建大大暑营造活动。

2019年11月，我们思考小朋友和家长们还有什么需求。因为2019年《摇滚校园》（School of Rock）音乐剧在国内各大城市火爆上演，还有获得奥斯卡大奖的《波西米亚狂想曲》（Bohemian Rhapsody）这部讲英国皇后乐队（Queen）的电影也影响很大，所以我们认为可以让小朋友们在稻田中进行音乐表演，发挥他们的天赋和才华，这种在稻田中举办的摇滚音乐会是独一无二的。同时配合稻田音乐会的气氛，我们带着小朋友一起在稻田中扎稻草人，这也是很有意义的体验活动。

总之，分析好需求，才能真正找到合适的定位，这样做出来的乡村创新实践才会有的放矢。

二、明确定位

在明确崇明乡聚公社的定位之前，笔者仔细研读过中国城市规划设计研究院上海分院副院长孙娟2017年的演讲文章《"+生态"与"生态+"：崇明岛总体规划的一些思考》。该文提出"关注人的核心作用"一节对笔者有着很大的启发：该规划从原来"+新城、+项目植入、+功能策划"的思维，走向关注人在崇明岛未来建设中的核心作用，激发居民来共同建设国际生态岛的热情。"生态+"，首先要"+魅力"，创新岛屿就业、创业等各项政策，有了魅力以后就能"+动力"，凝聚一批有共同生态价值观的人群；然后才能"+农业、+艺术、+休闲、+教育"等，才能加出活力。

另外，复旦大学戴星翼教授的《把握生态岛的本和里》对笔者也有很大的启发，他认为崇明岛生态环境的基本特点是土地肥沃和物产丰富，江口、滩涂、乡村就是生态。生态岛应该充满生气，而不是种植寂静的森林。如果对于每一处田园，每一条河流，每一道乡间小路，崇明的管理者都能够花心思去满足城乡民众内心的渴望，崇明岛离"世界级生态岛"就真的不远了。

总结上述两位专家的观点，笔者认为崇明岛的定位是一个典型的乡村型生态岛，不应该在空间上"拆乡村建新城"，而是要尊重自然规律的"+生态"和提升人的获得感的"生态+"。

结合崇明岛的总体规划定位，笔者逐步明确了乡聚公社的定位。我们开始很迷茫：如果我们做民宿，那么遇到的问题是乡聚的房间数量太少，也很小，就是一个乡间农舍，算不上民宿。如果我们做餐饮，那么遇到的问题是我们都不是专业做餐饮的，也缺乏管理的时间和精力。那乡聚公社还能做什么？笔者发现这几年乡聚公社结合建筑学和风景园林学专业的师生实践以及在稻田里面搞文创活动，这是比较有自身特色的创新尝试，应该是乡聚公社到目前为止比较适合的定位。

在风景秀丽的旅游区中经营民宿酒店成本高、投入高，对广大的普通乡村没有太多可以参考的价值。而2016年开始的崇明乡聚公社及实验田就是针对上述

4.乡聚·稻田迷宫鸟瞰图（摄影：金笑辉）
5.乡聚稻田戏剧鸟瞰图（摄影：金笑辉）

民宿所进行的一个小型的实验。乡聚农舍并不完美，因为它就只有120m²，功能空间仅有一个厨房、一个餐厅、两间客房、一个公共卫生间和一间仓库。但是，崇明乡聚农舍作为一个"微创新的乡村实验"是成功的。它简化了功能，主要目的是探索乡村振兴中原有老房子如何改造和利用。而且它可以复制推广给崇明岛当地的村民，让他们借鉴这些图纸学会如何更好地修缮乡村农舍，村民会逐渐地把自己的家也改造成民宿或其他功能的设施。这样，村民就可以依靠他们自己改造的民宿（或者还是称为"农舍"）有一些收入和盈利，慢慢发家致富奔小康，这才是乡村振兴的意义所在。而田园活动只要有农田就可以创作，以功能为主，不哗众取宠，适合在全国各地的乡村进行推广。所以，我们把乡聚农舍与乡聚田园活动定位为"中国乡村的实验田"。崇明岛并没有莫干山那样丰富而优美的山地旅游资源，它本质上就是一个普通的以农业生产为核心的乡村，因此崇明岛的实验所得到的经验可以帮助乡村民众用低廉的成本快速改造自己的老房子，并结合广泛存在的稻田或麦田等生产性土地设计出有趣的体验活动，让全国众多的乡村成为"有审美的乡村"，让城市来的游客与乡村民众一起体验"有温度的欢聚"。这就是我们乡聚公社的理想和目标定位。

三、聚焦爆点

1.乡聚实验田在学术上是将风景园林学科推进到了农业学科的边界而有所融合与创新

通过乡聚实验田，我们关注到一个重要的问题：在乡村向城市转变的过程中，人类与农业土地之间的关系发生了巨大的变化，农业土地除了生产功能之外的贡献逐渐被遗忘。随着城市面积的扩大，城市居民远离农业景观。

由于人类社会的不断进步，人们对农业生产性土地的依赖程度逐渐降低。然而，人类必须首先"生存"在农业土地上，然后才能"生活"在城市之中。一般来说，农业景观不同于城市绿地。前者是为农作物服务的，是人与自然相互作用的结果，同时也是人类生存的基础。而后者主要是提供现代城市绿化服务和活动场所。对于我们的下一代来说，很多人五谷不分，他们非常需要了解农业环境、农业美学价值和乡村生活方式。因此，通过乡聚实验田这样的活动来体验农业土地对生活的意义，重塑农业土地的景观价值成为该系列活动的主要目标。

乡聚实验田的活动始终遵循着农耕时代的规律，该活动的建设开始于每年秋天的水稻收获季节。每一次活动结束后，所有的材料都会移走而不破坏农田，以供下一个农业生长季节使用。据2016—2019年的统计，乡聚田园的大米产量分别为约725kg（2016年）、750kg（2017年）、1050kg（2018年）和850kg（2019年）。

乡聚实验田的活动也进行着跨学科的合作。笔者作为风景园林师，是乡聚田园的领导者，也是该项目规划、设计和施工的领导者。同时，笔者邀请了社会学、生态学、建筑学、经济学、展览、平面设计、摇滚乐队等各方面的专家共同参与这一系列活动。值得一提的是，从2016—2022年，这些活动都是非营利性的、公益的活动，对所有人（包括游客和集市摊贩）

都是免费的。总之，通过乡聚公社这20亩的实验田将为中国的农业土地探索一种创新的方法，这是风景园林学科推进到农业学科的边界而有所融合和创新的小实验。

2.2016—2022年崇明乡聚公社通过体验活动聚焦爆点

中国乡村可以通过一两个文化活动或节日庆典作为引爆点，带动其发展。这些文化活动或节日庆典可以通过音乐、电影、摄影等艺术的形式来带火乡村，也可以以中国的二十四节气作为线索贯穿一整个年度，这样乡村逐渐成为网红打卡地。下面以崇明乡聚公社为例说明。

2016年的爆点是聚焦在"稻田中的迷宫"。通过迷宫结合学生的艺术装置，吸引小朋友来玩。从空中无人机俯拍可以看出稻田迷宫的整体性效果，有一种"麦田怪圈"的感觉，这也是本次活动带给笔者最大的震撼。而且我们在网上实时发布了一系列从放秧到收割，再到割好迷宫路径，最后组装好五个迷宫景点的营造全流程。因此，一下子引爆了网络的关注。

2017年的爆点是聚焦在"坐在真正的水稻田里吃一顿午饭"上。应该说，新鲜、安全、好吃的乡土菜是乡村振兴的重要价值点和突破口。

2018年的爆点是在稻田中堆出一个巨大的金字塔，长和宽都有15m，高4m，而且在金字塔顶还举办了一个令人感动的婚礼。"稻田婚礼"是"爆点中的爆点"——新婚夫妻两人站在稻垛金字塔的顶部往下扔玫瑰花，游客在下面接着，小朋友围绕在他俩的身旁，所有人都祝福他们这对新人百年好合。

2019年7月乡聚·西建大的大暑营造活动的爆点是高校师生通过设计与实地搭建的竹桥为附近老百姓解决了过河的难题，竹亭成为养虾人遮风避雨的场所。而11月稻田摇滚活动的爆点是把稻田跟摇滚音乐会、包豪斯100年等主题结合在一起。

四、设置功能

乡聚公社设置的功能是以儿童的体验活动和自然教育为主，我们有专业的乡村自然老师带领小朋友探索大自然的秘密，了解大自然的运行规律，提倡从小开始学习生态环保的知识。而这在城市的书本、电视或网络中是无法亲身体验到的（表1）。

五、营造空间与体验设计

2016年乡聚·稻田迷宫的空间营造是以同济大学建筑城规学院2013级复合型创新人才实验班17位同学（当时为四年级上学期）的风景园林设计课程的形式来完成的。他们在学校进行23天的课程设计，最后一天以现场营造的方式提交设计成果，他们分别营造了"系园、童心园、网红园、闲于山水道、镜园"五个主题的子空间，组合在一起共同形成一个大型的稻田迷宫，从空中俯瞰非常震撼。

2017年我们决定不再重复做2016年的迷宫，最重要的原因是迷宫的施工要花很多的人力、材料和时间，我们希望有新的空间形式可以突破，所以2017年的主题定为"乡聚·稻田剧场"。我们在稻田中挖了一个直径16m的圆，让二十个家庭在稻田里聚餐和画画。这其实是一个在空间上做"减法"的过程，让人看一眼就能聚焦爆点。那一天乡聚田园成为不同社群聚集、互动、交流的场所。

2018年的稻田空间从平面图上看是在稻田中央挖出一个正方形，从实景看是一个用稻垛堆起来的金字塔，在稻垛金字塔的南侧增加了一条蓝色的滑滑梯，在东侧插入一个木结构的廊架，这共同增添了稻垛金字塔空间形体的丰富性。实践证明稻垛山上的滑梯是小朋友们最集中的地方，也是他们最爱玩的区域。乡聚实验田拓展了农产品销售的功能和农村现代社会

生活的体验。

2019年7月的乡聚·西建大大暑营造，是由乡聚公社联合西建大风景园林学系的师生们共同完成的。他们共花了10天的时间在现场设计和搭建了三个空间，分别为竹桥、竹亭和森林迷园，最终呈现出完美的效果，并开放给周边乡村的民众使用及儿童游玩体验。

另外，11月的乡聚·稻田摇滚是在稻田中央挖出一个类似"大眼睛"的椭圆形图案，中心为圆形的舞台让乐队在上面进行摇滚音乐会的表演，观众坐在稻田中的座椅上观看。我们还特意用稻草搭建了一个高6m的柯布西耶模度人，作为对2019年"包豪斯（Bauhaus）100年"的致敬，也是对小朋友的建筑艺术启蒙课。

由于疫情的缘故，大家都戴上了口罩，于是2020年的乡聚实验田活动以"稻田笑脸"为主题，让小朋友们在稻田中摆出表情包（Emoji），来表达他们对新冠病毒的态度，共表达三个动作：哭（Cry）、戴口罩（Mask）和笑（Laugh）。在稻田中挂灯笼祈福，祝愿早日驱散新冠病毒，祝愿一家人幸福安康。还邀请了一些集市摊主们在此摆摊，以及上海美术学院的师生在稻田里进行艺术创作，同学们纷纷站在稻田中学习折纸，折好的纸球五颜六色，从远处看犹如麦浪上的彩色魔方。

2021年的乡聚实验田活动主题（Field Meta）受"Facebook"改名为"Meta"而得到启发，从最初"星座"概念到以"宇宙"为灵感，对标埃隆·马斯克（Elon Musk）"宇宙网红"概念，通过一百五十多人共同收割水稻及"稻田走秀（Field Show)"的形式展开，我们尝试着通过孩子的视角看世界，以儿童的视角去叙述设计故事，让孩子看得懂，所以稻田收割造型以"蝎子"形状体现，走秀活动以该图案为T台，伴随着轻快灵动的音乐，场地以黄色为主题、金黄的稻浪及建筑美宿为背景，打造一场沉浸式的稻田秀场，将现代艺术与乡村自然风景融为一体。

2022年的乡聚稻田活动特意邀请了上海大学电影学院表演系主任刘正直教授来教小朋友在稻田里学习戏剧《黄粱一梦》，崇明山歌的非遗传人张顺法老师教小朋友一起学唱崇明山歌，传承非物质文化遗产，以及上海大椽建筑设计事务所的洪东涛置景一方天地和乡村器物展，并在稻田中搭建了一个大天幕和三个小帐

表1   **乡聚公社的功能设置**

自然教育主题	活动内容	科普知识
生长魔法——种子的一生（3~4月周末营）	种植水稻、特色蔬菜，并提供一份可以带走的植物	植物的成长历程
	午餐自带，野餐	
	亲子踏青，定向赏花，留住花的香气	
	做鲜花纯露	
	寻找田野中可以吃的东西	
黑夜魔法——暗访夜精灵（暑假周末营）	观赏萤火虫、蝉蜕	植物的成长历程
	观赏昆虫，学习昆虫相关知识	
色彩魔法——一百万种绿色（全年都可以）	认识植物的各种颜色，了解植物颜色为什么会有不同	植物的颜色
	植物扎染	
	学会给家里的花染色	
食物魔法——从植物到食物（秋季周末营及对应假日食物制作）	收割采摘体验	中国食文化
	集体制作午餐	
	不同假日制作不同食物（青团、粽子、元宵等）	
建造魔法——孤岛房子诞生记（冬季淡季）	搭建庇护所	野外生存
	学习净化水	
	野外取火	
	野外被困求生的方法	
音乐魔法——世界交响乐（全年）	采集大自然的声音	音频剪辑
	剪辑成乐曲	
	平台发布	
光影魔法——儿童微观自然摄影大赛（暑期7~8月周末营）	手机围观摄影培训	手机摄影
	营地围观摄影	
	上传手机摄影作品进行评选和奖励	
自然魔法——回归荒野夏令营	蔬菜辨识，食用方法学习	观星课堂，绘制星象图
	采摘蔬菜，动手制作野餐	
	负重远足，绘制远足地图	
	埋锅做饭，野外生火	
	露营术初体验	
	简易捕鱼工具制作	

表2   **乡聚公社追问五个为什么**

发现问题	对应的解决对策	再深入提问
一个老客户不来了	所以要分析他不来的原因	为什么他最近不来了
因为他最近老投诉，但是问题并没有解决	所以要分析他投诉的原因	为什么他最近老投诉
因为他觉得环境差了	所以要分析环境变差的原因	为什么环境变差了
因为乡聚农舍的北面养了一大群鸡	所以要分析邻居养鸡的原因	为什么靠着我们的农舍养这么多鸡
因为邻居急于想让住在乡聚农舍的客人看到他的鸡，并来买他的鸡	所以要分析邻居卖鸡的原因	为什么邻居急于想要卖他的鸡
因为邻居已经投入大量的资金，卖不掉这些鸡的话，今年会有严重的亏损	所以我们可以与邻居协商，在不影响农舍环境的前提下，共同卖鸡等农副产品，合作双赢	

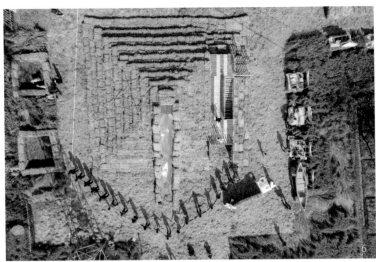

6.志愿者和嘉宾一起手拉手形成箭头造型，寓意大家共创乡村美好的未来（摄影：王远）
7.在金灿灿的乡聚实验田中聚餐（摄影：金笑辉）

篷，家长可以坐在里面看戏剧讲解，或参与烧烤、篝火晚会等户外的社交。

因为《黄粱一梦》这出戏剧，我们将本次乡聚实验田的主题定为"稻田戏剧"，并设计了与戏剧有关的悲剧与喜剧的图案，这是该次活动在稻田中呈现的造型。在观看戏剧之后还让现场的观众品尝到了戏剧里出现的黄粱米饭。

总而言之，这些活动的目的就像电影《遗愿清单》中的清单第一项：出于善意，帮助一个完全陌生的人。乡聚田园的主要目的就是为朋友及陌生人（来自城市的游客和建设村的其他村民）提供尽可能多的来自农田土地的快乐。

六、迭代实验

2016年开始的稻田迷宫是一次对乡聚公社意义重大的实验。通过这次实验，我们寻找到自己的方向，即：我们不是要做民宿，而是要进行一系列的乡村体验活动，聚焦在设计、艺术与乡村的结合上形成爆点。同时这也是一系列"产学研一体化"的实验，不仅对高校老师有教学科研的意义，而且对学生未来的职业发展也有着启蒙作用。

2017年的稻田剧场是继2016年稻田迷宫之后的第二次实验，因此我们希望尝试吸引新的目标客户，不再是高校的师生群体，而是我们身边对乡村有兴趣的朋友们，吸引他们到乡村来体验生活，实验的目的在于探索对乡村最有价值的活动到底是什么样子的。

2018年的稻田集市是乡聚公社第三次具有转型意义的实验，因为只通过口口相传就有200多人来参加活动。稻田集市对崇明本地的摊主而言，收获了不少热心的顾客，他们以后可以继续通过互联网进行网上销售；来玩的朋友则度过了一个温暖而悠闲的秋日周末，特别是那些玩疯了的小朋友们都爱上了这片与城市完全不同的乡村和水稻田。这次实验充分说明了乡村对城市人是有吸引力的，关键在于我们要发掘城市人的痛点，做出乡村的爆点。还有，我们对乡村的关注点始终着眼于乡村的人物，他们对人生的追求以及他们如何参与乡村振兴，如稻田婚礼就是特意为崇明建设镇的一对夫妇举办的婚礼仪式，这也是我们这次实验的最大收获。

2019年的乡聚·西建大大暑营造与2016年的稻田迷宫有一点类似，区别在于有更多的高校从不同的城市来到上海崇明岛与我们一起携手进行乡建实践，这体现了崇明岛作为乡村的实验示范区将有着重大的意义。同时乡聚农舍作为实践的基地是真实的乡村场景，有乡村的民众居住在附近，基地内有稻田、菜园、鸡舍、田埂、河流以及森林供高校师生结合创意来设计及营造，它能更好地为大学师生进行配套服务，包括请周边的厨师来做一日三餐的乡土农家菜、乡村创业者郁家俊及管家老贾的施工配合、当地乡土材料的采购以及施工人员的参与，这些综合因素都是乡聚公社的优势，也是吸引广大的高校师生前来进行设计营造的基础。

2019年乡聚·稻田摇滚是笔者首次介入音乐等艺术领域的实验。因为音乐、舞蹈等艺术形式对场地、设备等的要求较高，因此乡聚公社在前几年都不敢尝试，但这次效果还不错，这也鼓励我们要对新的方向进行大胆的实验。

七、运营管理

下面以崇明乡聚公社为例来进行追问五个为什么（5 Whys）（表2）。

我们发现最初的问题"一个老客户不来了"，通过追问"五个为什么"调查根源性原因是邻居养鸡离我们的乡聚农舍太近了，使环境变差，客就不愿意再来住了。对策是与邻居协商，在不影响农舍环境的前提下，共同卖鸡等农副产品，大家合作双赢。通过一段时间的运营之后，双方评估发现农舍的客人又回来住了，还顺手买几只鸡回去吃。这一模式可以延伸到与乡村其他邻居的合作，将这种模式"标准化"，如共同卖菜、崇明糕、崇明大闸蟹、白山羊肉等，把整个建设村的民众都带动起来，大家一起发家致富。

八、转型与坚持

2017年与2016年相比，乡聚公社的转型是不再以设计和建造作为乡聚实验田的主体，而是更强调"体验设计"，即以"为儿童做设计"作为实验田主题。在细节方面，我们更多地考虑如何节约成本，不断地优化方案。如与主题不太相关的东西或装饰基本都是浪费，一定要把它们都砍掉。

九、社会影响

近年来，乡聚实验田在欧洲国家的风景园林学会中获得了一些奖项，带来了越来越大的社会影响。除此之外，在中国的社交网络上，乡聚田园的活动视频、文章和照片的总浏览量已经超过了500万次。如2018年我们的稻田集市活动视频上网仅3天就突破100万的浏览量。在2018年11月的英国皇家风景园林学会颁奖礼（Landscape Institute Awards）上，乡聚实验田（Rice Garden）荣获杰出国际贡献奖（Dame Sylvia Crowe Award for Outstanding International Contribution to People, Place and Nature）。2019年乡聚实验田入选第22届意大利米兰国际三年展（主题为"破碎的自然——设计为人类生存"，Broken Nature: Design Takes on Human Survival），笔者受邀赴米兰参加中国馆的论坛演讲。2022年7月乡聚实验田荣获法国巴黎DNA设计大奖景观组-公园和公共场所、教育、社区和娱乐设施类荣誉奖。2022年10月乡聚实验田荣获美国纽约设计大奖景观设计—国际 Landscape Design – International 类别银奖，这些都是国际相关专业人士对乡聚实验田的认可。

十、对中国其他乡村的借鉴价值——人、场所、自然三者的和谐共生

人：建造乡聚实验田的工人是当地的村民。在每年的水稻收获季节，乡聚田园为他们提供了一个提高收入的机会，当地和城市的家庭也真正被吸引来参加这个活动。

场所：城乡之间的社区通过乡聚实验田很好地连接在一起。也就是说，在不破坏原有农田的前提下，以乡聚实验田的形式有效地促进了崇明建设镇的农业旅游。

自然：基于低干预和不破坏农田的原则，乡聚田园使用乡土材料和临时性的材料，如竹子、稻草和布等。

作者简介

俞昌斌，易亚源境创始人、首席设计师，上海乡聚公社联合创始人，美国景观师协会（ASLA）国际会员。

8.乡聚稻田笑脸（摄影：金笑辉）
9.乡聚稻田摇滚（摄影：金笑辉）
10.乡聚稻田宇宙（摄影：金笑辉）
11.乡聚公社的老宅周边环境及区位图（摄影：董垒）

未来世界遗产，山水艺术新镇
——景德镇陶大小镇策划实践

World Heritage Site of Future and New Town of Landscape Art
—Plan Practice of Jingdezhen Taoda Characteristic Town

戴立群　毕　涛
Dai Liqun Bi Tao

[摘　要]　在国家提出打造景德镇国家陶瓷文化传承创新试验区背景下，景德镇抢抓重大历史机遇，加快推进国家陶瓷文化传承创新试验区核心区建设。陶大小镇作为核心区引擎项目，如何利用转化本地多元资源，通过定位和功能创新来形成产业集聚是项目关键。本文从剖析陶瓷产业发展新趋势下陶瓷城市以及片区转型发展新思路出发，结合高校、生态等资源优势以及政策导向，提出陶大小镇的发展定位、产业体系以及发展策略。

[关键词]　陶瓷文化；总体策划；产业定位；发展策略

[Abstract]　In the context of the construction of Jingdezhen National Ceramic Culture Inheritance and Innovation Pilot Zone at the national level, Jingdezhen seized the major historical opportunities to accelerate the construction of the core area of the National Ceramic Culture Inheritance and Innovation Pilot Zone. As the engine project of the the core area, how to use and transform local multiple resources and form industrial agglomeration through positioning and functional innovation is the key to the project. Based on the analysis of new ideas for the transformation and development of ceramic cities and areas under the general development trend of ceramic industry, combining the advantage of resources and policy orientation, this paper puts forward the development orientation, industrial system and development strategy of Taoda characteristic town.

[Keywords]　ceramic culture; industrial system; development strategy

[文章编号]　2024-95-P-076

一、项目背景：千年瓷都被赋予新使命

2019年5月，习近平总书记视察江西时强调，"要建好景德镇国家陶瓷文化传承创新试验区，打造对外文化交流新平台"。2019年8月，国家发展改革委、文化和旅游部两部委正式印发《景德镇国家陶瓷文化传承创新试验区实施方案》，提出试验区的战略定位为"两地一中心"，即建设国家陶瓷文化保护传承创新基地、世界著名陶瓷文化旅游目的地、国际陶瓷文化交流合作交易中心；同时明确了加强陶瓷文化保护传承创新、推动陶瓷文化产业创新发展、发展陶瓷文化旅游业、加强陶瓷人才队伍建设、提升陶瓷文化交流合作水平5项重点任务。2020年，江西省委、省政府高位推动，成立试验区建设领导小组，出台《关于贯彻〈景德镇国家陶瓷文化传承创新试验区实施方案〉的意见》。

景德镇抢抓重大历史机遇，围绕"两地一中心"建设，重点打造36km²的"一轴、一带、五区、多点"核心区，以核心区建设推动试验区的整体提升。陶大小镇是"五区"之一，强调规划建设集陶瓷人才培养、陶瓷艺术创新、陶瓷科技研发、陶瓷文化交流、陶瓷创客创业为一体的功能区。项目位于景德镇浮梁县湘湖镇，距中心城区仅10km，以景德镇陶瓷大学（湘湖校区）产教融合创新平台为核心，布局教育培训、设计研发、科技创新、产业孵化、国际交流、商贸展销、休闲旅游等一体化功能，规划范围约10km²，项目采取政府引导、投资方牵头、多方参与、多团队协作的综合开发模式。

二、主动破题："瓷都"新一轮角色如何再彰显

1.昔日荣光：景德镇以瓷业主撑一城，历千年而不衰

景德镇素有"瓷都"之称，瓷器以"白如玉，明如镜，薄如纸，声如磬"著称。景德镇生产陶瓷历史悠久，肇始于汉唐，崛起于宋元，鼎盛于明清，绵延至当代。宋代以来，尤其是元明清三代，以青花为代表的景德镇瓷器长期以来远销世界各地，风靡全球市场，奠定了古代"陶瓷之路"的基本格局。景德镇以陶瓷立市、以陶瓷兴市、以陶瓷荣市，是唯一一个因陶瓷而繁荣千年的城市。20世纪五六十年代，景德镇集中建设"十大国营瓷厂"，形成瓷器批量工业化生产模式。改革开放以来，景德镇陶瓷产业曾经以全省4%的人口贡献了全省20%的财政税收，为景德镇乃至江西省的经济发展作出了重要贡献。

2.亟需转型：城市与产业面临双转型，"瓷都"路在何方

景德镇陶瓷产业在20世纪末发展逐渐减缓，尤其是国营十大瓷厂改制以后，景德镇陶瓷产业再难以单一产业带动整个城市的快速发展。2009年3月，景德镇列入国家第二批资源枯竭型城市，标志着以资源为主导的旧瓷都时代终结。多年以来，景德镇经济总量及财政收入等指标均在江西省各地级市中处于末位，经济增速低于全省平均水平。

在陶瓷产业发展方面，景德镇与佛山已形成较大差距，2021年佛山的陶瓷行业产值已超过1700亿元，而景德镇仅有516.2亿元，全国十大陶瓷品牌有6家位于佛山，仅1家位于景德镇。景德镇陶瓷产业转型升级刻不容缓，其对景德镇经济规模及质效的提升，江西省文化强省战略的推进等都具有深远意义。

当前景德镇陶瓷产业主要以陈列的艺术陶瓷和日用陶瓷为主，先进陶瓷、创意陶瓷、建筑卫生陶瓷占比不高，亟需大力挖掘景德镇陶瓷文化的软实力，并充分依托高校、科研机构等创新主体，推动"陶瓷+"发展模式，促使陶瓷产业与高新技术、创意、文化、旅游等有机结合，再现景德镇陶瓷产业的辉煌。

3.产业趋势：陶瓷产业多足鼎立，大国角色应如何体现

纵观全球，中国在陶瓷艺术、先进陶瓷等陶瓷产业领域角色弱化。从陶瓷艺术来看，中国陶瓷虽源远流长，对欧洲和日本陶瓷艺术产生深远影响，但工业革命和现代科技推动欧洲陶瓷产业迅速发展，明治维新后日本陶瓷也迅速崛起，两地后来居上，法恩扎国际陶艺竞赛展作为陶瓷艺术界的国际级展览赛事，至今已成功举办60届，日本美浓国际陶艺竞赛作为国际公认的陶艺竞赛，已连续举办12届，成为陶瓷艺术界品牌盛会。

从先进陶瓷产业发展来看，因先进陶瓷作为先进材料，应用领域广泛，是世界主要国家战略布局重点，日本先进陶瓷产业发达，占据陶瓷粉末全球市场约65%，日本堺化学、日本化学、日本富士钛、日本共立、日本东邦等先进陶瓷龙头企业集聚，美国占据陶瓷粉末全球市场约20%，Ferro公司是仅次于日本堺化学的全球第二大陶瓷粉末供应商，中国在陶瓷粉末领域的市场份额仅为10%左右，角色总体较弱。

三、系统解题：片区核心资源如何释放动能

1.景德镇陶瓷大学资源

景德镇陶瓷大学（以下简称"陶大"）学科、人才、平台资源优势明显。陶大是中国唯一一所以陶瓷命名的多科性大学，是全国首批31所独立设置的本科艺术院校之一，特色鲜明，能级高，行业号召力强大。陶大新校区（湘湖校区）落位于基地内，且已成为陶大发展的主阵地。陶大设计、美术等专业学科国内领先，在教育部全国第四轮学科评估中，"设计学""美术学"2个学科位列全国第十、江西省第一，"材料科学与工程"位列江西省第二。

此外，陶大专业人才资源丰富，从1958年至今，陶大累计培养了6万余名从陶瓷材料、产品设计到企业管理的全产业链的创新型、复合型、应用型高级专门人才，深刻影响着中国陶瓷业的发展，形成了独特的"陶院现象"，陶大校友群体是陶大小镇的重要助力。同时，陶大作为中国陶瓷领域的代表性机构，响应国家"一带一路"倡议，学校与美国、英国、韩国等国20多所高校建立了校际友好关系，搭建了多个中外学习交流平台。

2.山水资源

生态山水资源丰富。浮梁县生态条件为全省最

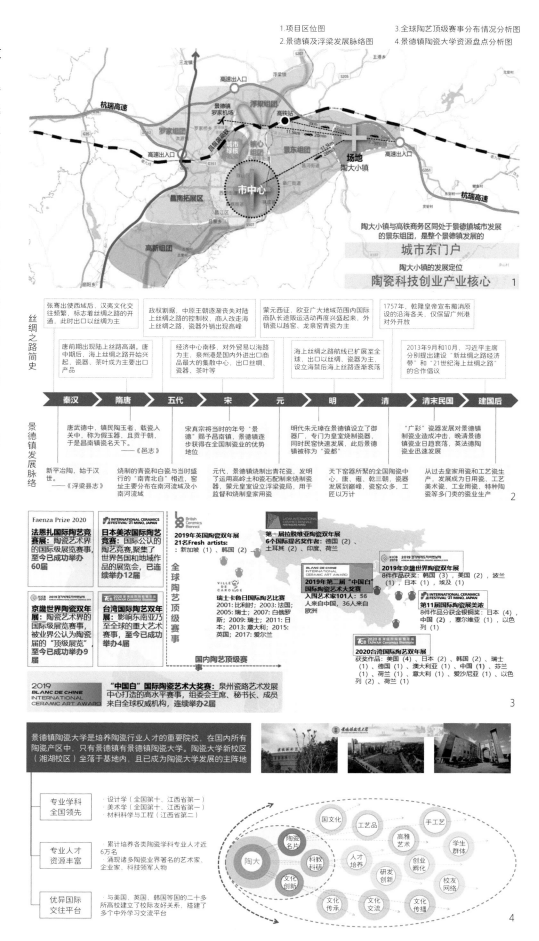

1.项目区位图　　2.景德镇及浮梁发展脉络图　　3.全球陶艺顶级赛事分布情况分析图　　4.景德镇陶瓷大学资源盘点分析图

图例
1 小镇广场
2 文化产业中心
3 数字金融中心
4 国际交流中心
5 云·艺术时尚街区
6 陶大职教园
7 K12国际学校
8 自然绿廊
9 滨水文化公园
10 陶大创新广场
11 陶大门户广场
12 陶大休闲商业绿廊
13 互联网医院
14 滨水休闲公园
15 欧阳敏陶瓷双创基地
16 生态疗养中心
17 社区生活馆
18 未来图书馆
19 中小企业文创园

5.陶大小镇总规划平面图

佳，空气、水质量优良。境内西北部属黄山余脉，东承接怀玉山余脉，全县森林覆盖率位于全省前列，2016年，浮梁县被评定为国家生态县，2017年，景德镇市生态环境质量状况排名全省第一，浮梁县评价为全市最高，2018年，景德镇市地表水指数在全省排名第二，水质优良率为100%。

基地生态格局优异，山水田林资源丰富，湘湖镇境内为丘陵地带，东北山势较高。基地位于南河中下游谷地，地势相对平缓，全镇森林覆盖率71%。基地邻近国家级湿地公园玉田湖湿地公园，水面规模类似湖泊，湖中有岛，岛上有林，现已发展为景德镇市内知名的风景区之一。同时，基地内部也有一水库，库区层峦叠翠，碧浪倚涟，自然风景较好。昌江、南河、东河三条水系和农田零星交错分布于山间盆地，盆地地势较为平缓，优越的生态环境将为陶大小镇文化艺术再创新赋予强劲的生命力。

3.文旅资源

文化旅游资源富集。浮梁作为瓷之源、茶之乡，瓷茶传承千年，成就了"江西浮梁、瓷韵茶乡"之美誉。基地所在的南河流域作为景德镇陶瓷文化的发源地，与山水融合发展历史悠久，周边分布着皇窑、珠山东市、进坑、盈田窑、兰田古窑等多处文化旅游景点，与浮梁古县衙、瑶里风景区仅一步之遥。其中，皇窑景区为国家4A级景区，占地210多亩，以演绎历代皇家御窑制瓷技艺为核心内容。兰田古窑作为唐末窑址遗存，推进了月山体系青白瓷的发展，在技术、艺术、匠作、资源等方面夯实了景德镇成为世界瓷都的基础，深厚的陶瓷文化底蕴为陶大小镇文化艺术发展赋予更为丰富的内涵。

同时，浮梁作为"茶之乡"，位于北纬30°"黄金产茶带"，其地理环境、气候、土壤等生态优势利于茶叶生长，唐代时期，浮梁就成为全国茶叶加工和贸易中心，清朝时期，浮梁茶叶向红茶转型，民国四年，浮梁红茶在首届"巴拿马太平洋万国博览会"夺得金奖，如今，境内茶园遍布山坡、丘陵，茶叶产量占全市茶叶产量比重可达90%以上，是区域的主导产业之一，也是重要的文旅资源。

四、创新实践：浮梁陶大小镇如何谋划发展

1.产业体系：构建"2+2"陶瓷创新产业功能体系

（1）发展逻辑

项目紧扣景德镇陶瓷大学核心资源，围绕陶瓷艺术名片再放大、科教创新链条再延长、文化交流功能再创新，强化陶大资源与功能的多维度、深层次演绎与拓展。同时通过激活片区历史人文、山水生态等资源，以及针对性导入创新、产业和平台资源，带动片区整体发展。陶大小镇将创新演绎"CERAMIC（陶瓷）"，一方面围绕陶瓷文化的"传承（Inheritance）""创新（Creation）"及"传播（Communication）"，另一方面围绕陶大小镇的"体验（Experience）""乐活（Amusement）"及"栖居"（Residence），打造"未来世界遗产，山水艺术新镇"，形成"千年瓷都产业新港、百年书香明伦厅堂、十里山水诗意画廊"新风貌、新形象。

（2）产业体系

项目重点打造以"创新经济（陶大科创）+研学经济（陶耕研学）"为两核、"文化旅游（游）+配套服务（服）"为两翼的"2（核）+2（翼）"陶瓷创新产业功能体系。其中，"创新经济"核围绕陶大科创、新兴产业两大产业功能，涵盖科创平台、工业设计、工艺研发等领域；"研学经济"核围绕教育、文化两大产业功能，涵盖职业教育、教育培训、研学教育、文化展示、国际交流等领域。"文化旅游"翼重点打造文化体验、旅居休闲、生态康养、旅游综合体等功能组团。"配套服务"翼重点打造主题商业、品牌教育、医疗服务、文体设施等功能组团。

2.功能板块：教育、文旅"双轮驱动"形成四大功能板块

（1）驱动模式

项目一方面重点放大教育名片，针对性导入教育资源，打造教育主题片区，另一方面依托生态文化本底，打造主题式文旅目的地，形成教育、文旅"双轮驱动"。通过积极导入"一带一路"国际化资源以及文化艺术、教育、旅游等高端产业资源，重点面向全国乃至全球的文化艺术客群、创新创业客群、教育客群、旅游客群等，以多元新兴业态覆盖宽领域、多元化市场。

（2）功能板块

功能板块上，陶大小镇整体形成陶大慧谷、丝路新港、乐活学园、陶耕文旅四大片区。项目围绕陶大科创功能的延伸，打造"陶大慧谷"，形成环陶大创新服务集成区；围绕片区新兴动能的植入，以陶瓷新动能（陶瓷国际化）以及产业新动能（新产业新业态）为重点，打造"丝路新港"，形成"陶瓷+"产业示范区；围绕片区教育功能的叠加与创新，以陶瓷职业教育和高端教育配套为重点，打造"乐活学园"，形成多元共享活力区；围绕片区山水生态资源的再放大，以研学主题、非遗传承、互动体验为重点，打造"陶耕文旅"，形成研学旅游体验区。

（3）核心项目

"陶大慧谷"围绕陶瓷产业链条，聚焦前沿技术、人才培训及创新孵化，形成国际陶瓷大学科技园、陶大青年创客营、国际陶瓷人才实训基地、文化休闲中心四大项目组团，包括陶瓷创客孵化园、特种陶瓷联合实验室、陶瓷文献研究中心等核心子项目。"丝路新港"聚焦文化创意、文化交流、交易服务及商业场景体验，形成丝路客厅、国际文化交易中心、艺文生活集成地三大项目组团，包括小镇数字馆、瓷源艺术酒店、陶瓷艺术品交易中心等核心子项目。"乐活学园"聚焦人的知识需求、休闲需求及文创需求，形成国际职教园、艺文部落、未来社区邻里生活场三大项目组团，包括中小企业文创园、艺术家村落、陶然山居等核心子项目。"陶耕文旅"聚焦打造新山水、新文旅，形成研学教育、秘瓷寻根、休闲山庄三大项目组

图6

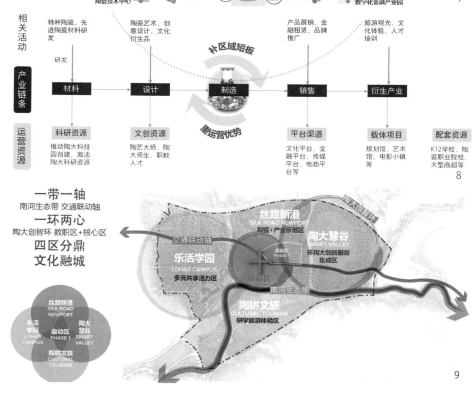

图7

图8

图9

团，包括陶耕研学主题营、浮梁非遗传承中心、瓷文化互动体验馆等核心子项目。

（4）乡村田园片区

在本项目策划过程中，陶大小镇东侧的乡村田园片区被列入后续开发计划。小镇东侧主要有兰田村、双凤村、玉田村、西安村等村落，村落内沟渠纵横，土地肥沃，山水田园景致较好，以种植业为主，村落内零散分布陶瓷手工作坊。

在发展思路方面，建议四个村结合现有经济作物、设施农业等产业基础，分别突出瓷、渔、竹、茶特色，推进"一村一品"发展。同时推进各村与高校的合作，根据特色主导产业对接相关高校，借助高校资源发展科技农业及观光农业，延长农业产业链条。此外，重点聚焦区域文化传承功能，发挥山水田园生态的资源优势，规划手工陶瓷作坊集聚区，吸引陶瓷手艺人，打造陶瓷文化传承区。通过激活乡村既有资源，高校、陶瓷企业和陶瓷科研机构可以在乡村合作设立陶瓷工艺实践基地、陶瓷技术研究平台等。

3.发展策略：资源链接—试点申报—片区运营全链式发展

（1）资源链接

项目围绕陶大小镇"2（核）+2（翼）"产业发展方向，引进相关企业。创新经济方面，以构建"陶瓷+"产业链为方向，重点招引文化艺术机构、艺术品交易机构、电商平台、创新企业、文创企业等。研学经济方面，以科教创新产业链为方向，重点招引职业院校、培训机构、教育品牌、研学运营机构等。同时，围绕"材料—设计—制造—销售—衍生产业"的链条，注重相关资源储备与筛选对接。

（2）试点申报

项目围绕特色小镇、文旅研学、创新创业、产学研合作等方向，积极通过国家级、省级重点专项试点申报，促进科教、研学、创新、文旅多维度发展。文旅研学方面，可积极申报全国研学旅游示范基地、"一带一路"文化产业和旅游产业国际合作重点项目、省文化和旅游产业融合发展示范区（点）、省文化产业示范基地等，如以陶耕文化体验为核心，推进全国研学旅游示范基地申报，充分利用盈田古窑址、皇窑景区等旅游资源，并结合周边生态田园优势，推进研学营地规划及方案设计，对照《研学旅行服务规范》等政策，做好旅游服务配套设施和旅游基础设施建设，引入研学旅行运营企业，以参观游览、手工制瓷、田园劳作为主要活动内容，开设相关体验课程及主题线路。创新创业方面，可积极申报国家级双创示范基地、全国创业孵化示范基地、省级大众创业万众

创新示范基地、省大学生创新创业示范基地、省级创业孵化示范基地等。

（3）片区运营

①体制机制保障

一是建议对接景德镇国家陶瓷文化传承创新试验区管理委员会获批设立，协调推动下设陶大小镇管理局，围绕陶大小镇的规划建设、招商引资、平台打造和政策申报等，形成陶大小镇开发建设在政府层面的统一归口。二是建议成立由浮梁县政府、湘湖镇政府、景德镇陶瓷大学、企业四方构成的小镇开发建设委员会，挂靠陶大小镇管理局，由委员会讨论制定开发建设过程中各方的责任事项，并负责协调小镇开发建设过程中遇到的各项问题。其中，县政府主要负责统筹建设指导、政策申报协调、土地资源保障、行政审批保障等；镇政府主要负责拆迁安置协调、村民就业协调、政府事务配合等；陶瓷大学主要负责学生就业创业支持、创新资源产业化支持、校友产业资源对接等；企业主要负责开发建设、产业资源导入、合作伙伴招引等。三是建议组建陶大小镇产业联盟，推进小镇招商及企业资源共享。

②客群提升策略

一是提升渗透率，加大客源市场开发力度，重点针对研学教育客群，与知名教育集团合作，打造其全国研学基地；充分利用媒体进行品牌宣传，结合抖音、腾讯微视等门户App，以及OTA、小程序、公众号推送等渠道，吸引陶瓷文化爱好者。二是提升重游率，主抓旅游产品创新，强调个性化和体验感，增设互动式游乐项目，利用VR技术等打造旅游新场景；充分利用启动区公共场馆资源及南河资源，培育消费新时段，营造特色夜景带，并推动增设相应时段公交班次，打造夜游、夜购、夜娱等夜间消费产品。

③小镇主题形象打造

一是通过富有陶瓷特色的IP主题研发和整合营销，提升陶大小镇品牌知名度，辐射带动"陶瓷文化+"相关的旅游、商业、教育等产业发展。以陶瓷为主题设计高度拟人化的IP形象，赋予鲜明个性特征，同时通过传统陶瓷的品牌重塑开展文化衍生品研发。二是通过陶瓷时尚+文化演艺+视觉艺术+主题论坛等品牌活动与小镇节庆，打造全域、全景、全时丰富业态，从而点燃小镇的活力。三是借助研学旅游等特色主题游，开展对陶瓷文化传承、陶瓷材料、制瓷工艺等方面的探索研究，链接知名企业与产业联盟等，整合相关高校与科研院所资源，从陶瓷文化传承和展示，到陶瓷产品的制作和销售，再到特色文化衍生品的开发，提升小镇显示度与影响力。

五、项目总结

在景德镇国家陶瓷文化传承创新试验区建设背景下，景德镇围绕"两地一中心"，打造"一轴、一带、五区、多点"核心区，陶大小镇作为"五区"之一，强调规划建设集陶瓷人才培养、陶瓷艺术创新、陶瓷科技研发、陶瓷文化交流、陶瓷创客创业为一体的功能区。

本项目遵循"破题—解题—答题"思路，推进项目策划实践。在破题层面，通过历史发展脉络梳理与产业趋势分析，提出"瓷都"面临城市与产业双转型的压力，亟需紧抓试验区建设战略机遇，彰显自身角色与使命担当。在解题层面，通过系统梳理陶大资源、山水资源、文旅资源等，提出项目如何依托片区核心资源释放发展新动能。在答题层面，通过策划创新实践，从发展逻辑、驱动模式、产业体系、功能板块、发展策略等维度深入剖析陶大小镇如何谋划发展。

（本项目由远博志城公司牵头，感谢EDSA规划设计团队对项目所作贡献。）

参考文献

[1]黄弘，王钰华，陈俊，等.景德镇陶瓷产业转型升级对策研究[J].陶瓷，2022(5)：78-83+87.

[2]李晴，王若晨，王会战.非物质文化遗产与旅游融合发展助推乡村振兴模式与路径初探——以澄城尧头陶瓷烧制技艺为例[J].新西部，2022(5)：92-94.

[3]万健婧，闫宁宁.景德镇陶瓷产业现状及对策分析[J].商业经济，2022(1)：47-49.

[4]屈继元，易龙华.立足陶瓷特色，打造旅游品牌——县级"非遗"+旅游融合发展模式初探[J].陶瓷科学与艺术，2021，55(3)：8-9.

[5]黄弘，张诚，许德.我国陶瓷特色小镇发展分析研究[J].中国陶瓷，2020，56(8)：87-93.

作者简介

戴立群，上海远博志城经济咨询有限公司咨询总监；

毕　涛，上海远博志城经济咨询有限公司高级项目经理。

与青草一起奔跑、运动于山水之间
——以武汉龙山湖公园之"近自然景观"与"运动活力场"叠加风貌设计为例

Running with the Grass and Moving Between the Mountains and Rivers
—Taking the Overlapping Landscape Design of "Near-Natural Landscape" and "Sports Vitality Field" in Wuhan Longshan Lake Park as an Example

顾霞霞
Gu Xiaxia

[摘　要]　本文以武汉龙山湖公园的"近自然景观"与"运动活力场"叠加风貌设计为例，阐述了其中的山水、地形、植被与动物，以及人的存在、行为与精神状态，描绘了"与青草一起奔跑、运动于山水之间"的郊野公园独特的场景与风貌。

[关键词]　尊重保育；运动休闲；近自然；郊野公园；山水交融

[Abstract]　Based on the overlapping landscape design of "near-natural landscape" and "sports vitality field" in Wuhan Longshan Lake Park, this paper expounds the landscape, topography, vegetation and animals, as well as the existence, behavior and mental state of people, and describes the unique scene and landscape of country parks that run with grass and move between mountains and rivers.

[Keywords]　respecting conservation; sports and leisure; close to nature; country parks; integration of mountains and rivers

[文章编号]　2024-95-P-081

一、项目背景

1.项目区位

本项目位于湖北省武汉市东南部，隶属武汉东湖国家自主创新示范区，西侧是高校园区，南侧是武汉科技城，西侧为武汉绕城高速，邻近九峰森林公园，周边环境较好，地理位置优越。建设范围约34万m²（其中龙山水库水域面积约10万m²）。基地西南侧、东南侧山脉海拔不高，多为缓坡山地为主，丰富的植被为基地提供优美的视野、宁静的周边环境、良好的空气质量。局部山体高达75.5m，可俯瞰整个新城全景。龙山湖由周边山体汇水而成，它独特的山水关系是一大景观特色。

2.基地特点分析

基地特点有以下三个方面。第一，水源地的保护，这决定了龙山水库的持续发展和龙山溪流域湿地景观的成败。第二，现存破损山体的修复，决定了对城市景观的影响和对公园景观的控制。第三，不同特色的山体、湖面、溪流与人的活动如何和谐相处。

二、设计定位

我们把公园总体定位为可持续的，集生态、野趣、休闲、运动为一体的郊野性公园，创造山水相依、生机盎然、活力丰饶的区域内生态"滤芯绿肺"。同时导入复合邻里、梯级景园、活力界面、多样生境，文化嵌合等多重创新性的设计手法，努力打造出"近自然景观"与"运动活力场"相结合的景观风貌。

三、风貌特色

风貌特色，主要有两个方面的叠加：一是"近自然景观"，强调自然要素的集合与展现。二是"运动活力场"，强调人的参与、行为和风景。

1.近自然景观

主要聚焦于公园的山水关系、地形结构与植被群落的总体风貌。风貌是公园外在的显现，但更是公园内在结构的一种外化。本公园体现的近乎自然的特点，主要基于以下三个维度的分析考量。

（1）尊重与保护

保护自然本底，保护基地的原有生境，这是设计的基本原则，尽可能少地去扰动自然也是顺应自然规律的正确选择。比如，现场山体上有杂木林（喜树、青冈栎、枫香等树种），林分稳定，林相普通，天际线具有一定观赏性。设计中尽可能保留现场的自然植被，仅仅在山顶增加了部分高大直立的速生乔木，烘托地形的起伏与高耸效果，产生了丰富的山体林冠线的变化。

（2）优化与改造

建设过程中，对自然的保护是"让自然做功"，可以有效降低工程建设成本、减少能耗，符合绿色建筑LEED的指导方向。比如，在保存山体主体植被的同时，我们只是在山脚一带，与游客有接触的边缘位置，做了原有林木的梳理和清除，同时再做了提升和完善。一是注意安全无毒，二是注意美观多花与季相绚丽，三是质感细腻、有利于使人产生亲近感。具体增加了连续展开的斑块状花镜配置，比如大花萱草、山茶、蜀葵、细叶芒、金边胡颓子、花叶美人蕉、金丝绣线菊等。"适地适树"的植物被实践运用，同时也有效控制施工成本，是一个多赢的策略。另外，利用现场山体地形，合理设置壁球场及攀岩活动运动场地。

（3）成本与持续

自然形成的植物品种、群落和生境才是最稳定、最成熟和最有生命力的。这种"近自然"的风貌所体现的山与水、山水与植物、植物内部群落与结构的特征，是最优的自然之解。稳定多样的山水植物生境结构所呈现的近自然风貌，有利于形成良性的群落自我演替与更新的内生性机制，强化了自持力，这对于公园未来的维护与运营成本而言，也是相对最低的。

2.运动活力场

包括人和动物，当然更加突出的是人的存在、人的行为、人的精神风貌。

（1）正如茅盾《风景谈》中表达的——运动的人，健康的人，活力的人的存在，本身就是一幅最美的风貌，最好的风景。致力于创建一个供孩子们奔跑，供成年人运动，供老人健身的活力动感空间，表

1.总平面图　　3.林中骑行效果图
2.攀岩效果图　　4.栈桥漫步效果图

图例
① 公园主入口
② 公园管理用房
③ 停车场
④ 开敞式运动草坪
⑤ 观景平台
⑥ 风筝蔬林草坪
⑦ 密林休闲
⑧ 观演台
⑨ 壁球运动场
⑩ 树阵广场
⑪ 攀岩运动
⑫ 塑胶活动场地
⑬ 网球场
⑭ 篮球场
⑮ 运动场管理用房
⑯ 康疗花园
⑰ 景观彩虹桥

1

达主题为"与青草一起奔跑、运动于山水之间"。

通过调查显示，使用人群分析和需求主要是新城居住人员、旅游度假访客、办公商务人员等几类，活动项目以散步、慢跑、篮球、羽毛球、打拳练操、半场足球等项目为多。

规划层面引入"Sports Park"的运动活力概念，道路系统层面打造自行、"半马"、慢跑系统、健身场地等方便游人在公园中休闲游览、运动健身、团队拓展等。绿地系统层面多留草坪空间，结合高低起伏的地形设置滑草、草坪剧场等运动场。

（2）动物的生境和活动，也是精彩活泼的一幕。龙山湖内部分区域打造成类湿地形式，为鱼类鸟类等各种生物提供繁衍生息的区域。水生植物涵养了水生动物，水生动物养育了鸟类，茂密的树林为鸟类飞禽动物提供了栖息地。这样建立了自然循环的食物链系统，建立了一幅生动活泼的动物生态风貌画卷。

四、景观总体设计

1.总体布局设计

景观总体上以湖为中心和主体，以山为依托和支点，整体路网绕山环水，环环相扣，不蔓不枝，气韵流动，最终将杂草丛生的荒山野岭和山间水库，打造提升为集生态保育、海绵城市、运动休闲，游览观赏为主题的开放式绿色公共空间。

在整体布局上的"曲线、自然、柔性美"与局部场地的"方正、秩序、刚性美"两者的对立统一中达到和谐，打造自行车系统、人行步道系统，活动场地等，方便游人在公园中游览、健身，同时使整个公园串联成一个有机体，使公园各项设施功能充分发挥。

2.景观功能分区

根据总体布局，公园分为入口广场区、环湖游憩区、山体活动区、林中漫步区以及活力水岸区五大分区。

3.竖向地形设计

观竖向设计基于设计理念，并满足景

观分区和景点设置的要求。同时，在绿化中根据场景和空间关系，进行堆坡造景，形成移步易景的空间感觉。水边缓坡舒适，步道间则跃动起伏，在景观场地高处更是丘壑连绵，使得公园的地形地貌丰富多姿，给人时而灵动跳跃，时而层峦叠嶂的视觉享受。

4.海绵城市设计

梳理好公园与水系的关系，建立好"雨水花园—雨水森林—雨水循环再利用"的雨洪管理结构，建构好良性、安全与高效的山水林田湖草的大结构关系。通过大量采用海绵城市设计元素，实现雨水的自然积存、自然渗透、自然净化。其中，部分游步道全部采用透水混凝土，在暴雨天，雨水透过路面渗入网沟，部分被土壤直接吸收，大部分则被排至龙山湖内，满足公园内自身的水需求。

五、分区节点设计

1.入口广场区

为入口两侧景观绿化提升，考虑梯形草坪+榉树树阵形成空间骨架，局部通透，突显两侧背景景墙，适当留白，给人轴线通廊开阔的视觉感受。由于本次改造着重铺装与绿化提档升级，在节约成本、时间与损耗的基础上，保留现状苗木，通过榉树树阵，新旧素材结合，增加广场人群等候区域的空间序列、单元分割、视线流动以及文化属性提炼，为入口增添景观张力、活力与生命力。

活动策划：休闲娱乐、广场舞锻炼、林荫小坐。

2.活力水岸区

山脚下，占据情景中的时间和空间，褪去都市中的忙碌和迷惘，享受乡野中的自由和闲趣。一动一静。从爱美到爱善，对浮夸的现实节奏进行一次生态洗礼，提倡生态低碳型生活节奏，共同尊重和呵护自然，坚持可持续性有机发展。

活动策划：市民休闲、健身娱乐、游赏集散、广场舞锻炼。

3.山体活动区

位于公园西侧区域，一条蜿蜒的健身步道，被人工夷平的山顶，整合出一片活动集散广场；水岸山脚边，垂直的山体改造为户外攀岩墙体。原有山体经保护和修复后成为户外体能拓展的理想场所，人类的生命力壮美，宛如一串音符，跳跃于立体的多层次的山体之中。在这里，保留的山体成为一种精神寄托而非对自然征服的欲望。

活动策划：攀岩运动、壁球运动、广场舞、林间休憩。

4.林中漫步区

在茂密的树林之间，感受自由自在、无拘无束的户外散步休闲空间。深呼吸做一个氧气Spa，远离城市雾霾。亲近自然，亲近涓涓不断的河流。

活动策划：林间休憩、草坪活动、林间漫步。

5.环湖游憩区

水岸边，草坪活动广场开阔的阳光草坪，一种衍化中流淌的延续，流畅地表达场地的特征，孕育出歌曲般的肌理，成为市民户外集散的主要活动场所，享受都市"市、野"的和谐空间，鼓励每个人走进户外。

活动策划：游船活动、休闲活动、风筝、林间漫步。

六、植物专项设计

1.植物景观构成

上层植物——树荫遮阳，骨架支撑，绿色背景；
中层植物——观花观果，主题鲜明，阻隔空间；
下层植物——品种丰富，色彩斑斓，亲近自然。

2.种植手法与风格

疏林草地，连片花海，自然清新，朴实野趣的风格。

3.设计原则

（1）适地适树原则

选择当地的乡土树种为主，提高植物多样性、成活率和成景效果。

（2）植物生态原则

注重常绿植物、观叶植物、观花植物的结构搭配。定性定量地对植物进行科学分析，通过合理配置乔、灌、草比例，达到植物复层式群落结构、生态效益的最优化。

速生树种与慢生树种相结合，注重当前景观效果

的同时兼顾长远发展。

（3）四季有景原则

设计时考虑的季相景观，选择不同季节开花的开花乔木和花灌木穿插种植，形成四季景异的景观。

（4）集约型原则

充分发挥植物自身形态、线条、色彩等自然美，严格控制修剪型植物的使用，避免色块的运用，减少后期的养管成本，建造集约型绿色景观。

4.绿化造景风貌

根据龙山公园位置和服务对象，营造自然野趣的植物风格，舞飞扬之动感，演绎自然之韵律、植物景观体现野草之美。

5.植物景观风貌

（1）金色飘落

此处种植落叶乔木银杏，形成秋天独有的"夕辉余照下，满地金黄色"美景。

（2）柳曳舞絮

湖边种植垂柳与各种观赏草，如芦苇、矮蒲苇等形成柳叶絮花飞舞的灰度与黄晕融合的诗意景象。

（3）海棠报春

在主入口两侧，主要以蔷薇科的开花植物为主，形成春天红色与粉色系的浪漫气息。

（4）花锦世界

红紫迎人，真是锦绣乾坤，春季万物复苏，百花争其开发。

（5）康疗花园

具有康疗性的植物为健身运动者提供良好的天然环境，这里不仅有绿色的植物、清新的空气，更有人们锻炼时矫健的身影。

（6）蒹葭蕴露

所谓蒹葭苍苍，白露为霜，蜿蜒曲折的小溪两侧是水生植物的天地。

（7）茶韵芬芳

搭配周围常绿植物，种植冬天盛开的茶梅，为素装银裹的冬天带来一抹亮眼的红色。

（8）湖影梅坡

梅花为武汉市花，保留原来的小山坡，根据梅花的生理特性，在此种植大片各品种梅，与两侧的海棠报春结合，形成春天花海的氛围，同时形成"樱花在武大，梅花在龙山"的理念。

七、结语

本项目尊重原有场地要素，秉持场所精神的延续，科学梳理与构建了拥有山体与湖泊、岸线与植被、运动与休闲功能的全新城市绿色公共空间，把山体绿心、亲水空间、运动单元和湿地岛链都完美地融入项目。近自然的园林风貌与植物配置、生态群落与品种选择，充分结合了山体、湖泊、湿地、溪流等生境。运动活力场，包括人和动物的存在、生态系统与整体精神风貌，又为项目注入了极大的生命活力。项目建成后，深受业主与市民的好评与喜爱，这也为"百湖之市"的武汉未来打造更多山水林湖草交融的自然郊野山地公园提供了成功示范。

参考文献

[1]朱祥明, 王东昱. 现代大都市与体育休闲公园[J]. 上沀建设科技,2004 (2): 50-51.

[2]黎宏飞. 浅议现代城市体育休闲公园规划——以南宁市体育公园概念规划为例[J].广西城镇建设, 2006 (11): 101-103.

[3]张倩, 周建华. 城市体育休闲公园规划设计研究——以重庆市渝北区鹿山公园为例[J]. 南方农业, 2011 (2): 22-26.

[4]赵丹. 关于美国体育公园的研究[D]. 苏州: 苏州大学, 2010.

[5]李子璇, 孙奎利. "大美隐于市"——基于文脉延续的郊野公园场所精神营造[J]. 城市建筑空间, 2022, 29 (S2): 5-7.

[6]丁佳巍. 上海青西郊野公园周边开放休闲林地建设策略探析[J]. 上海建筑科技, 2022 (5): 81-83+87.

[7]杨帆, 秦建中. 郊野公园景观营造探析——以杭州铜鉴湖大道配套工程(云栖公园)建设为例[J]. 中国园林, 2022, 38 (S1): 35-38.

[8]朱祥明, 孙琴. 英国郊野公园的特点和设计要则[J]. 中国园林, 2009, 25 (6): 1-5.

[9]徐晞, 刘滨谊. 美国郊野公园的游憩活动策划及基础服务设施设计[J]. 中国园林, 2009, 25 (6): 6-9.

[10]陈敏, 李婷婷. 上海郊野公园发展的几点思考[J].中国园林, 2009, 25 (6): 10-13.

[11]李轶伦, 朱祥明. 上海郊野公园设计与建设引导探析[J]. 中国园林, 2015.12.10.

[12]庄伟, 段玉侠. 郊野公园植物多样性的生态恢复与重建——以上海滨江森林公园为例[J]. 风景园林,2019, 31 (12): 61-64.

[13]臧彤, 葛笑, 王石麟. 乡土树种在上海浦江郊野公园景观设计中的应用[J]. 现代园艺, 2022, 45 (12): 144-146.

作者简介

顾霞霞，同济大学建筑设计研究院（集团）有限公司项目经理，风景园林高级工程师。

基于数据分析的城市色彩管控体系构建探索
——以沛县中心城区重点区域色彩规划为例

Methods of Urban Color Control System Based on Data Analysis
—The Case of Peixian County Central City Key Area

张迪昊　白雪莹　薛茸茸
Zhang Dihao　Bai Xueying　Xue Rongrong

[摘　要]　城市色彩作为城市空间品质的重要承载，越来越受到人们的关注。然而，当前城市色彩推荐色谱过于宽泛、实施效果不理想等问题，限制了城市色彩规划的发展。本研究以沛县中心城区重点区域色彩规划为例，尝试从色彩采集、色谱分析及色彩规划管控对象分层传达三个方面着手，理顺色彩采集与色谱分析的逻辑关系，细化色谱取值范围，优化色彩管控体系，提升色彩规划的科学性和可操作性，促进色彩规划的落地实施。

[关键词]　数据分析；色彩管控体系；色彩框架

[Abstract]　As an important carrier of urban space quality, urban color has been paid attention. In view of the current problems such as broad color recommendation chromatography and unsatisfactory implementation effect, this study takes the color planning of key areas in the central urban area of Peixian County as an example, attempts to clarify the logical relationship between color collection and chromatographic analysis from three aspects: color collection, chromatographic analysis and layered communication of color planning control objects, and further refines the range of chromatographic values to optimize the color control system. Improve the scientific nature and operability of color planning, and promote the implementation of color planning.

[Keywords]　data analysis; color control system; color frame

[文章编号]　2024-95-P-084

本研究获得上海同济城市规划设计研究院有限公司课题"城市色彩精细化规划方法研究"资助（项目编号KY-2022-YB-A02）

党的二十大报告强调推动绿色发展，建设美丽中国。城市色彩作为城市特色的体现，对于彰显城市个性，构建美丽中国具有重要作用。自20世纪90年代以来，我国已经逐渐开展了城市色彩的实践和相关研究[1]，但是规划实施效果不甚理想。因此针对城市色彩管控体系的进一步研究和探索，提升城市色彩品质，具有重要的必要性及意义。

一、色彩规划现状

1.色彩规划研究趋势

国内色彩规划理论和实践的起步较晚，直到20世纪末才开始逐步进入体系化研究阶段。在这个阶段，研究者们开始深入探究城市色彩的规律、应用和管理等方面的问题。传统的色彩规划大多采用定性分析的方法，主要依赖于专家和业内人士的经验，来确定城市色彩基调，具有较强的主观性。近年来，随着信息技术的发展，色彩规划的研究方法与手段也不断更新。研究者们开始利用相关软件和大数据工具，实现从主观化、人为化向定量化、数字化的转型。例如，赵春水等采用专家座谈和定性分析的方法，提出了城市色彩主色调[2]；傅倩等运用计算机深度学习和街景图像，对长沙市主城区范围内的建筑色彩进行了可视化分析[3]。张春芳等在《基于GIS风貌敏感性分析的色彩空间结构构建——太原主城色彩规划实践性研究》以GIS量化分析为手段，进行色彩风貌敏感性区划，确立色彩空间结构[4]。

2.当前色彩规划存在的问题

在当前的色彩规划研究与实践过程中，我们可以发现色彩管控体系本身存在一定的问题。

（1）色彩采集手段不一，色彩取色对象多样

针对城市现状色谱的采集和分析是色彩规划与管控的首要前提。然而，当前色彩采集手段和取色对象各异，数据采集精度差距较大。

在城市采集手段方面，传统的色彩采集和分析的途径有人眼观测、色卡对比、仪器测色等，前两者通常利用人眼对颜色的感知和色彩样本册、色彩卡、色板等工具对颜色的采集，但在色彩采集过程中，容易受到环境、心理等因素的影响导致误差，从而导致实际应用效果较差[5]。随着计算机技术的不断发展，也出现了通过GIS或街景图像提取等技术手段进行的图像提取分析测色，但这些方法实际上也会受到环境光线的影响，而通过仪器测色很好地规避了以上情况，相对客观精准。

在取色对象方面，国内大多数色彩规划在初始色彩采集过程中，往往将自然环境色彩、人文环境色彩、人工环境色彩等统筹考虑，尽管研究方法非常全面，但由于包含对象过多，且不同类型的色彩之间很难有严谨的逻辑关系，从而导致结论不清晰，也不够具有信服力，较难付诸使用。

（2）推荐色谱与实际脱节，难以指导实施

当前城市色彩规划中，采用"推荐色谱"或基调色进行色彩管控是一种普遍的方法。然而，传统色彩规划所制定的色谱缺乏科学分析方法，其定性的结论缺乏定量的精确性。同时，当前部分规划的推荐色谱内容过于狭窄，强调控制性为主，缺乏包容性和弹性，无法满足城市快速发展的需求。一些规划编制仅从引导角度提出建议颜色，并未提供包含多个可选色彩的遴选集[6]；另外一些推荐色谱存在过于宽泛的问题，导致许多建筑上使用的色彩品质不佳。

（3）色彩管控层次不清晰，缺乏系统性

色彩管控体系的研究中，一个主要的痛点在

于过于偏重宏大叙事导致实施困难。针对这一问题，建立分层次引导与控制的城市色彩规划控制体系已成为城市色彩管控的方向和趋势。陈昌勇等人借鉴了王建国教授在《城市设计》著作中提出的城市设计三层次划分，形成了"宏观城市级—中观分区级—微观地段级"三级色彩规划管控体系[7]，孙光华等人也借鉴了城市层面的法定规划将城市色彩规划分为总体色彩规划、控制色彩规划和色彩整改规划[8]。

从各城市色彩管控实践来看，一些重点城市已经逐步展开实践。例如，广州市选取了8个重点空间地段，采用从局部到整体、再从整体到局部的方式，筛选推荐色谱清单；重庆、厦门等地在明确城市总体色彩基调的基础上，针对重要建筑与街道提出普适性建议；杭州、武汉等地在城市色彩总体定位和主色调基础上，各分区进行城市色彩规划；苏州将城市分为一般控制区、重点控制区、特殊控制区，实施分级差异化管控；长沙则提出了色彩分区与建筑功能分类，基于建筑功能制定分类的使用色谱[9-10]。

另一方面，"城市"作为人类群居生产生活的高级形式，是一个空间的概念，因此城市色彩管控也应当具备空间属性，不仅要从水平层次上进行色彩规划和管控，也要从垂直层次上做出相应的色彩引导，然而，当前城市色彩规划实践多从水平层次铺开管控，关于垂直层次上的色彩规划和管控并不常见。

二、基于数据分析的城市色彩规划方法

公众对于城市色彩的认知通常基于感性理解，缺乏一个可量化的规划指标来指导实施，基于数据分析的城市色彩规划方法在精细化、定量化和实操性方面具有一定的优势[11]。本研究采用建筑规划设计中常用的孟塞尔色彩体系，对城市色彩进行分析和归纳，建立色彩模型库并进行大数据分析，使城市色彩的控制和引导更为准确和便捷。为了提高研究的可落地性，本研究在以下几个方面进行了优化。

1.色彩采集优化

一方面是采集设备的优化。人眼观测、色卡对比以及通过计算机手段的图像分析采色均受制于个人主观和环境的影响，本研究采用电子分光测色仪的方式来采集色彩，该工具色彩采集精度更高，可以准确地获取各种颜色的参数值，并保存在电脑或云端等大数据存储设备中，方便后续的数据处理和应用。另一方面是取色范围的优化。本研究认为城

市中各色彩要素的重要性是不同的。城市建筑是对城市色彩品质影响最大的载体，建筑的基调色是建筑外观面积最大的色彩，在人的视野范围内面积最大，是观看时间最长，对人影响最深的颜色[12]，因此在研究中将建筑的基调色作为数据分析的对象。

2.色谱分析的优化

在一般的情况下，基调色在色谱中占比越大，其可接受的色谱范围则越小；而辅助色在色谱中占比越小，其可接受的色谱范围则越大，这种混合分析在实际应用中可能存在一定的困难，因此需要将基调色和辅助色在色谱中的分布进行区分。本研究通过定性分析和定量分析的方法，最终得到了建筑基调色的推荐色谱，并提供了辅助色搭配清单。在定性分析方面，我们对整体色彩风貌进行了评价，包括优秀的城市色彩和不佳的城市色彩，以及地方文化色彩和其他潜在的色彩问题。在定量分析方面，我们对现有的色彩数据库进行了大数据分析，将较好的色彩、文化色彩以及建议的现代色彩进行了综合，形成了推荐基调色色谱。传统的色彩规划以色彩搭配的基本原理为主导，而辅助色彩的选取需要与基调色进行区别并达到调和的效果。然而，关于色彩三要素之间如何调和的理论在实际应用中存在一定的困难[13]。本研究采用了一种名为"类型学"的方法，在不同类别的色彩样本中进行选择和分类整理，形成相应的色彩搭配清单，用于推荐给规划配色。通过提供推荐基调色色谱和菜单式的色

彩搭配清单，本研究最终将城市色彩的范围缩小到一个便于实际操作的状态。

3.管控体系优化

本研究在数据分析的基础上明确了色彩的总体定位和目标，并提出了水平色彩结构、垂直色彩结构和色彩单元比例原则等角度的管控方法，通过建立多尺度多空间层次的引导，不同层级的色彩数据精确性和弹性有所区分，最终促进了系统性和弹性相结合的管控体系优化。

在水平色彩结构中提出了色彩板块、色彩组团及色彩单元的概念。色彩板块指整体风貌特征相近区域，研究明确了色彩的整体意向；色彩组团指中观层次风貌相似的区域，研究明确了色彩分区结构和意向；色彩单元指基调色相似的区域，一般指一个片区、一个地块或相邻若干地块，研究明确了具体的色彩数值。在垂直色彩结构中，针对低层建筑和高层建筑彩度和明度进行了区分；在色彩单元的色彩比例原则方面，大致遵循帕累托法则。在第五立面引导中，针对不同类型的建筑做出了区分。

本文针对基于数据分析的城市色彩规划理念，尝试总结并提出新理念下面向实施的技术路线。

三、沛县中心城区重点区域色彩规划研究

沛县位于长江三角洲区域，沿海经济带与长江

1 规划路线图

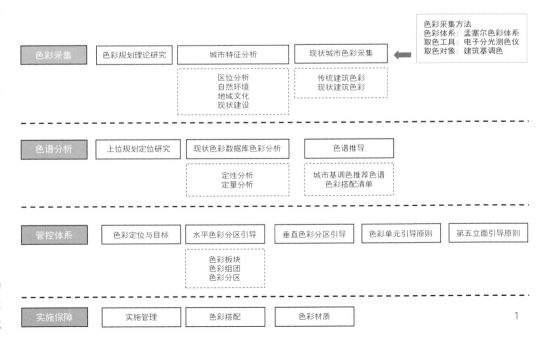

2.色彩现状分析图
3.基调色色谱推荐图
4.色彩搭配清单图

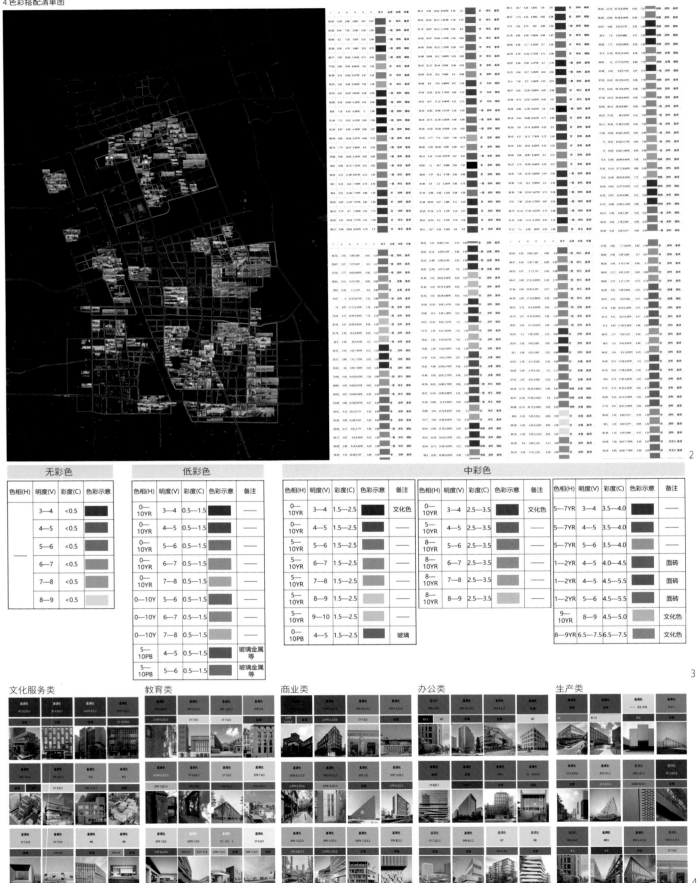

经济带北部，处于苏、鲁两省交界之地，地理位置十分优越，环境优美，人文底蕴丰厚。本次研究范围位于沛县中心城区的重点区域，共计2971hm²。

1.色彩采集

色彩采样采用科学采样的方法。在色彩体系选择上，采用孟赛尔色系，该系统使用色相、明度和彩度三个值来描述色彩。在后续的研究中我们将使用数值标识为"色相 明度/彩度"按照它们依次出现的顺序。例如，"8YR 6.5/7.5"。当彩度小于0.5时，视觉效果为无色，因此色相以"N"表示，彩度不进行表示。例如N8。

在采样对象上，我们聚焦于城市建筑色彩的基调色。在采样工具方面，我们主要使用分光测色仪，同时辅以无人机摄影和相机拍照。我们利用电子分光测色仪数据对建筑基调色进行采样，同时，记录采样点的品质、位置、材质等属性，为后续分析提供依据。我们的团队对沛县城区的建筑进行了现场调研和取样拍摄记录，总共拍摄照片2270张。其中，南部片区985张，中部片区608张，北部片区285张，工业片区392张。此外，我们还使用了电子分光测色仪测量了500个典型建筑基调色采样点。我们将具有代表性的建筑在地图上的相应位置标记出来，统观整个区域的建筑风貌，分析建筑的色彩倾向，并统计现状测量的数据点，形成沛县现状色彩大数据库。

2.色彩分析及色谱推荐

针对沛县的现状城市色彩进行分析，对城市总体色彩风貌进行评估，明确沛县优秀或不足的城市色彩特征、地域文化色彩特征和其他色彩不足等方面的情况。根据对沛县规划及研究范围内的调研，我们发现沛县整体城市色彩风貌较为和谐，局部新建建筑色彩品质较好，可推广使用；一些建筑饱和度过高、色彩杂乱、搭配不佳，或与环境不协调，需要予以控制；沛县当地地方文化色彩较为突出，但目前尚未得到充分挖掘和应用；此外，缺少一些现代感强、特色或地标性的色彩。

通过对沛县色彩数据库的色相、彩度、明度进行分析，将现状较好色彩、文化色以及建议现代色彩综合，形成推荐基调色色谱。在辅助色色彩搭配上，根据沛县色彩地域特色，按照建筑类型划分，形成一套服务于沛县的城市色彩搭配清单。

3.色彩管控体系

（1）色彩定位

通过对沛县的色彩分析总结，我们提出沛县的色彩定位为"浅灰点彩·雅韵沛泽"，现代公共建筑及现代轴线区域建筑基调色以浅灰色调为主，辅以多彩点缀，呈现现代、时尚的城市新面貌。传统风貌区及普通居住板块以高品质灰咖色调为主，与绿脉呼应，呈现温暖、宜居、文雅、生态的氛围。

（2）水平色彩结构

水平色彩结构即色彩分区。依据相关上位规划、现状色彩分析及功能布局，沛县色彩在宏观、中观及微观层次上划分为4大板块、11单元、多个色彩组团。

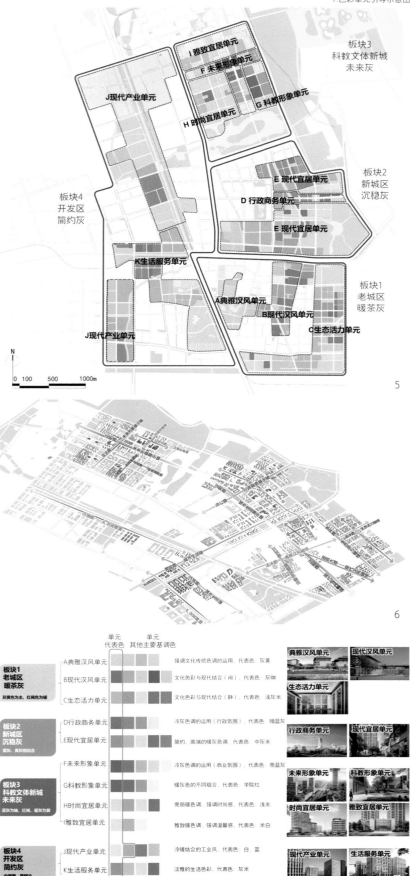

8-9.色彩组团引导示意图
10.色彩调整示意图
11.汉城公园地块引导示意图

色彩板块。宏观层次上，依据沛县色彩总体风貌规划及功能布局，沛县色彩规划在风貌分区上划分为4大板块：①老城区，暖茶灰；②新城区，沉稳灰；③科教文体新城，未来灰；④开发区，简约灰。本研究提出各板块色彩规划的总体建议，直接作为色彩单元和色彩组团的上层指导。

色彩单元。中观层次上，4大板块依据建筑使用功能差异又细化为不同的色彩单元。沛县色彩规划在功能层次上大致划分为11个色彩单元。每个色彩单元划分1~2个代表色，并增加2~4个其他主要基调色。

色彩组团。以色彩单元色彩引导为依据，综合考虑地块区位、用地性质、规模、形状及高度以及与周边环境的联系，编制色彩组团引导，提出针对建筑基调色及辅助色明确的色彩选取数值。

（3）垂直色彩结构

在垂直色彩分布上，根据较好的城市空间案例分析，高层建筑与低层建筑的彩度和明度有所区分，易于形成主从关系。高层建筑彩度较低，明度集中在两端，营造明快空间秩序；低层建筑色彩可较为强烈，

营造亲切近人氛围。以沛县未来城为例，该建筑原始色相偏黄，色彩过艳，明度过低，给人压迫感；研究调整降低彩度，提升明度，空间层次及品质感显著提升。

（4）色彩组团色彩比例结构

经研究发现，色彩组团分布原则遵循帕累托法则，即二八定律，较大色彩组团基调色占比80%左右。以汉城公园周边地块为例，沿外部街道分布主基调色，以米色石材墙面打造沉稳厚重、古典汉风的风格，局部建筑采用灰色幕墙作为辅基调色，塑造现代、时尚的氛围。

（5）第五立面引导

屋顶被称为建筑的第五立面，是影响城市建筑色彩的重要因素。在沛县色彩规划中，依据建筑类型，研究将屋顶分为6种类型：深灰屋顶、咖色屋顶、浅灰屋顶、蓝色光伏屋顶、绿色屋顶、彩色屋顶。其中，前三种类型的屋顶使用最为普遍，且多用于住宅建筑；蓝色光伏及绿色屋顶多用于重点文化建筑、商业建筑或产业建筑；彩色屋顶可用于重点文化建筑或教育建筑，仅允许局部建筑采用，作

为城市亮点建筑，提升城市魅力。

四、结语

一城之美，在于精致；一城治理，在于精细。城市色彩的有效管控依赖于对城市色彩构成要素的科学认知及评估。本研究以沛县实际项目为例，探索基于数据分析的城市色彩管控体系，以科学的手段进行色彩采集研究，建立现状色谱大数据库，形成基调色推荐色谱，在多空间层次上强调色彩管控目标的延续与落实，提升了色彩规划的科学性和可实施性。本研究在色彩实施层面需进一步研究，展望城市色彩未来发展，城市色彩管控在数字化和精细化方面仍有不断提升的空间，也需在实践探索中不断完善和改进。

参考文献

[1]郭红雨. 为色彩城市而行——城市色彩规划在中国的发展思考[J]. 园林, 2013(7): 64-69.

[2]赵春水, 吴静子, 吴琛, 等. 城市色彩规划方法研究——以天

津城市色彩规划为例[J]. 城市规划, 2009, 33(S1): 36-40.

[3]傅倩, 王暄, 黄钰靖, 等. 长沙市主城区建筑色彩基因提取与分析研究[J]. 长沙大学学报, 2021, 35(4): 30-37.

[4]张春芳, 王崇恩, 朱向东, 等. 基于GIS风貌敏感性分析的色彩空间结构构建——太原主城色彩规划实践性研究[J]. 现代城市研究, 2020 (12): 45-54.

[5]白雪莹.面向实施的精细化色彩规划研究[J].建设科技, 2022, (10): 43-47.

[6]俞屹东, 蒋希冀. 系统与弹性相结合的城镇色彩规划管控研究——以江城县为例[J]. 小城镇建设, 2020, 38(5): 29-38.

[7]陈昌勇,刘恩刚. 由感性认知到量化管控的城市色彩规划实践[J]. 规划师, 2019, 35(2): 73-79.

[8]孙光华, 徐建刚, 李伟, 等. 基于法定规划编制体系的城市色彩规划编制体系构建——以洛阳市色彩规划为例[J]. 规划师, 2014 (11): 36-41.

[9]王树声. 基于可操作性的城市色彩规划编制方法研究——以济宁市城市色彩专项规划为例[C]//中国城市规划学会. 持续发展 理性规划——2017中国城市规划年会论文集. 北京: 中国建筑工业出版社, 2017.

[10]许雪琳, 朱郑炜, 马毅, 等. 厦门市城市色彩管控体系构建研究[J]. 规划师, 2020, 36(18): 77-82.

[11]柏志强. 基于数据分析的城市色彩规划方法[J]. 砖瓦, 2021, (10): 74-75.

[12]白雪莹, 陈飞. 基于数据分析的城市色彩规划方法研究——以上海市闸北区为例[J]. 城市规划学刊, 2019(S1): 185-192.

[13]王冠一, 路旭. 论色彩调和思想在日本城市色彩规划中的地位与实现[J]. 国际城市规划, 2021, 36(2): 117-124.

作者简介

张迪昊, 上海同济城市规划设计研究院有限公司景观风貌所所长, 高级工程师, 注册城乡规划师;

白雪莹, 上海同济城市规划设计研究院有限公司, 主任规划师, 高级工程师, 注册城乡规划师;

薛茸茸, 上海同济城市规划设计研究院有限公司, 助理规划师, 中级工程师。

12 第五立面引导示意图

类型1: 深灰屋顶

用于三段式建筑, 主要出现在老城区及其他区中低层建筑

类型3: 浅灰屋顶

用于整体式设计建筑, 主要用于新城区、科教文体新城、产业区等

类型5: 绿色屋顶

用于重点文化建筑、商业建筑或产业建筑, 屋顶绿化与人的活动相结合

类型2: 咖色屋顶

用于三段式建筑、传统与现代结合建筑, 或时尚建筑风格区域

类型4: 蓝色光伏屋顶

用于重点文化建筑、商业建筑或产业建筑, 建议采用暗蓝灰、透明光伏板, 避免传统蓝色塑钢屋顶

类型6: 彩色屋顶

用于重点文化建筑、商业建筑或产业建筑, 屋顶绿化与人的活动相结合

西安高新区安置型社区的公共景观探索研究
——氧丘公园的人性化设计理念及生态实现

Exploration and Research on Public Landscape of Resettlement Community in Xi'an Hi-Tech Industries Development Zone
—The Humanized Design Concept and Ecological Implementation of Oxygen Hill Park

胡雯璐
Hu Wenlu

[摘　要]　随着人们生活水平的不断提高，人们对于精神文化生活的要求亦逐渐提高，为此在当前的公共景观设计之中有效加入人性化元素已成为社区建设的必要因素，这有助于给人们带来更好的欣赏体验。本文阐述了景观设计中人性化设计理念及生态实现过程，坚持设计的情调性和实用性统一，确保景观设计的时代性和历史性统一，尊重场地生态发展原则、场地现状、地形，因地制宜从而实现生物多样性保护过程；随后，本文分析了人性化设计理念的实现方法及效果。本文对于关注公共景观的人性化设计理念及生态实现的相关专业人士具有一定的借鉴意义。

[关键词]　人性化设计；安置型社区；公共景观

[Abstract]　With the continuous improvement of people's living standards, the requirements for spiritual and cultural life are gradually increasing. Therefore, effectively incorporating humanized elements into current public landscape design has become a necessary factor in community construction, thereby enabling people to better appreciate and enjoy public landscape. This article elaborates on the concept of humanized design and the process of ecological implementation in landscape design, adhering to the unity of emotional appeal and practicality in design, ensuring the unity of modernity and historicity in landscape design, respecting the principles of site ecological development, site status and terrain, and adapting to local conditions to achieve the process of biodiversity protection. The paper then analyzed the implementation methods and effects of humanized design concept. It has certain reference significance for the professionals concerned with the humanized design concept and ecological implementation of public landscapes.

[Keywords]　humanized design; resettlement community; public landscapes

[文章编号]　2024-95-P-090

一、前言

随着我国经济的不断发展，人们的生活水平逐渐提高，公园作为人们放松身心的重要场所，人们对它的整体设计质量也提出了更高的要求。为了能够让人们在欣赏游玩的过程中，获得更高质量的享受体验，就要不断提高公园的规划设计质量。因此，通过将人性化设计理念有效融入景观的设计工作中，将人文关怀有效融入设计之中，使人们在游玩的过程中获得全身心的放松，这为景观价值的充分实现提供了可靠保障。

在初次接触这个项目时，对于项目基地的印象就停留在了"高新区"三个字上。在高新30多年的发展历程中，"科技、创新、品质"等一直都是其关键词，理所当然就以"科技感、国际化"之类的词语来定调了这个项目。当真正走进这个地方，却发现所谓的想象的"创新"并没有在这个地方有多么突出的表现。

氧丘公园的基地位于高新区三期，在双江一路以及兴隆三路的交叉口，周边的居民区是西安最大的拆迁安置社区——兴隆社区。兴隆社区占地面积达728亩，安置了原张王、张高、枣林寨、南堰、三堰、童家寨和西甘河村7个村约1万户村民，可见其体量之大。兴隆社区也有着当下安置小区的典型特征——留守老人和留守儿童偏多，年轻人多出外打工以谋生。

每次到公园，总会看到很多父母和孩子，或是搭帐篷露营，或是运动锻炼，或是骑车游玩，或是放风筝垂钓。在这里，父母难得放下工作和手机，陪孩子一起享受亲子时光；孩子则把作业和成绩放诸脑后，尽情撒疯玩耍，无忧无虑。生活即教育，逛公园可以感受到生命、生态和生活。在公园里，父母和孩子一起享受生活，感受花草树木和花鸟鱼虫等生命的神奇，欣赏山川河流等绿色生态的魅力，回归生活的本真。随着城市化进程的加快，城市公园逐渐成为人们休闲娱乐的主要场所，也成为许多家庭带孩子户外活动的重要场所。这不仅能够增加孩子的户外活动时间，

还能够使孩子获得更多自然教育，对孩子的成长和发展有着重要意义。公园里有各种各样的花草树木和景观，可以给孩子各种感官体验，如视觉、听觉、触觉等。孩子们开展各种户外运动和游戏，如跑步、爬山、攀岩等，有助于提高身体素质，养成健康的生活习惯。

第一次去现场勘查的时候，当时的兴隆社区已经相对成熟了，社区的入住率已经非常高，而且依旧保留着乡村生活的一些习惯。社区内的一楼居民都利用楼层的便利，分布开了一些便民利民的小铺子，像是以前村头的便利店、镇子上的川菜馆等。尽管有这些自发式的店面，但是商业气氛最浓厚的还是在十字路口还未建设的空地上形成的便民市场。虽然称之为"便民市场"，实际上就是村子里定期举行的市集，每旬一次的赶集活动，现在演化成了每天的市场。这类商业聚集活动是最具人气的，但是嘈杂、难以管理等问题也不可避免。在城市客厅此次的高新区公共绿地景观规划中，将这个集市也规划在内，希望保留这个场地原生的记忆和

必要的功能，也希望能在管辖范围对其进行统一管理。

到达基地时，是冬日的上午十点多，正是老人们在外散步休闲的时间段。在后期研究一些关于老年人的心理时发现，相对于一个人在家，他们更愿意在户外看看世界，这是他们在身体逐渐衰竭、精力无法持续的时光里，与外界沟通的方式。他们更多地想去享受阳光，享受自然，享受来来往往的人流。但是在现场看到的，是三三两两的老人，一遍一遍走着相似的路，在累了的时候坐在斑马线上的混凝土车挡墩子上休息片刻。

在基地的南侧，紧邻着的是兴隆社区的幼儿园和小学，学校门口没有过多的活动空间，小孩的蹦蹦床刚刚好卡在对面的人行道上，孩子们在玩耍的时候，妈妈只能站在绿化带里看着；小学门口的墙上挂着几年几班的牌子，是接送孩子的固定地点，但是蜂拥而出的孩子、着急的家长、来来往往的车辆，一条人行道完全不足以满足这些条件。

二、氧丘公园设计过程

从勘探图上认知这个场地时，对场地的高差一度感到苦恼，近2m的高差在一个进深50m的街角公园内，需要很多的楼梯，最初始的方案中也是以台阶为主进行打造。去现场亲身体会之后，和现场的孩子们一起在这个坡上奔跑的时候，才发现场地自身已经在与使用者的长久磨合中形成了自身的模式。自然的坡度使孩子们可以顺利地奔跑上去，坡面上的平坦空间是天然的活动区，空间是开放且自由的；一些在图上轻易忽略的角落，恰巧是使用者最适宜的通道，已然有着浑然天成的设计。

因此，在现场踏勘时，设计师走过场地的每一个边角，和当地的居民一起使用这个空间时，方案就已经悄然形成了。主入口的台阶顺着场地自身的坡度而上，场地最高点的平地可以打造两个相对独立的活动区——儿童的游戏沙坑和成年人的活动空间。场地被兴隆社区的围墙分隔成两个既独立又不失连续性的公园，公园的入口设计在转角，将场地打开，将最方便的开口面向居民，以最便捷的方式满足人群的抵达需求。

小三角的场地中有一个市政的公厕，现场去看的时候，公厕独立地立在那儿，孤单又突兀。但是偏偏它的身后有着一个很深的空间，令人十分有探索欲。于是开始探究，是不是能做一些可深入的空间，避开公厕的影响，让人可以深入其中。但是在后期设计中，却发现公厕并不是一定要避开的内容，将其融入，才是设计真正的意义，实用性永远是设计的第一位。因此，设计打开了公厕旁侧的空间，弱化公园的开口，使公园与人行道自然接洽，形成一个半开放的场地，在有限的空间中用树池坐凳去点缀，不破坏其本身的空间秩序，又给场地提供更多的坐凳和林荫。建成后，再次去现场勘探，现场的使用情况十分令人欣喜。居民的使用频率是很高的，公园呈现的状态也是喜人的。人们真正可以使用的公园，可以进入的公园，才是一个好的公园。

好的园林设计应该是理解生活的，它尊重土地人文价值，更尊重人们的生活习惯，它将自然与生活关联起来，总能在不经意间带给人一些

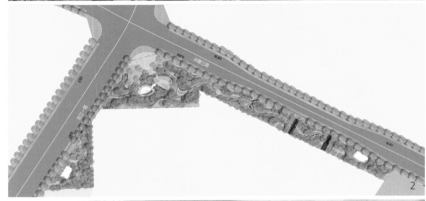

5.氧丘公园建成后鸟瞰照片（二）
6.氧丘公园主入口设计效果图
7.氧丘公园儿童游戏沙坑设计效果图

惊喜和灵感。夕阳西下，与家人漫步其中，聆听林音，赏沿道风景，城市繁杂抛却身后，回归自然生活本真。回家成为一场优美的旅行。

1.公园设计中人性化理念应用

（1）坚持设计审美和实用性统一

景观设计的基本目的就是满足人们对于生活环境的要求，让人们在进行游玩的过程中能够获得有效的身心放松，这就对设计工作提出了非常高的要求。作为景观设计师，在进行规划设计的过程中，

不能只局限于其中一方面，不仅需要通过设计展示出场地的独特艺术性，更重要的是将设计的人性化目标融入其中，满足人们对于公园的基本游玩需求。同时，在实际设计过程中，还需要充分结合场地周边的环境情况，进而充分地利用周边的整体环境，使之融入到公园的设计之中。在设计过程中，要将情调性和实用性进行有机结合，在满足人们基本观赏要求的前提下，确保公园能够与周边环境相协调，进而体现出人文性的设计理念，从而不断提高设计水平。

（2）确保景观设计的时代性和历史性的统一

景观设计会随着地域和历史阶段的不同而展现出不同的风格，使得不同时段的公园设计呈现出迥异的风格特征。中国当下的公园设计已经从传统的游园式转变为开放的公共式，草坪、疏林草地等开放的、自由的设计模块被广泛应用。在当下越来越西方化的公园设计中，中国的公共园林设计仍保留着中式传统设计理念，中西结合，融会贯通，更符合国人的审美需求和使用需求。

8.氧丘公园居民健身活动空间设计效果图
9.氧丘公园居民健身活动空间建成照片
10.氧丘公园转角入口设计效果图
11.氧丘公园转角入口建成照片
12.氧丘公园小三角地块入口设计效果图
13.氧丘公园小三角地块入口建成照片

2.公园设计中生态化理念应用

（1）尊重场地生态发展原则

生态文明思想是新时代中国特色社会主义思想的重要组成部分，生态文明要求是景观设计师不可旁贷的义务和责任。生态设计要求景观在设计时应该充分考虑并利用植物群落的生态功能，起到调节气候、净化空气、改良土壤、涵养水源、防风固沙、吸声降噪的作用，在美化城市环境、提升市民审美体验的同时，满足城市生态效益的要求；为了保证城市生态效益的最大化，在进行景观设计时，应根据不同植物的生态功能、生长习性、色相表现等，进行不同植物群落的组合、搭配。

（2）尊重场地现状，因地制宜，尊重地形

我们在讨论景观设计时最先讨论的，都是人与自然关系的基础关系。一切景观建设活动都应当建立在此基础上，尊重自然、保护自然，尽可能对生态环境产生最小的影响，期望达到人与自然和谐相处的目的。因而在景观设计过程中，应尊重场地原貌、保留场地文化遗留，尽量利用原有的地形特点去重塑新的景观，在景观设计之上更充分的保留场地的文化属性。

（3）保护生物多样性

景观设计中植物群落的配置是极其重要的一环，在此设计过程中，设计师应尽量模拟植物自然配置，反映环境中物种的稳定性、丰富度和均匀度。在城市景观设计中，这一点也显得更加重要，合理地增加多物种组成的植物群落设计，可以使植物群落具有更好的稳定性，也能更有效地利用自然资源，此方式对保持物种资源多样性、文化特质多样性和环境艺术多样性具有极为重要的意义。

3.氧丘公园的人性化设计理念及生态化实现过程

（1）将人性化设计贯穿始终

在设计中，设计师应将人性化设计作为设计考虑的重点，并且在实际的设计过程中始终在其要求之上进行，确保在设计时就充分体现出人文关怀。景观设计的基础目的，是让人们能够通过游览放松身心，获得心灵上的慰藉，因此，在设计过程中要以满足人们的使用需求和精神需求作为基础，将设计与发展环境相适应，这就对设计人员提出了非常高的要求。设计师在进行设计时，要对设计进行整体把握，将城市的现代化发展同人们对于环境的要求相链接，注重开放性空间和私享型空间的有效结合。此外，还要对基地周围的环境进行系统全面的调查分析，尤其是不同地域之间的文化差异，将当地的地域特色与景观设计工作进行紧密结合，从而在基本的规划设计环节实现同地域特色的整体连接。

（2）在基本的规划设计中满足人们的多样化需求

由于人的不同认知，对于同一景观的感受往往不同，因此，为了有效实现景观价值的最大化，就需要在规划设计中充分考虑人们的多样化需求。随着社会经济的不断发展，整体呈现出了多元化的样貌，在这个大的社会环境中人们的需求也在不断朝着多元化的方向发展，人们对于景观的要求趋于多样化、精致化，这对景观设计提出了非常高的要求，功能单一的景观空间已经无法满足人们的需求。因此，在景观设计过程中，就需要通过对人们的使用需求进行系统全面的调查收集整理并将其运用于其中。

（3）植物的选择

物种丰富的生态系统往往具有非常强的持续生长能力，因此，在景观生态性设计中，要充分注重植物的引进工作，不断丰富微区域生态系统内的植物种类，为景观的可持续发展建立良好的基础。在进行植物引进之前，需要对场地内的植物种类进行实地的考察研究，并对其中的存在关系进行系统全面的分析，进而进行有针对性的植物引进。通过引进种类丰富的植物，能够提高园林内的植物多样性，进而不断改善园林内物种的生长发育状态，从而确保园林内的植物群落始终处于健康的发展状态中。

（4）尊重场所的自然演进过程

在景观设计中，尊重场所的自然演进过程也是生态设计的基本要求，这对于景观的长远发展具有十分重要的现实意义。因此，设计时需要充分结合景观的自然演进过程，遵循植物的生长发育规律，综合考量从而提高景观的综合品质。

（5）充分利用当地的乡土资源

乡土植物是通过长时间的自然选择以及物种演进后保留下来的，可以反映该区域生态特征。这些植物具有高度的生态适应性，能够很好地适应该区域的气候环境，设计中使用乡土植物能够大大提高植物群落的存活率，进而确保景观的施工质量。此外，乡土资源的维护和管理成本较低，可以有效促进场地环境的自生更新。从这个角度来看，在景观生态设计中，乡土资源的应用可以实现对设计体系最大程度的优化处理，为后续其他工作的实施提供更多的保障。

三、结语

随着社会的发展、科技的进步，人们精神世界的不断丰富，景观设计工作在社会上的关注度持续上升。因此，在景观的设计过程中，通过对人性化设计的深入钻研和对生态设计理念的充分应用，尽可能提升人们在景观空间中活动的舒适度并减少对生态环境造成的不利影响。通过对景观设计原则进行深入的分析研究，在此基础上，结合风景园林建设的实际要求，采取科学合理的设计对策，进而将景观建设在全方位上统筹规划、合理设计，不断提高景观的设计质量，提高人们的使用频率和幸福指数。

社区氧丘公园人气旺，公益歌曲《幸福阳光》里这样唱："门对着门，窗临着窗，东家西院新社区都是老街坊。有事您就说，没事也常来往，邻里之间搭把手心中暖洋洋……"邻里之间互帮互助、相亲相爱，这般发自内心的和谐与温馨，让人心生暖意。在兴隆社区，邻里之间不仅是一种地缘关系，更是一份情感联系，而氧丘公园也给当地居民更好地提供了这个情感升温的空间，成为更有人情味的生态城市社区公园。

对于这个家门口的"小公园"（氧丘公园），根据设计师的现场回访，当地居民说："之前我们三五个人在外面聊天，连坐的地方都没有。"在居民刘先生的记忆里，曾经的兴隆社区周边随处可见的是一块块农田，各处施工断头路……"现在我们兴隆社区的改变可以用翻天覆地来形容。"远远望去，一排排楼房干净整洁，看不出任何旧时的痕迹，即使是一块曾经荒芜的空地也用小花小草点缀，格外精致。近年来，社区从美化、洁化、序化入手，对社区周边绿地进行改造，建公园、铺路面、除垃圾、装路灯，增添健身设施……"灯亮了、路平了、水也通了。平时没事出门散散步、跳跳舞，累了就坐到板凳上休息一会。完全没想到我们的居民区也能这么舒适、宜居。"看着社区周边环境这些年的变化和提升，刘先生心里说不出的喜悦。他说，这两年，小区周边道路、绿地公园、健身步道等基础设施全部焕然一新，大家停车也都是整齐有序，道路更加宽敞了。休闲空间也多了，而且楼下就是小公园、健身器材和休闲桌椅啥都有，大家都说，我们现在的日子是越来越好了。

通过氧丘公园的建成，总结出建绿地游园，拓展绿色活动空间，能为周边居民乃至整个城市片区的发展，打造"城在绿中、林在城中、楼在园中、街在景中"的绿色生态体系，让"邻里公园"成为一道秀美风景。这种社区邻里公园不仅可以让市民目光所及皆是绿色，还可以让他们就在"近处"享受美好时光。可以说，"氧丘公园"是一处处"小景观"，但是这些"小景观"却是"大风景"。

"诗和远方"是令人向往的，但是毕竟"远方"的旅程不是所有人都能"说走就走"的，"氧丘公园"建设好了，也能成为人们心灵世界里的"诗和远方"。又何况，诗情画意不仅在"远方"，也可以在"近处"。"氧丘公园"其实就是以民为本执政理念的体现，把它规划好、建设好、管护好，使之成为百姓身边的"幸福乐园"。

参考文献

[1]伊恩·伦诺克斯·麦克哈格. 设计结合自然[M]. 芮经纬, 译. 北京: 中国建筑工业出版社, 1992.

[2]杨田. 对当代城市景观设计文化形态延续的思考[J]. 常州工学院学报 (社会科学版) , 2013, 31(6): 42-46.

作者简介

胡雯璐，上海水石景观环境设计有限公司西安事业部景观工程师。

嘉定大裕村景观风貌规划案例
——雕景写韵，探索中华乡村自然生长

Landscape Planning Case of Jiading Dayu Village
—Sculpting Landscape and Writing Rhyme, Exploring the Natural Growth of Chinese Countryside

栾耀华 邱 雨 丁朋伟
Luan Yaohua Qiu Yu Ding Pengwei

[摘 要] 乡村振兴在国内具有重要战略地位，作为人类社会初始的生活空间，乡村是具有自然、社会、经济特征的综合体，因此乡村景观需要提供多方面综合价值。本文聚焦大裕村景观风貌规划设计案例，阐述大裕村景观设计总体目标，对其葡萄文化特征与多元设计要素进行充分剖析，结合空间存量策划"一途、四境、七景"的总体布局，旨在强调人的体验，引起情感共鸣。
[关键词] 乡村景观风貌规划；在地性设计；故事空间
[Abstract] Rural revitalization holds an important strategic position in China. As the initial living space of human society, rural area is a complex with natural, social, and economic characteristics. Therefore, rural landscapes need to provide comprehensive value in multiple aspects. This article focuses on the case of Dayu Village's landscape planning and design, elaborates on the general objectives of Dayu Village's landscape design, fully analyzes its grape culture characteristics and diverse design elements, and plans the overall layout of "one way, four environments, and seven landscapes" based on the spatial inventory, aiming to emphasize human experience and evoke emotional resonance.
[Keywords] rural landscape landscape planning; design for locality; storytelling space

[文章编号] 2024-95-P-095

1.大裕村景观风貌七类要素分析图
2.主题"七景"布局图

乡村作为人类社会初始的生活空间，是蕴含中华千年智慧的宝匣，珍藏着人与自然共生的密码。这意味着乡村的景观不仅仅是单一的景观，更需提供多方面的综合价值。乡村是具有自然、社会、经济特征的综合体，兼具生产、生活、生态、文化等多重功能。乡村兴则国家兴，乡村衰则国家衰。国家把乡村振兴提升到重要战略地位，提出"产业兴旺、生态宜居、乡风文明、治理有效、生活富裕"二十字口诀引导乡村规划发展。当今的乡村景观风貌规划设计应当围绕乡村振兴的五大方面，通过立体多元化的规划和景观设计方案为乡村生活提供健康的能量供给。景观风貌作为缔造乡村的基因，除了在提升环境、还原乡间本真方面外，还需要在乡村文化IP营造、乡村本土产业助推（窗口展示）、乡村休闲运营方面起到关键性作用，从而为居民提供富足、舒适、和谐、有底蕴的生活环境。

我们对嘉定区马陆镇大裕村景观风貌与乡村发展的关系进行了一次解密探寻。为响应上海市乡村振兴"让乡村成为上海现代化国际大都市的亮点和美丽上海的底色"的要求，我们在大裕村乡村振兴总体策划中将"葡乡艺海，共美大裕"作为总体发展定位（大裕村的特色是葡萄与艺术），以实现"马陆葡萄共同富裕乡村产业集群""原汁原味水文化江南美学村"为具体目标。我们的景观风貌规划设计延续总体策划的脉络，以葡萄和艺术为主要切入点，将探索形成方案过程总结为以下三大步骤。

一、文化基因提炼

在地的独特性提炼，关系乡村灵魂的觉醒。文化挖掘是景观规划设计时必不可少的部分，我们认为对

文化的挖掘不只应该停留在查询搜索后不整理、不总结、不加工直接生搬硬套或者粗暴设计，而是更应该将这些元素打碎了，揉开了，触及根本，从而取其精准点高效利用，再与设计结合。

嘉定园林，因水而成。江南古镇水网密布、河道纵横。拥有八百年历史的嘉定古城，有其独具一格的肌理。而马陆的内生动力充足，具有悠久集市贸易文化，宋末元初"昔有马军司陆南大居此，故名"。而近代马陆更是外交家之乡，其中1959年至1987年间，有120多个国家和地区，近3万人次的外宾到马陆参观访问。由此可见，大裕村是长期处于一种"江南水润"与"外向热情"的文化熏陶之下形成的。

也是在此期间，马陆引种2.2亩巨峰葡萄，开启了马陆葡萄的发展历程。马陆葡萄四十年，葡萄产业是大裕村的根基产业，沃土、丰水、茂林孕育了

3. "小飞莹"景观构造手法设计图　　6. "客杉饮香"效果图
4. "客杉饮香"场地基础现状图　　7. "云梦渚"效果图
5. "姹流芳"场地基础现状图

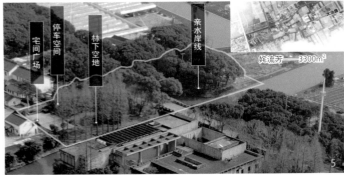

农业农村部地理标志农产品马陆葡萄，大裕村是"马陆葡萄起源地""中国葡萄之乡"。目前葡萄种植2580亩，有葡萄种植企业和合作社22家，是马陆葡萄种植的核心区。甜美的葡萄吸引了众多热爱乡野的艺术家的关注，目前大裕村建设有嘉源海艺术中心、我嘉中心、多家创意工作室，并已有周春芽、马卫东、丁乙、岳敏君等一众艺术家入驻。由安藤忠雄设计，具有质朴混凝土现代风貌的美术馆已经建成，葡萄和生态带来的一系列因素使大裕村成为艺术萌发的厚土。

那么通过小小的一粒葡萄，如何艺术化诠释"江南水润"与"外向热情"？我们将葡萄特征全方面展开，进行了深入透彻的分析。原来葡萄生长环境中的水分与阳光，正是嘉定"江南园林水润"与马陆"外向经济热情"的内化与延伸，一切都是有基因延续的。通过进一步剖析，除了水润与温暖，我们还得出了球形、藤蔓、香甜、疗愈等一系列关键词。在设计中，更多地从这些关键词方面去考虑，就能更加传神地打造出大裕村的灵魂特征，更好地塑造出乡村引领产业与环境建设的IP。

综合以上特征考虑，我们叠合葡萄及其生长环境中最具代表性的共性，从中总结出一个词——"莹润"，作为最能代表大裕村景观风貌特质的关键词。有了核心要素，景观风貌的设计打造就会主题突出，更具向心力而不会满目皆散。

二、景观元素唤醒

光有形象特征不够鲜活，塑造立体IP的重要手段是用一个周全的故事，唤醒其灵魂。"莹"的形象便应运而诞生了。通过整个村庄的风貌打造，来诉说一段葡萄之灵"莹"的成长故事，使得村庄IP更加专属、定制、个性化并获得更高的品牌关注度。整个讲故事的过程都要注重景观风貌场景与故事内容的有机结合。

首先，故事背景氛围的打造对整个故事体验的影响很大。于是在主题"莹"的引导下，对景观风貌中的线条、色彩、造型、材质等要素进行总体控制。景观线条多用江南水乡诗意的水平线及模拟水流的微曲线条，

色彩以接近葡萄、阳光、水的活力色调进行点缀。同时在一些构筑物、装置的造型方面模拟葡萄姿态，取中华传统文化中"圆"的意境或葡萄藤蔓引发的缠绕、螺旋的艺术哲思呼应艺术村的主题。材质方面选取通透、原生、淳朴的材料更加贴近还原葡萄质感和乡村原真生活。

对具体的乡村要素，通过结合光、通透、曲线、联结、治愈等特征，采取相应景观营造措施打造以下风貌体系控制下的乡村背景。

（1）田：暖阳之歌——热烈生长的广阔艺术田园景观

以大裕村广阔的农田优势，规整农田作物作为基础风貌背景，划分核心区部分农田作为大地艺术风貌区，同时在田野中置入阳光、葡萄、生长主题相关的构筑物，营造具有广阔而热烈氛围感的景观风貌，使村民游客感受马陆葡萄旺盛的生长力。

（2）水：香甜之脉——花草蜂鸟生物丰繁萦绕的江南水景观

水系形态延续村庄原有水系肌理，增加部分细小蜿蜒的局部景观水系，以仿葡萄藤之形态，加强葡萄园主题。水岸做好生态护理，提升物种多样性，以沿岸种植江南品种植物草本打造景观风貌，展现江南草长莺飞、清新美好的风貌景象。

（3）路：童趣小径——充满欢快治愈又低碳的江南乡村道路景观

打造一条特色文化景观绿道，选取低碳新材料以童心故事涂鸦制作路面铺装，色彩上选取葡萄的青色或紫色。绿道上设置葡萄藤架并沿途设置"黄鹂集市"等相关故事中的特色构筑物，采用蜗牛与黄鹂鸟造型设计标识标牌，丰富道路体验。不经意处设置小动物的互动雕塑或屏幕装置，给人惊喜与治愈。

（4）林：奇思物语——由"葡萄"引发深层想象的奇妙树林景观

在树林中置入"联结"主题相关的互动装置艺术，使村民游客得到探索的体验的同时，对葡萄能有更深层次的感受和理解。装置艺术以奇特或哲思造型为主。

（5）宅前屋后：青藤碧树——地域标志性江南乡村宅院景观

宅前修建庭院，可作江南小花园、小

菜园、小果园等，鼓励在自家庭院中搭建葡萄架，种植一株葡萄；屋后可种植绿竹、石榴、水杉、榆树等乡野树种，营造宅前屋后绿意盎然、生机勃勃的大裕村特色宅院景观。

（6）公共空间：艺海晴岚——展现江南温暖小故事的场景化景观

在公共空间置入与葡萄相关的以故事元素设计的构筑物、座椅、标识牌、景观小品，营造阳光温暖的氛围，使村民旅客在其中休憩娱乐时能感受到沉浸式江南场景体验以及身体精神能量的不断增长。

（7）小三园：原真田圃——充满生活美学的悠然园圃景观

规整农民自留地，以菜地为主要方式，种植景观性较好的农作蔬菜，修建美观统一的竹篱笆形成菜圃景观，体现江南村民自种自食，自我满足的原真乡野之趣，成为烘托营造江南风光的补充节点。

在此景观环境背景下，在大裕村核心区我们选取位置合适的空间，具体呈现葡萄生长故事场景，策划了一途、四境、七景。

一途即沿核心大治路与水互动、浓缩大裕村独一无二的葡萄、艺术、哲学等产业引流相关要素，展现上海乡村高质发展和绿色生活的乡村美学范式游线。

四境即通过不同景观营造手法打造空间四种不同的氛围感受。

（1）境一：伴水而生

主要改造空间：开放式林地、水畔；

空间情绪：温暖、舒适、期盼、懵懂；

打造手法：沿河界面岸线改造、植物整理布置、艺术装置（玻璃、荧光）等植入。

（2）境二：清馥盈水

主要改造空间：水岸空间、周春芽工作室、仓库建筑；

空间情绪：成长、幸福、喜悦、珍贵；

打造手法：林下植物种植、岸线水生植物种植、广场改造、仓库及周边空间改造。

（3）境三：林湾妙境

主要改造空间：林地水湾、美术馆西侧农田、葡萄公园门口；

空间情绪：探索、新奇、惊喜、宏大；

打造手法：林间艺术装置植入、农田艺术景观打造、葡萄公园入口公共空间打造、IP娃娃植入。

（4）境四：美裕画卷

主要改造空间：艺术中心道路围墙、建筑立面、小三园；

空间情绪：怡然、认同、温馨、亲切；

打造手法：围墙路面改造、建筑立面图绘装饰、建筑周边植物布置、园圃菜地修整。

七景即在串联大治路、刘石路、花家路、通朱家道路的游线的合适场地选择七处标志性景点打造，成为大裕村"莹"故事的标志场景。具体呈现对"莹"成长故事的叙述。

三、五感意向打造

大裕村美术馆，艺术社区等硬件使得农文旅产品定位更偏向客单价相对高的消费者，加上服务设施规模有限，因此大裕村的未来发展应着重于吸引高素质、高消费、高追求的人群。地域特色更需易感知，更加打动人，构建沉浸式体验，多维叠加，调动视觉、听觉、味觉、触觉、感觉，打造鲜活、会说话的风景。一方面，根据大裕村不一样的自然生态，打造全方位自然感受来构建绿色高质新标杆；另一方面，根据个性的文化感知，塑造鲜明独特、内涵丰富的在地性品牌打造发展动力。

本案的七景塑造中，以大裕村自然背景为底板，通过穿插葡萄精灵"莹"的故事，塑造"莹润"氛围，使景观变得鲜活，与大裕村共生共长，下面以其中4处景观打造为例展开说明。

景一：小飞莹。此景功能为入口引流及打卡。作为葡萄之灵"莹"伴水而生的起点，以大裕村自然纯洁、林相优美的小河作为景观主体，塑造叠石流瀑景观，以淙淙的流水声和流水飞溅晶莹的小水花烘托"莹"的诞生场景，对岸以一株鸡爪暖、一丛刚冽立于岸头，下植鸢尾，营造静谧氛围，与流水相衬静中有动，形成对比。

景二：云梦渚。"莹"游玩于水岸坡地，做了一个乡野甜梦。作为"莹"的初生阶段，此处突显野趣盎然、有孩童欢笑的场景。功能为亲子游乐与休闲交流。景观主体为大裕村云长泾河岸清淤堆成的泥坡改造。除利用乔木背景营造野趣氛围之外，运用艺术装置及儿童娱乐设施构建天真无邪、欢乐美好的时光，烘托节点主题"乡野甜梦"。

景三：客杉饮香。此景打造"莹"的一段尘世游历，即看主人与河岸水杉一同饮茶品香（主人置于仓库改造的茶室之中，邀请对岸的客人：杉树同饮香茗，以青绿的池水暗示茶宴。布局上效仿园林形成经典的建筑隔水面"山"格局）。在此景的构造中，我们挖掘了当地名人陆南大的故事并植入其中，整体景观围绕夏日下午，陆南大葡萄茗茶宴宾的缱绻江南时光展开：午倦一方藤枕—客至汲泉烹茶—共赏清甜佳肴—小园名花盛开。

景观布置上，以刚竹为主要植物，烘托文人茶宴的场景感。另以千屈菜、荆芥"六巨山"、红枫、日本早樱、萱草等配以三两黑山石置石，打造陆南大的私人"夏日花园"。水岸线以黑心菊、兰花三七收整烘托淳朴之感。有了故事主题，便可通过景观手法让整个故事成立，人行其中便会有丰富的情节体验感。

景四：姹流芳。此处"莹"化作盈盈扑鼻的香气，游戏于草木林水。基地位于周春芽工作室周边，场地以滨水林地为主，包括一个小广场。景观上用水生植物和林下灌木表现四溢出的花香，感受"莹"的流动。广场以黑心菊、细叶芒勾勒三条"飘羽"营造香气散逸之势；林下以大花金鸡菊、花叶芒、吉祥草、粉黛乱子草、西伯利亚鸢尾等营造绒草翻动、风香盈盈之感。最后以木质游步道串联其中，形成与"莹"同游的弧形游线。

当下阶段很多乡村景观打造最注重的是颜值，雷同和复制增多，景观在带来视觉体验之外，更需要在精神层面调动人的感知，让人在乡村中真正沉静下来、放松下来。所以我们的景观设计希望在体验上进行更多的探索，希望进入乡村地区，回应人们最原始的情感回归淳朴的诉求，根植当地、表达当地、耦合共鸣，带给人自我发现的惊喜和感动。如此景观便拥有了价值，能得到人发自内心的喜爱，乡村的价值也能够循环起来，故事化+五感的景观便是达成景观与人交流的优质构建方式之一，生态价值转化为产业、文化等更多维度的价值，乡村也能找到依托自身独特性的自生长道路。

项目负责人：栾耀华

主要参编人员：邱雨、丁朋伟、路舒涵

作者简介

栾耀华，上海复旦规划建筑设计研究院有限公司副总规划师；

邱　雨，上海复旦规划建筑设计研究院有限公司规划师；

丁朋伟，上海有大城市规划服务有限公司规划景观设计总监。

博弈与共赢
——乡村改造中规划与实施的初探

Game and Win-Win Situation
—Preliminary Exploration of Planning and Implementation in Rural Renovation

高敏毛
Gao Minmin

[摘　要]　乡村振兴是建设美丽中国的关键举措。随着经济水平的增长和人们对物质生活要求的提高，乡村环境亟待更新和改善。本文以浙江省衢州市双桥乡改造规划设计项目为例，在经过大量调研后，总结了当地建筑和公共空间存在的问题。规划方案运用色彩优化、立面统一、修旧如旧和庭院改造四条策略提升整体空间环境品质。本项目在后期实施过程中遇到多方面难题，在与甲方（乡政府）、受益方（村民）和实施方（施工队）的交涉过程中既有力争又有妥协，更多的是共同努力解决不可预期的问题。在此希望总结规划阶段和实施阶段的经验以供大家参考。

[关键词]　乡村改造；建筑立面更新；环境提升；二次叠色；博弈和共赢

[Abstract]　Rural revitalization is a key measure to build beautiful China. With the growth of economic level and the increasing demand for material life, the rural environment urgently needs to be updated and improved. This article takes the renovation planning and design project of Shuangqiao Township in Quzhou City, Zhejiang Province as an example, and summarizes the problems existing in local buildings and public spaces after extensive research. The planning scheme utilizes four strategies: color optimization, unified facade, renovation as old, and courtyard renovation to improve the overall spatial environment quality. In the later implementation process of this project, various difficulties were encountered. In the negotiation process with the party a (township government), beneficiary (villagers), and implementation party (construction team), there both efforts and compromises, and more importantly, joint efforts were made to solve unexpected problems. I hope to summarize the experience from the planning and implementation stages for your reference.

[Keywords]　rural renovation; building facade update; environmental improvement; secondary overlapping color; game and win-win situation

[文章编号]　2024-95-P-098

一、项目概述

1.项目背景

2018年9月，中共中央、国务院印发《乡村振兴战略规划（2018—2022年）》，强调乡村振兴是建设美丽中国的关键举措，强调乡村发展正处于大变革、大转型的关键时期，迫切需要重塑城乡关系。乡村的独特价值和多元功能将进一步得到发掘和拓展，延续乡村文化血脉、完善乡村治理体系的任务艰巨。该规划按照产业兴旺、生态宜居、乡风文明、治理有效、生活富裕的总要求，明确了阶段性重点任务。

2.项目区位

衢州市，简称衢，是一座有近一千四百年建城史的城市。位于浙江的最西面，钱塘江上游的衢江沿岸，浙赣铁路线上，与安徽、福建、江西交界，川陆所会，四省通衢，是浙西的交通枢纽和政治、经济、文化中心。衢州市是长三角城市经济协调会的成员，也是海峡西岸城市群的成员。

铜山源古称铜峰溪。位于浙江省衢州市衢江区，钱塘江上游衢江支流。有两源：西源出衢江区洞口乡

（太真乡）大源，称银坑溪，流经双桥乡注入水库；东源出庙前乡西岙坑，称庙前溪。两源注入铜山源水库存（1974年建成）。

本项目位于浙江省衢州市衢江区北部的双桥乡。

3.项目缘起

浙江省是中国美丽乡村建设的发源地，已有十多年美丽乡村建设经验。随着杭新景高速的开通、高铁网络的日渐成熟，区域外部交通条件得到极大改善，为浙江衢州输送来大量优质旅游客源。以旅游市场不断优化为背景，借助规划四省打造国家东部生态文明旅游区的契机，为铜山源及周边区域的发展提供全域旅游咨询服务，形成了以铜山源水库为核心的全域旅游概念规划——《衢州铜山源休闲度假旅游区概念规划》。

衢州双桥乡位于铜山源水库西侧，是全域旅游规划中的重点板块，是进入铜山源水库的西大门。双桥当地建筑多为小洋楼风格，很多建筑都是在最低经济成本的基础上，村民自发建设，缺乏美观和谐。在改造风格选择上，经过大量调研，结合现状特征，参考优秀案例分析，发现"色彩改造"的方向比较适合

双桥这样特征的地区。方案建议双桥乡结合当地建筑特色予以色彩改造和环境节点改造，形成独具特色的"彩韵双桥"乡村旅游目的地。

4.规划范围

双桥乡规划范围面积为15.7hm²，环境协调区面积为8.8hm²；范围内总建筑量515栋，重点改造建筑259栋，普通改造建筑256栋；主路长度1585m，环形支路长度628m，内部小路长度488m。

二、建筑和环境问题剖析

衢州铜山源休闲度假旅游区正在整体规划中，双桥乡作为邻近的村落依旧保持最原始的农家房屋风貌，建筑杂乱，缺乏特色，街道院落没有规划，显得太过随意。

1.建筑细节无秩序

双桥乡主要道路两侧的建筑多为近20年内新建的农家自住房，高度多为2~3层，一层为开敞式院落，极少量底层商业。现状居住建筑颜色沉闷单调；相

邻建筑色彩不协调；卷帘门和入户门颜色丰富，形式各异；门窗和空调外机高低错落；部分建筑一层二层之间有垂直向结构板，或作为遮雨板，或作为露天阳台，形式简单，影响外立面效果；窗户做法不一，高低不同；空调零散安装，杂乱无秩序。

2.公共空间杂乱，基础设施亟待建立

双桥乡规划范围内大部分一层建筑的修建年代较久，外立面斑驳，有些已经无人居住；高压电线杆无序且倾斜；路灯、垃圾桶、公共厕所、标识牌等街道家具缺失；农家院落空间破败，与公共街道界限模糊。

三、优化策略

规划方案采用色彩优化、立面统一、修旧如旧和庭院改造四条策略提升整体建筑和空间环境品质。

1.策略一：色彩优化

（1）色彩研究

建筑色彩可多样化选择，以浅黄、橘黄、橘红、砖红等暖色调为主，营造温暖宜人、多彩绚丽的美丽小镇。色彩提升并非盲目选择，国外的小镇虽然色彩丰富、但以YR、Y为主，明度、彩度等层次丰富，基调色、辅助色、点缀色比例合适。很多国内小镇用多样的颜色来粉刷墙面，然而其色彩缺少控制，显得杂乱无章。色彩取值具有科学性，高品质色彩具有一定的取值范围，色彩之间搭配合理。在做设计之前，项目组研究了优秀色彩小镇的色彩构成，用数据量化的方式总结不同类型小镇色彩的具体分布特征。最后得到结果：色相在5Y~YR之间；明度在5~8之间；彩度在1~5之间；暖色为主，饱和度不宜过高。研究发现色相、彩度及明度的微差及其不同的比例关系可以塑造出不同类型的色彩小镇。多种案例表明，色彩温暖明亮型与开阔的水域地区环境相宜，所以选取此类型为基础，挑取色彩基调色，同时对不同色彩的比例关系也予以规定，形成"双桥改造色谱"。

衢州市双桥乡主界面共两百多栋建筑，在设计中，按照色彩比例为每一栋建筑分配基调色，同时，规定两个相邻建筑需要选取不同的基调色，保证景观的多样性，此外，每个建筑选取两个至五个辅助色，用于檐口、窗框、百叶、门窗等，以保证立面的丰富性。

（2）试验解决色彩实施技术难题

配色的准确性与重现性都很重要，但大多情况下颜色的重现性比准确性会更加重要，即批次间的色差一定要小，这样可以保证同一建筑物上的颜色均匀一致；配制的颜色与标准色卡进行比较，对于建筑涂料，一般要求浅色色差小于0.5，中间色小于1.0，深色小于2.0即可。

在规划方案定稿后，如何落实色彩效果是最难的挑战。当地乡政府联系涂料公司制作色板，并且尝试三种不同的粉刷方式进行比选，分别是普通的光面效果、拉毛效果和底色叠加深色肌理的二次叠加效果。项目组极力推荐使用拉毛的做法，但乡政府考虑经费问题不赞成；当地老百姓接受度不高；另外还考虑到拉毛的肌理会积灰，不易养护，所以否定了此做法。

于是，项目组进行了建筑色彩和二次叠加肌理的重新探索。为了在光面粉刷的墙壁上达到视觉拉毛效果，项目组反复多次试验继而提取出相似纹理，并且调试大小和颜色深度。同时，在原有规划方案基础上定稿六种建筑底色，调高明度、降低彩度，避免过度浓烈的色彩，然后与涂料公司当面沟通色彩及叠加肌理，确保设计理念的完整传达，最终确认色板小样并下单制作。

施工方拿到涂料和样板后，开始墙面二次肌理叠加的创新研究：购置了不同的海绵，运用了不同的手法，同时项目组到达现场加入研讨，现场确定了均匀肌理密度和减轻叠加力度的原则，最终确定了施工方法，效果令多方满意。最终为保证项目效果的独特性和完成度，施工方集中培训了七十多名施工人员，所有建筑均进行人工二次叠色操作。

2.策略二：立面统一

解决关键的色彩问题后，另一个亟需改造的就是建筑立面。项目组总结归纳了五种建筑优化模式。

①毛坯欧式三层小洋楼，立面不做大调整，以改色彩及加构件为主，相邻建筑色彩做适当变化，丰富立面效果。去除老式封闭卷闸门、铁栅栏，统一空调机位及店招位置和大小。

②外墙瓷砖现代建筑，立面需去掉瓷砖，再粉刷色彩。去除老式封闭卷闸门、铁栅栏，统一空调机位及店招位置和大小。

③部分建筑立面较为简单，直接粉刷效果不理想，需增加构件，优化立面。

④传统土坯+木构建筑，以保护修复为主，修复原有结构，适当增加装饰。

⑤传统砖石浙派民居。该类建筑量较少，主要分布在镇区内部，以保护修复为主。

在实施过程中，项目组对建筑屋顶、门窗百叶风格、材质和比例进行设计，使不同建筑风格在各具特色的同时能够相互呼应，整体形成双桥乡精致、细腻、多变而统一的建筑群体。在这个过程中遇到了一系列实施的问题。

窗框突出问题：原有设计为更换所有窗户达到形式和颜色的统一。因大部分村民不同意拆除原有窗户，只得在原窗户外增加"窗外窗"，导致新窗体突出墙面，又因窗边设计了固定式百叶，恰巧化解了突出墙体的尴尬。

建筑线条规格问题：规划方案在窗户的上下沿和建筑周边做白边处理。在实际操作过程中，听取施工队建议使用PVC泡沫板为原料做白边，并对窗户线条做切角的造型处理。

建筑墙裙、大门和卷帘门问题：在施工期间多次与甲方和施工方商讨材料、颜色和细部构造等问题，其中有坚持也有妥协，但最终设计效果并未达到预期。

雨棚问题：规划期内本着随机效果的原则，雨棚设置并无规律，可村民希望本着公平公正的原则全部安装雨棚。最终，项目组修改设计，并且增加砖红色雨棚丰富性。

每栋建筑细节都不同的规划设计在实际施工中会遇到诸多问题，在多方合作中不可避免地产生博弈，这就需要设计方、甲方、受益方和施工方紧密沟通、协调合作，为项目的品质共同努力，最终达到共赢。

3.策略三：修旧如旧

传统中式房屋占建筑总量不多，特别是塔太线沿线（即主要展示界面）较少。中式建筑整体风格延续，依照修旧如旧的原则更新屋顶瓦片、防雨披檐、窗户、大门和墙面。但实施期间，因时间和经费的考虑，部分传统夯土建筑被拆除，部分传统中式建筑没有做更新。

4.策略四：庭院改造

将塔太线沿线和沿河等重要庭院分类型进行设计，针对不同使用功能划分庭院形式、材质和休闲设施，形成系统的双桥庭院景观体系。

①开放型，商业界面，加外摆空间或景观护栏。

②围墙院落型，无商业界面，建筑离道路较远，建议增加院墙、院门。

在后续实施期间，甲方和施工方更新了庭院，以水泥墙外加毛石贴面和黑色铁艺护栏的形式改造，虽然并未按照我方设计，但效果较切合建筑环境。

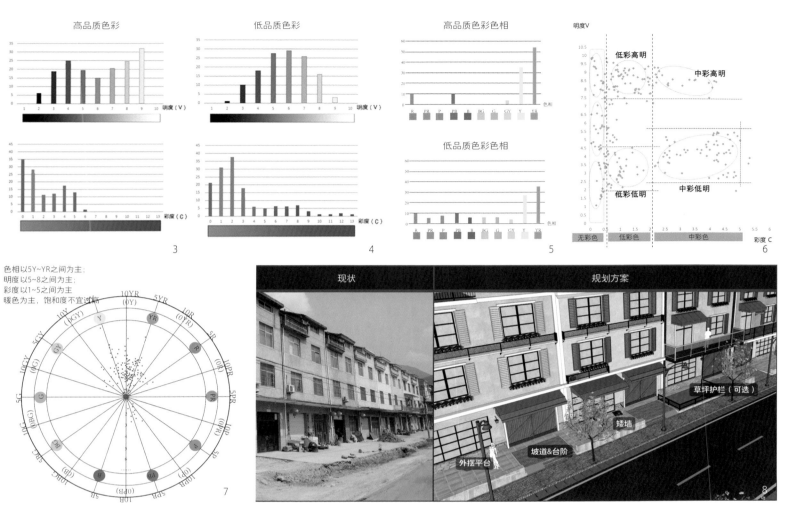

3-7 色彩研究与分析图
8.开放型庭院设计图

四、博弈与共赢

设计方与甲方有诸多的共通性,双方都希望打造精品项目,尽可能地实现项目的整体性、独特性、视觉美观性和功能实用性。然而,乡政府有平衡经济,以及督促项目进度的需求;村民有自身利益和风俗习惯问题;实施方是以经济作为首要考量标准,他们愿意选择性价比高的材料和可操作性强的施工方式。因此,实施中项目组遇到各类不同意见和阻力,在追求效果的基础上,不断调整解决方案,充分平衡设计、造价以及居民意愿等因素,以保证项目顺利实施,达到共赢的目的。

五、结语

城乡发展是一个动态的演变过程,经济的富足让人们对物质环境的要求不断提升。既要城市文明,也要乡村文明;既要人造文明,也要自然文明。和谐社会是城乡之间的协调发展,理想的生活状态是在城乡之间自由游走。建设幸福和谐的社会,是实现城市和乡村的相互发展,而不是把城乡"一体化"变为城乡"一样化"。在城乡改造中,从方案阶段到实施阶段会遇到一些挑战和困难,在与甲方、受益方和施工方沟通合作中,协商、争执和妥协都是必然过程。在前期设计过程中,我们需要充分调研和收集相关数据,与当地相关部门和人员进行沟通,以确保方案设计的可行性和有效性。在工程实施后,可能会遇到合作不力、意见分歧等问题,这些问题可能源于不同团体之间的利益冲突,或者方案引发的复杂情绪。为了解决这些问题,我们需要加强各方沟通和协调,明确责任和利益,并以积极的心态面对,以促进方案的顺利实施。

本文抛砖引玉,介绍项目实施中的难点,总结经验和建议,以期让大家在规划阶段提前预判,让规划"图纸"顺利"落地"。

作者简介

高敏龟,上海同济城市规划设计研究院有限公司景观规划师。

场景式公园商业的地域性实践
——以梓潼沙河崇文湖为例

Regional Practice of Scene-Based Park Business Area
—The Case of Zitong Shahe Chongwen Lake Area

王 婷
Wang Ting

[摘 要]　城市公园空间与商业空间是城市公共生活与交往的重要空间载体。公园商业的模式在大中城市越来越多地被市民接受与喜爱，成为城市活力焦点。本次实践以梓潼县沙河崇文湖片区为例，探索在中小体量城市中，如何利用公园空间、商业空间与文化空间的有机结合，聚集多元人气，打造活力新中心。进而探索出一种以空间叙事性为重点，基于场景生成设计单元，集文化游览、市民休闲、娱乐体验和购物功能于一体，自然环境与文化商业建筑相融合的城市休闲交往空间。

[关键词]　公园商业；场景式；生态景观；人文景象；城市活力

[Abstract]　Urban park space and commercial space are important space carriers for urban public life and exchanges. Park business models are increasingly accepted and loved by citizens in large and medium-sized cities, becoming the focus of the city's vitality. This practice takes the Chongwen Lake area of Shahe in Zitong County as an example, designing and exploring how to use the organic combination of park space, commercial space and cultural space to gather diversified popularity and create a new center of vitality in small- and medium-sized cities. It explores a kind of urban leisure intersection with space narrative the design units of which are generated based on various scenes, integrating cultural tour, citizen leisure, entertainment experience, and shopping function, and combining the natural environment with cultural and commercial buildings.

[Keywords]　park business; scene type; ecological landscape; human scene; urban vitality

[文章编号]　2024-95-P-102

一、引言

近年来，由于数字科技的进步带来了各类虚拟现实体验，加之层出不穷的智能化工具的使用，真实的城市空间利用面临更大的挑战。"十四五"时期，现代公共文化服务体系步入高质量发展的新阶段，提出构建新型公共文化空间。此背景下，北京、上海、广东、浙江、成都等地都提供了不同的建设样本，其空间的整体风格化和美学特征和消费、体验、符号、价值观与生活方式的文化内涵，都体现出更关注"人"的核心价值。我们希望梓潼可以利用具有生态景观性、场景叙事性的新型城市服务空间将"人"带回生活本身，将"人"归还社会，给当地城市发展赋予活力。

二、场景式城市空间

场景（scene）是传媒影视领域的特定专业术语，泛指戏剧或电影中的场面。

《牛津英语词典》中，"场景"的定义是"在真实生活或小说里出现过或发生过某事件的地方"，可以指一个拥有特殊气质，或能留下特殊印象的地方和设施，或是一个活动或兴趣集结的特定地点。

场景理论以消费为基础，对城市而言，如何实现城市的便利性和舒适性是前提，而这一理论把空间看作是汇集各种消费符号的文化价值混合体，并以这个层面来理解城市空间，把城市空间从物理意义上升到社会实体层面。

场景理论的研究体系建立在客观结构和主观认识两大体系上。客观结构包括社区、物质结构、人群和活动设施等；而主观认识则包括意义和价值、公共性及政治。

三、场景式城市空间的生成路径

场景式城市空间的要素包括：地点、人及文化形式三方面。

人，是场景式城市空间的核心要素，既包含有目的性前来消费的消费者，也包含周边来往中具有潜在停留可能性的其他人群；文化形式，则是场景式空间的最重要的要素，是表达空间场景的主要载体，包含地域美学、特色节庆、文化生活、消费体验等；地点，是指具有便利性、舒适性的、可供游览消费和生活休闲等使用的物理空间。

人的社会活动，往往以文化形式为载体，从而形成场景中特定的功能。人参与工作、消费体验、生活游憩、特色节庆、美学观赏等文化活动，形成了城市的商业空间与开放空间的各种功能。如，购物功能、美食餐饮功能、休闲游憩功能、艺术体验功能、文化展示功能、亲子游乐功能等。必要的功能满足不同人群的活动需求，是城市空间叙事性的体现。富有活力的城市场景一定是功能完善的。

人的活动必然需要特定的地点，特定的地点给人的活动提供必要的物理空间。层次丰富、景观优美的物理环境在一定程度上可以指引人的活动。人与物理环境的顺利交互则需要顺畅的交通系统、层次丰富的开敞空间、吸引人流的城市景观。另外，开放式的绿色空间、优秀的生态环境，这些也都是有活力的城市场景中的环境要素。

除了自发的人的活动外，以人的体验为核心的各类文化功能也需要特定的地点为载体，即建筑空间。建筑内部的空间组织为各类功能提供场所；建筑外部空间为各类文化活动提供适当的场所；建筑外部视觉效果也是展现地域美学的方式之一。场景式的城市空间是建筑是与环境的合理交融，可以将不同功能和不同景色交织在人的活动体验过程中，创造出有角色、有布景、有故事性、情节丰富的真实生活场景。

一廊两街全界面

崇文半月——环湖八景 / 商业五境 / 形象界面

云栖谷 ⑤

生境岛 03

城市剧场 04

稻花巷 ④

黄金海湾 02

揽月台 05

集散广场

艺酷码头 06

集散广场

芳草谷 ①

崇文湖
环湖景观走廊

城市阳台 01

07

酒吧街

集散广场

漂流岛 08

鹿鸣巷 ②

商业内街景观空间

光之环 ③

集散广场

3.城市阳台场景效果图
4.拦月台场景效果图
5.酒吧街场景效果图

近年来，商业模式也在逐步创新。不同于传统的盒子商业，公园+综合体的商业模式逐渐被市民接受并展现出相应的优势，适应了新时代的需求。而开放式的绿色空间、优秀的生态环境极大地丰富了消费体验，也更多地受到了消费者的欢迎。但是，我们想做的公园式商业并不是将公园空间与商业空间的简单叠加。这样的空间利用相对单一，缺乏特色与综合体验路径，难以满足新的城市的需求。

一个良好的场景式公园商业在功能上需要丰富完整的业态构成，这样才能满足不同年龄、不同类型、不同时段的人群的个人或交往需求。在环境上，不仅需要优美的绿色生态景观，也需要合理穿插游览、购物、休闲的交通路径；需要提供可游、可玩、可憩、可赏的开敞空间；需要有辨识性的景观标志来增加环境的归属感。在此基础上，需要将文化商业建筑空间与景观环境交织渗透，增强商业的可玩性与可游性。

我们进而得出场景式公园商业的定义，即以人的体验为核心，以社会化交往场景为单元，集文化游览、市民休闲、亲子教育、娱乐体验和购物功能于一体，自然环境与文化商业建筑相融合的叙事型城市空间。

场景式公园商业旨在将公园景观与商业空间穿插渗透，再以不同的文化主题形式丰富休闲体验，创造可以产生记忆的叙事性生活场景。场景式公园商业可以让人从景观游览渐进式步入文化商业的城市空间；抑或是在不知不觉间从购物中抽离，感受文化魅力，融入公园游览中。这是一种由空间塑造向场景生成的转化。

四、梓潼沙河崇文湖商业中心规划、建筑及景观设计

1.文化自强、小而美的梓潼

梓潼县是四川省绵阳的一座小城，因"东倚梓林，西枕潼水"而得名。虽然是一个不大的小县，梓潼却因其悠久的历史、灿烂的文化而底气十足。从剑门蜀道的苍翠古柏，到文脉恒昌的七曲山大庙、两弹城，再到唐代卧龙山千佛岩、长卿山森林公园，近些年，我们有幸参与并见证了这座川北小城一步步成为四川省文化产业和旅游产业融合发展示范区。当地居民有着很强的文化归属感，生活幸福。昔日自得其乐的小城渐渐张开怀抱迎接八方来客。在

这样的一座小城的城南，我们希望为当地居民设计一个承载市民"大生活"的城市级服务核心和一个承接周边来访游客，满足市内"微旅游"需求的文化购核心，从而聚集更多元的人气，使之成为小城活力热闹的新中心。

2.围湖布局，万象生活

基地虽临近潼江，但由于堤坝阻隔，临水而不亲水，人们较难享受滨水的优质生活。规划以崇文湖为核，凝聚复合功能，围绕基地中部核心生态湖面配置教育、商业、社区、旅游、养生、健身等不同主题，塑造服务整个梓潼的活力中心。

综合商业文化中心就位于紧邻崇文湖北面和东面的两个地块，我们便想要：结合公园景观突破传统商业模式，打造新颖的场景式公园式商业综合体，满足城市功能的同时提供生态优美的休闲文化的游览场景；以"人"的体验为核心，打造"全龄段、全时段、全层级"消费业态，完善的多维度功能可以满足市民的"万象生活"；使用简洁现代的设计手法与地域风格相结合；商业建筑与生态景观交织互融；形成具有梓潼当代性格特点的城市人文景象，展现具有当地居民充满故事性的生活场景。

3.多层次景观商业场景组成梓潼的"万象生活"和"微旅游"

片区景观设计"一廊，两街，全界面"的空间结构。以人的体验感来组织动线，环湖绿道设计成为主要的人流环线，它连接了绿地园路、景观栈道、亲水栈道、滨湖休闲商业，连通购物内街与开放外街。在游览中，实现不同层次的场景表达。

（1）以公园绿地和滨湖景观为主的游览场景

包括：①城市阳台，是A区与B区商业建筑的连接处，设计一处亲水平台。周末，周边的居民可以相约崇文湖，这里便可以作为最佳相约地点。它位置上通过广场通往城市道路，邻近公园景观，北侧是电影院及商业街入口。设计了滨水平台和"叶"型景观亭，可供等待的人遮阳避雨休憩，同时驻足观景或是摄影。②叠水花溪，位于崇文湖南侧的一角，临近城市道路，是公园商业的"入口"。这里有相对纯粹的安静的滨水环境，设计花溪丛，注重植物种植，乔木以开花植物为主。此场景具有良好的亲水性，吸引着周边中老年人休闲观景；青少年来此驻足戏水也是不错的选择。③黄金海湾，是东侧商业建筑前、临近湖边的一处绿地开敞空间。它既属于建筑前集散广场，又可以作为滨水景观绿地的融合空间。设计了儿童沙坑、看护型儿童游乐设施。在家庭购物日，一家人

理想空间

9.漂浮岛场景效果图
10.芳草谷场景效果图
11.云栖谷场景效果图

既可以在商场购物娱乐，又可以在购物之余参与亲子活动，购物亲子两不误。④生境岛，是叠水花溪向北、水面上的几个生态小岛。这些生态小岛也别有趣味，跑步健身的市民路过这几个景色优美的小岛，隔着小岛可以看到远处的揽月台，也是一处生动的场景。⑤揽月台，是崇文湖西南侧靠近湖心的一处核心的景观标志。它是节假日的灯光主秀场，更是聚集市民与游客观景拍照打卡的交往中心，这里将形成一处摩肩接踵的热闹场景。

（2）以滨湖休闲商业为主的景观体验式消费场景

通过城市剧场、艺酷码头、酒吧街，将景观渐进式引入商业场景。这里有充足的外摆空间，午后傍晚，购物结束的人们、下班的人们、住在周围的游客，在这里滨水而坐，小酌一杯。北地块商业建筑前，亲水的商业外摆、午夜集市、艺术装置为穿插过渡，从观赏场景步入体验区域。人们，则从视觉体验者过渡至景观的参与者。位于崇文湖北侧一角的漂浮岛，又将商业建筑的前庭拉回至观景休憩的场景。在这一层次的场景，消费与观赏游憩穿插渗透，也是各类文化主题活动的发生器。

滨湖的商业界面采用简洁流畅的折线轮廓，提取梓潼"两弹城"的文化要素，提炼青砖、灰瓦，以及折线条等建筑元素，采用现代材料铝镁锰大型屋面，象征"两弹一星"工程给人民带来的庇护。

（3）以购物内街和开放外街为主的高端购物场景

其中，购物内街的芳草谷位于A区商业内街的西入口，作为集散空间，这里有较浓厚商业氛围；鹿鸣巷则是商业内街的商业密度较高的购物街区；光之环是内街的圆形节点广场。B区由云栖谷从景观游憩过渡至商业内街。稻花巷是体验梓潼特色餐饮的商业节点，店外分布富有情调的外摆，景观上采用"稻花"形态的景观照明，在午餐和晚餐时刻，其将展现座无虚席、稻花飘香的美食场景。对外的开放外街则是以城市首店和品牌餐饮为主的高端商铺。

（4）多层次客群的场景

为营造梓潼集绿色生态、景观游览、体育健康、文化体验、休闲娱乐、美食购物于一体的"万象生活"。这也吸引着对梓潼慕名而来的游客。在结束了一天景区游览后，人们回归城市休闲体验；作为市内"微旅游"场所，梓

106

潼沙河崇文湖商业中心将承接游客"吃、住、游、购、玩"的最后一站。

五、结语

如今，崇文湖已部分竣工，2023年春节崇文湖揽月台绚丽亮相，崇文湖标志性景观成为梓潼市民打卡网红点，成为梓潼顶流，是名副其实的城南城市地标。建成后，梓潼县群众对梓潼旅游业发展赞不绝口，人民幸福感显著提高。目前，景观部分施工基本完成。商业及文化建筑在建设过程中，不久即将完工。相信在其建成后，一定会为梓潼这座美丽的小城注入新的活力，展现梓潼欣欣向荣的热闹场景。

参考文献

[1]蒋梦恬. 浅析场景理论视角下的城市公共文化空间[J]. 大众文艺, 2021 (7): 82-83.

[2]陈波. 基于场景理论的城市街区公共文化空间维度分析[J]. 江汉论坛, 2019 (12): 128-134.

[3]张薇. 体验式的购物公园规划设计——以南京羊山公园商业街重点地块城市设计为例[J]. 上海城市规划, 2015, 6 (6): 39-43.

[4]温雯, 戴俊骋. 场景理论的范式转型及其中国实践 [J]. 山东大学学报 (哲学社会科学版), 2021 (1): 44-53.

[5]郭俊亿. 购物公园外部空间的城市性分析[J]. 建材与装饰, 2018 (10): 111-112.

作者简介

王 婷，上海同济城市规划设计研究院有限公司城市景观风貌规划设计所中级工程师。

12.稻花巷场景效果图
13.商业外街场景效果图
14.揽月台视角生境岛及北地块商业建筑建设实景照片

中央创新区生态景观体系
Ecological Landscape System of the Central Innovation District

陈圣泓
Chen Shenghong

[摘　要]　凭借城市绿廊、道路绿带及社区公园编织生态绿网对城市中心区构建完善生态体系尤为重要，本文尝试以永安渠海绵城市生态公园为生态基底，论述如何通过景观设计手段构建和营造中央商务区的整体生态系统，实践公园城市生态建设，正如我们一贯强调的，以生态建设为导向推动公园场景与周边城市功能、市民生活需求融合，构建中央创新区恢弘的生态脉络系统。

[关键词]　风景园林；景观体系；生态系统；海绵城市；城市绿廊；中央水廊

[Abstract]　With the urban green corridor, road green belt and community park weaving ecological green network is particularly important for the construction and improvement of the ecological system of the central area of the city, this paper attempts to use the Yong'an Canal Sponge City Ecological Park as the ecological base to discuss how to build and create the overall ecosystem of the central business district through landscape design means, and practice the ecological construction of the park city. As we have always emphasized, we should take ecological construction as the guide, promote the integration of the park scene with the surrounding urban functions and citizens' living needs, and build a magnificent ecological context system for the central innovation districts.

[Keywords]　landscape architecture; landscape system; ecosystem; sponge city; urban green corridor; central water corridor

[文章编号]　2024-95-P-108

一、区域生态体系怎么看

西安高新区积极践行"绿水青山就是金山银山"理念，注重城市区域的生态体系建设，并采取了如"蓝天保卫战""碧水攻坚战"等一系列措施，以不断夯实高新区高质量发展的生态根基。截至目前，全区绿地、绿道、口袋公园陆续建成开放，生态绿地系统已成为市民群众休闲旅游的热门"打卡地"。中央创新区是西安高新区生态环境体系建设的重要部分，它将绿色生态发展融入到城市发展的每个角落。绿地与生活相伴、山水草木与城市景观融合；推窗见景、出门见绿、抬头见蓝，畅想宜居、宜业、宜人的诗意生活。

中央创新区是西安高新区三次创业的主战场，是践行"三个经济"发展思想、打造"一带一路"区域金融中心、促进科技与金融深度融合的有力探索。

高新区三次创业吸取了过去三十多年的发展经验，高标准地打造丝路科学城。丝路科学城依托秦岭生态优势，围绕沣河、潏河、太平峪河等9条河流、利用仪祉湖、和迪水库等水利湖泊资源，以绿道、碧廊连通公园和山水林田湖草生态景观，实现城市建设与生态本底有机渗透，打造新时期双碳典范，成为"一半山水一半城"的山水共映理想城。

中央创新区是丝路科学城承上启下、继往开来的核心板块，规划面积50.9km²，包括科创金融和国际社区两个组团，其作为"双中心"建设的城市综合服务功能区和"四个高新"建设的主阵地，旨在打造"科技+金融+创新"深度融合、互乘放大的丝路国际金融中心，建设成为科创城市的形象门户、科创生态的赋能中心、科技应用的未来场景。

中国城市规划设计研究院发布的《中国主要城市公园评估报告（2022年）》显示，在"全国主要城市公园分布均好度排名"中，西安跻身全国35座主要城市第一方阵，在12座特大城市中位居第7名。

这得益于西安公园布局的合理性，尤其在高新区，系统性布局生态公园的思路已经被运用得淋漓尽致。

中央创新区的区域生态体系是一个复杂的生态系统，它是人类活动和自然环境交互共生的系统，在城市建设中将面临自然植被被新建建筑物或道路取代、水资源雨洪管理与防止城市内涝、城市微气候变化与热岛效应等一系列问题与挑战。采取科学合理的措施来保护和建设城市生态系统——合理利用土地与水资源、践行绿色生态可持续的能源与资源利用方式、强化城市绿地建设保护生物多样性、保持人与自然的密切交流与和谐相处、维系生态平衡与生态功能，以此构筑区域大生态系统，提高城市居民的生活质量和环境质量。

二、园区生态体系怎么做

中央创新区城市规划和建设中始终秉承大区域生态体系构建理念，合理规划土地利用，确立"十字"生态廊道形成城市主要空间发展轴，引入"之"字形永安渠，以水脉串联各城市组团，建立完善的雨洪管理和水资源利用系统、矩阵公园以提高生态系统稳定性、生态功能和城市绿化覆盖率，改善城市微气候，降低城市热岛效应，确保城市发展和生态平衡方面起重要作用。

中央创新区超高层地标集群初现雏形，城市公园绿色"画卷"也已铺开，中央创新区在规划建设中构建出完善的城市公园体系，公园绿地总规划面积173hm²，规划数量共计124块。

中央创新区绿地规划系统是由"中央绿核、休闲水廊、生态绿网"构成，在城市地标区设置绿核，利用调蓄水体打造湿地景观，营造未来之瞳绿核滨水活动空间，建成后将成为西安市的地标景观节点；同时，规划控制两条带状绿地，作为瞳湖的延展，向东西、南北渗透形成十字绿轴，中央创新区各核心功能围绕其周边布局，规划打造一条共享开放的休闲水廊，嵌入都市之中，形成宜人生态的魅力空间，在此基础上，"四横三纵"城市干道绿廊组建起中创区生态骨架，将永安渠海绵城市生态公园、大仁遗址公园、中央公园及多个街角口袋公园串联形成覆盖广泛的绿网绿地，实现"三分钟见绿，五分钟见园"的特色美景。

中央创新区遵循低影响开发理念，以构建城市大海绵体系为目标，重塑区域自然水循环，强化未来之瞳湖雨水调蓄功能，保障水生态的同时提升城市滨水

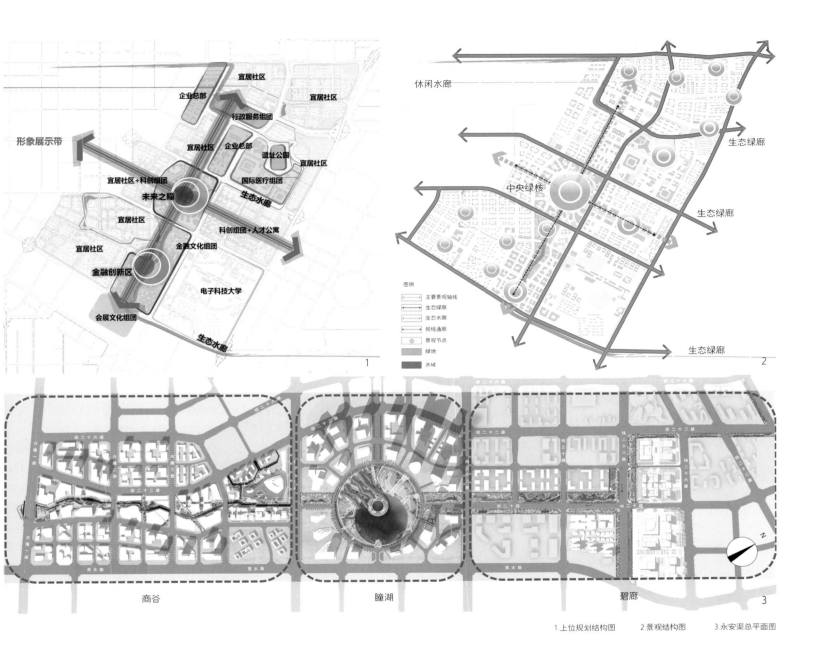

商谷   瞳湖   碧廊

1.上位规划结构图   2.景观结构图   3.永安渠总平面图

活力。通过海绵城市建设，综合采取"渗、滞、蓄、净、用、排"等措施，最大限度地减少城市开发建设对生态环境的影响，将大部分的降雨就地消纳并利用。通过构建区域海绵系统，提升城市生态品质，增强风险抵抗能力。打造自然生态相融合的生态型城市示范区，彰显西安市特有的山水格局，推动生态文明建设，打造大城市建设与生态环境和谐共融的典范。

三、生态图景的兑现

中央创新区在一片白纸上描绘蓝绿生态图景，规划之初布局的城市公园、中轴水廊、生态绿网正一一兑现。近期六大公园——永安渠海绵城市生态公园、大仁遗址公园、流光公园、中央公园、氧丘公园、听

风公园均已染上绿色，城市干道绿化绿带渐穿新装，其中，除永安渠海绵城市生态公园、大仁遗址公园外，其余四个公园均为口袋公园。

永安渠海绵城市生态公园（中轴水廊）位于西安高新区中央创新区核心区，南北长约4.5km，总用地面积约为39.62hm²，由ARTMAN GROUP负责总体设计，规划打造成区域的中轴水廊。

隋唐长安是7—9世纪闻名世界的国际都市。它建筑宏伟，城市布局合理，在水利系统建设方面，对后世城市建设影响极大。它的水利系统呈"八水五渠"之势，永安渠便是长安西市的主要供水渠道，提供生产生活用水；它美化了西市环境，并有抗旱、防洪排涝、净化水质功能、为百姓提供休闲活动。规划构建的中央水廊延续了历史上的永安渠，丝路大唐河渠历

经千年时光重生，科创交互链接未来城市水廊。

设计团队认为永安渠和韩国清溪川有异曲同工之处，它们同样连贯城区，承载城市生活、文化商业办公等综合功能，但永安渠在中创区绿核、绿网加持下更具自己的特色。印象深刻及富有张力的景观节点、有组织的雨洪管理与自然净化、富饶的地域文化是塑造场地特色的重要因素，为项目的设计与落成夯实核心基础。

永安渠公园设计遵循低影响开发海绵理念，以"海绵生态、文化生活、科创交互"为主导功能，综合采取"渗、滞、蓄、净、用、排"等技术措施，建设城市大海绵体系，同时倡导"生态+科普"的科技交互体验，提升城市滨水活力和韧性，推动高新区生态环境及科技创新可持续发展，引领西安滨水新生活。

永安渠总体分为碧廊、瞳湖、商谷三段，连接金融办公、社区居住、文化展示、商业街区等多元功能区，并满足不同人群亲近自然、休闲游憩的生活需求。

周末的清晨，漫步于永安渠海绵城市生态公园，坐看碧波荡漾，听闻鸟语花香，仿佛置身"天然氧吧"。最南端称之为商谷，即商旅文化街区，创意水廊结合规划演绎商业河谷景观，颠覆传统商业模式，打造社交美学体验场所。

永安渠水廊结合规划地下商业街区，灵感源自秦岭的峡谷风貌，潺潺溪流涌动在商谷之间穿行而过，水作为一种重要的设计元素用于表现具有戏剧梦幻张力、充满想象的场景，联动商业零售、夜市、酒吧构成丰富的水表情景观，吸引一众西安市民参与其中。

永安渠海绵城市生态公园中心的绿瞳称之为瞳湖，它位于中央创新区的总部经济核心区，周边配套超高层建筑、大剧院—科技中心文化建筑，是人文、教育、公共事务核心，未来将是与全球文化紧密互通的商贸区。瞳湖是中创区的城市中心，也是海绵调蓄湖生态核心，落实海绵理念，将雨水就地消纳和利用。

瞳湖呼应大剧院"城山相映"的概念，强调意象的山水生态特色；利用场地层层跌级的丰富竖向关系，最大限度地汇聚、净化周边场地的雨水径流；打造季节性的湿地景观，有效减缓市政雨水排水压力，达到蓄排平衡效果。

最北段生活社区休闲水廊称之为碧廊，紧邻居住用地及社区综合体，水景观表达随季节变化，场地植入海绵城市设计理念，打造雨水公园、绿色街道。同时以生态岛链与都市森林广场为核心，打造集生态净化、科普教育、亲水体验于一体的海绵生态碧廊，连接一系列住宅区，让市民在家门口亲近自然、放松身心。在这里人们将体会到安详与宁静和一种回家的感觉。街道树荫密布，绿意浓浓。目前碧廊段已建成开放。

除了永安渠大型综合公园，中创区倡导15分钟便民休闲圈，规划了系列口袋公园，让市民转角遇见公园。改善城市生态环境，提高城市居民的生活质量，同时为广阔的城市建筑增添一抹抹青绿。构建15分钟休闲圈可以让群众更加方便地享受到绿色环境，满足其休闲、健身、娱乐的需求，方便群众休憩和游玩，提升中创区的生活品质和人民幸福感。

除了规模宏大的公园和系列口袋公园，中央创新区在规划中注重绿色生态，通过打造精心打造"一路一林道、一带一花廊"生态道路绿网，将自然元素融入城市空间。由中心城区5大绿带组成的重要绿色基础设施长度超过35km，总面积超过40hm²。

由城市道路绿化和侧绿带构建成的多条东西贯穿宽达百米的生态廊道，它将永安渠中央水廊公园、城市公园、街角口袋绿地等城市绿色脉络相联系，形成完善生态的绿色网络。道路绿网遵循不同片区定位、功能需求和使用人群，形成差异化的主题设计。这些绿化带不仅为城市居民提供了休闲娱乐的场所，也提高了城市的生态环境质量。

绿化设计上，注重生态保护和可持续发展，延续中创区疏朗简洁的"大树+草坪"特质，彰显"一路一林道、一带一花廊"特色。秉承乡土树种的原则种植了各种植物，包括乔木、灌木和花卉等，形成了丰富多彩的植物群落。这些植物不仅美化了城市环境，还为城市居民提供了新鲜的空气和宜人的气候。最大化道路沿线绿地的公共价值，让大道成为公园，让绿色人人可享。擦亮西安高新活力休闲的世界级"公园大道·品质绿廊"的城市名片。

四、未来展望

对于中央创新区生态画卷的展开，陈圣泓和ARTMAN GROUP筑原设计团队充满信心。与广州珠江新城"生态绿廊连城达江"中轴生态景观系统相类似，中央创新区拥其独特的城市空间格局、文化生态内核、开放的十字绿轴、散落的口袋公园和与之紧密联系的道路绿网，且其景观系统构成将更为复杂、更为生态自然。中央创新区秉承着"创新绿色、开放共享"理念，实践公园城市生态建设，正如我们一贯强调的以生态建设为导向推动公园场景与周边城市功能、市民生活需求融合，打造宜居、宜业、宜游的良好生态环境并激活区域价值。

西安高新区中央创新区承载澎湃发展势能，在持续厚植蓝绿交织的生态底色的同时，不断蝶变城市界面，展现出所见即所得的城市价值兑现能力。在全国"双中心"核心承载区加持下，科技创新的号角接连响起，项目建设的热潮持续涌动，处处迸发着蓬勃的发展活力。未来将是充满挑战和机遇的，我们希望通过更加深入的研究、理解和构建中创区的生态景观系统，凭借全社会的共同努力和参与，不断创新和适应新的挑战，共同描绘属于西安人民、面向国际社会的中央创新区科技创新、生态可持续的景观系统。

项目地点：西安高新区

用地面积：39.92hm²

设计时间：2019年10月

设计单位：筑原设计机构（Artman Group）

首席设计师：陈圣泓

设计组成员：张宇、叶志明、张锐、柯煜楠、高敏、梁嘉健、李颖甄、徐以玲、肖铁刚、雷兴华、徐文珠、彭顺桥、刘爽、金燕汶、张洋波、陈业义、石巧琴、张洁、林晋栋、骆逸骏、粟林艳、钟小洋、朱明英

作者简介

陈圣泓，筑原设计机构创始人、总裁、首席设计师。

4.瞳湖"山水相依、城山相映"概念效果图
5.海绵碧廊实景照片
6.纬三十二路绿廊效果图
7.街角口袋绿地效果图
8.商谷段河谷商街概念效果图
9.商谷段森林绿谷概念效果图
10.商谷段戏水乐园概念效果图
11.瞳湖艺术水岸概念效果图

他山之石
Voice from Abroad

城市中心港区复兴的滨水公共空间设计经验与启示
——以德国汉堡港口新城为例

Waterfront Public Space Design in the Revitalization of City Center Harbour Districts
—Practical Experience and Enlightenment of Hamburg HafenCity, Germany

李玘苏
Li Qisu

[摘 要]　随着我国城市化发展进入存量提升时代，沿海沿江城市的城中心码头受用地及环境限制，港口及相关产业逐步转移至城市外围。坐拥优势区位及滨水资源的城中旧港区如何打造舒适宜人、激发创意、生态多元可持续的公共环境，完成工业区向美丽滨水区的转型成为城市更新及工业景观改造的重要议题。本文以21世纪欧洲最大的港区更新项目汉堡港口新城为例，通过梳理其从项目成立、总体规划到规划修订的公共空间发展历程，总结出港口新城在公共空间对社会公平的包容理解、港口文脉与历史记忆的挖掘应用、功能与形式结合的滨水空间塑造理念以及景观空间与精细化混合功能开发相适配等方面的实践经验，对我国城市滨水区城市更新的长期发展具有借鉴价值。

[关键词]　滨水空间；港区复兴；汉堡港城；公共空间；汉堡

[Abstract]　As urbanization development in China enters the era of existing source upgrade, the port and port industries are gradually moved to the suburban districts due to land use and environmental constraints in the city center of many coastal cities. Given the advantageous location and waterfront resources, how to create a pleasant, creative, ecologically and sustainable public environment in the old harbour district, and revitalize the industrial area into a charming waterfront has attracted many attentions in urban renewal and industrial transformation field. This essay takes Hamburg Hafencity, the largest port renewal project in Europe in the 21st century, as an example, and through combing its public space development from the project initiation, master plan to plan revision, summarizes into the following aspects: the inclusive understanding of social equity, the essence extraction of port heritage and historical memory, the unity of function and form in waterfront space making, and the adaptation of landscape to refined mix-use block strategy. The practical experience and enlightenment of Hamburg Hafencity are of great value to the long-term development of urban renewal of China's Harbour districts.

[Keywords]　waterfront; renewal of harbour districts; HafenCity; public space; Hamburg

[文章编号]　2024-95-P-112

一、概述

汉堡位于德国北部易北河河口，是欧洲最大的内陆型港口城市。身为历史悠久的易北河贸易自由港，汉堡港城的综合城市更新为世界滨水区改造树立了新标准。在占地157hm²的土地上，一个充满海洋气息的活力城区正在蓄力。除了优越的中心区位及政府的大力投入，汉堡港城的成功离不开精细化的用地管控、高标准的可持续设计以及创新的发展过程。港城塑造的高质量公共空间及其所引导的多元化融合让港城从一众国际城市滨水开发项目中脱颖而出。

1997年汉堡市政厅启动"港口新城"计划（HafenCity），将157hm²的港口区重新塑造为集办公、居住、教育、文化、休闲、旅游、商业于一体的城中之城；在创设海洋性魅力生活区的同时为易北河南岸的港口扩建提供资金。港城计划启动至今，为汉堡提供了45000个就业岗位及8000套住宅，可容纳16000名居民。更新规划所创设的国际化融合氛围、

共享性工业遗产空间、精细化功能混合单元及颇具魅力的公共空间系统吸引了《明镜》周刊总部（„Der Spiegel"）、Kühne + Nagel物流集团总部、联合利华欧洲区总部等大型公司、港口城市大学等高等学院及以及众多初创企业进驻，共同构成多元竞合、合力共生的城市滨水区新范式。

二、汉堡港城城市更新发展历程

20世纪60年代中期始，汉堡港口功能逐步向面积大、水位深的易北河南岸集装箱专用码头转移，北岸汉堡港城的港口工业随之迁出，闲置的仓库、厂房占据着大量空间。1997年专家提出"视觉港口城市"概念，通过将汉堡港城转变为兼具文化、居住、办公、教育、旅游为一体的现代化城中之城，来将汉堡港城与距离仅800m外的汉堡城市中心连接起来，共同塑造一个新城老城对话，港口文化与城市文化和谐共生的国际化港口之城形象。

1.总体规划

在汉堡政府的引导下，城市开发主管机构成立汉堡港城有限公司（HafenCity Hamburg GmbH），该公司以城市发展管理者、业主及基础设施开发商的身份举办HafenCity城市发展总体规划国际竞赛。最终竞赛由Hamburgplan团队与Kees Christiaanse和ASTOC共同获得头名，竞赛方案经汉堡市政厅审批并于2001年正式启动建设。

竞赛方案通过前瞻性预测功能、明确密度及架构增长、设定各种用途精细化的基本原则、尊重保留港城现状内部肌理、对特定地点巧妙施以应用规划干预手法并且确立灵活的街区尺度框架为改造工程实施提供科学翔实的信息，确保规划结构的空间可以满足丰富的功能组合需求。

总体规划结构将港城划分为十个不同街区，每个街区依据其独特的地形及历史功能而被赋予不同的定位。街区边界依据其所处地形，即盆地形码头、运河、河岸、铁路及道路而划定边界，开发顺序由

1 汉堡港口新城鸟瞰图（材料来源：https://www.kcap.eu/projects/9/hafencity）
2 汉堡港口新城片区划分平面图

西向东分别依次为：一区Am Sandtorkai/Dalmannkai，二区Am Sandtorpark/Grasbrook，三区Brooktorkai/Ericus，四区Strandkai，五区Überseequartier，六区Elbtorquartier，七区Am Lohsepark，八区Oberhafen，九区Baakenhafen，十区Elbbrücken。

十个分区的街区结构及建筑密度与历史悠久的汉堡老城区相似，其精细化管控的土地混合模式及领异标新的建筑景观设计赋予了历史城市新的增长生命力。

2.总体规划修订（2010年）

港城项目启动后的十年，2000年版总体规划确立的平面竖向空间混合准则及灵活的街区尺度框架成功激发了前港口中西部街区活力，使这里成为汉堡最具生命力的社区。与港城中西部的七个区相比，东部Oberhafen、Baakenhafen和Elbbrücken三区由宽阔水道阻隔，空间上更加独立。十年间汉堡的城市发展已将东部三区纳入核心内城的范围。连接汉堡市中心与港城东部的新地铁线路为港城发展带来新的契机。

2010年汉堡港城有限公司协同发展环境部及原规划团队对2000版总体规划进行修订。修订版规划通过公共空间和技术手段解决交通设施噪声问题。规划同时完善港城公共空间系统与东部国家公园的衔接，为未来与汉堡东部地区的融合发展奠定基础。结合时代发展变量，修订规划赋予东部三区更具特征性的空间及功能主题，与相对成熟的中西部功能协同发展，以塑造多元而融合、协调而独特的国际滨水区（表1）。

三、汉堡港城公共空间发展经验

汉堡港城几乎完全由新建筑物构成。街区虽新，但依然维持着原有港口的结构。自由港时期互不干涉独立运转的各码头厂区则是由完善的开放空间体系沟通与衔接。汉堡港城开放空间占陆地总面积达到惊人的45%（建筑面积占比32%，道路面积占比23%），类型包含公园、中央广场、滨水露台、街道及蔓延10.5km的长廊系统。开放空间体系构筑起新城市建筑与水岸的过渡空间，巧妙地将原港口特征与现代生活空间需求整理组合，是港口新城各类人群相遇的起点，也是文化交流、价值共享创意互动的活动集合地。公共空间在服务于港城社会、文化、政治发展的同时，塑造了港城独特而富有魅力的性格。港城开放

空间系统之所以成为港口核心空间组织部分的原因有以下几点可以借鉴。

1.功能与形式结合，拉近人与水岸关系的港城新地形

传统港口地形以低标高、同质化的盆地形码头为地形特征。港口区转型过程中，解决汛期防洪问题成为改造的基石。相较于常见的堤坝策略，港城采取德国北海地区传统的"Warft模式"保护港城建设区。"Warft"是一种楔形人工台地，台地底面与历史港口齐平，顶面与建筑地块和道路齐平。港城新建道路及建筑皆位于7.5~8.5m的Warft台地上。

整体防洪设施对地形的改造为空间设计拓展了无限潜能。历史与防洪改造的地形基底赋予了港城

表1　　　　　　　　　　汉堡港口新城片区划分及功能定位

编号	片区名称	功能定位	标志物
1	Am Sandtorkai/Dalmannkai	公共服务区+高端住宅区	易北河音乐厅
2	Am Sandtorpark/Grasbrook	家庭友好居住社区+企业总部区	Grasbrook公园 美国中心
3	Brooktorkai/Ericus	高等教育区	《明镜》周刊总部
4	Strandkai	住宅区+办公区	马可波罗住宅
5	Überseequartier	核心旅游服务区+休闲生活服务中心	邮轮中心
6	Elbtorquartier	高等教育区+初创企业聚集区	汉堡港口新城大学
7	Am Lohsepark	住宅区	Lohsepark
8	Oberhafen	文化创意产业聚集区	中央批发市场
9	Baakenhafen	补贴性住宅区+休闲区	Baakenpark
10	Elbbrücken	创业中心	EDGE HafenCity（在建）

3 麦哲伦滨水露台实景照片（材料来源：https://www.kcap.eu/projects/9/hafencity）
4 Grasbrookpark儿童游乐区实景照片（材料来源：https://www.wes-la.de/en/projects/grasbrookpark-hafencity-hamburg）
5 马可波罗滨水露台木甲板实景照片（材料来源：https://www.kcap.eu/projects/9/hafencity）

公共空间独特的三层级竖向空间特征：除了有防洪保护的 Warft 层作为竖向最高层的新 "城市层 "外，以前的港口层成为今天的长廊层，而一些盆地形码头延伸出的船港浮桥及防波堤构成最贴近水面的滨水活动层。三个层级共同建立起城市活动空间，与港口潮汐水位丰富互动，致敬传统港口文化。极端洪水的情况下，长廊层会被潮水淹没，而Warft层的城市空间则不会受干扰。

港城城市景观的丰富性与创造性正是基于港城新地形的多层次及彼此间连接过渡方式而产生。不同竖向标高及高差过渡处理给城市景观增添了视觉的秩序性、视点的变化性、活动的可玩性以及路径选择的多样性。使用者可以发挥想象力，灵活地、随心所愿地享受港城公共空间。例如，中部达累斯萨拉姆中心广场（Dar es Salaam Square）和两侧分别衔接城市道路与港口水岸，广场景观通过一个几乎察觉不到的斜坡弥合两侧高差，让身处城市空间的居民在不知不觉间步行至水边。又如位于街区尽头传统盆地形码头的麦哲伦露台（Magellan Terraces）和马可波罗露台（Marco Polo Terraces），景观设计巧妙地将无障碍坡道与宽宽窄窄的台阶交错在一起，在望向水岸的视觉廊道中增加了逗留空间和俏皮的台阶元素，在激发户外活动的同时，引导人们以最舒适最短的路径前往港城地标——易北河音乐厅。

2.满足使用人群多元化诉求的差异化公共空间营造

港城十大分区在根据自身与汉堡老城、外部交通条件及地形基底的不同而各自享有差异化的功能主题及片区风貌。港城中心的Überseequartier片区与陆地联系最便利，区位交通最优越，是功能叠加最复杂的商业、旅游、居住的核心品质区；最西端Am Sandtorkai/Dalmannkai片区以易北河音乐厅为地标，公共服务特征最明显。而中西部其余五片区街区尺度相对较小，功能上实现承接汉堡老城中心功能的新空间需求，与老城功能的联动；东部的三个街区规模更大，但与现有城市的融合较少，东部功能定位面向未来，以聚集性文创产业、大都市商业为主题。片区的差异化功能和多元化使用人群对公共空间提出了活动场景、社会公平及风貌协调等方面的要求；地块内部混合功能对私密性及场所活动的偏好给予公共空间更多细节层面的考虑。

在以公共服务属性为主的片区，公共空间注重核心打造及序列引导。例如，马格德堡港周边防洪层的Sandtorpark到麦哲伦露台广场，再到传统船港的浮桥，形成一个漂浮的潮汐水岸。以Sandtorpark为起点，易北河音乐厅为终点，浮桥或为指引路径的公共空间，秩序井然且节奏鲜明地吸引着游客、居民、员工、来访者汇合于此，将马格德堡港周边打造为绝对的滨水核心区。

居住办公功能主导的片区，公共空间更为灵活分散，活动设施适用场景性明确。各种活动需求都能在港城公共环境里找到最适宜的场所。例如Grasbrook家庭友好型社区建筑底层零售商业配备的小型的邻里广场是城市空间内的中心公共场所之一，承担着重要的沟通和连接作用。Grasbrook社区公园以儿童友好儿童游乐为主题，是汉堡市最受儿童喜爱的公园。设计通过柔缓的人工地形、沙地、水道创设参与式游乐场景。公园隐藏了其北部边界与附近居住区间的道路，方便来自国际社区、高档住宅社区、补贴性住房社区及附近幼儿园的不同年龄段孩子来此共同玩耍，成为港城宜人属性及开放空间共享的感知窗口。

长廊、露台、广场、公园的详细设计在设施配置、材质选择、竖向处理等方面有相当数量的细微区别，从而引发对这些物质空间认知的差异性，鼓励不同用户群体的共同使用和在不同时段使用。差异化、个性化的舒适空间为人们的相遇、创意的迸发提供可能性。使用者赋予空间的气质可以是嘈杂的或安静的，运动的或沉思的，柔软的或坚毅的。这一切无不点明港城空间的成功之处——通过设计为粗砺破败的港口定义新的身份，将设计元素与使用者群体共同纳入港城生活的社会语境。

3.对历史文化的符号再塑造

港城的繁盛史可以起源于19世纪。20世纪以来航运技术的发展、世界经济大萧条、一战二战的爆发、战后经济复苏曾经深刻地改变港城的面貌，这些时期的历史与记忆一度被埋藏在工业文明的钢铁符号之下。港城城市更新计划提供了新的契机，将尘封的历史重新带回大众视野。公共空间设计注重从遗存物质符号中挖掘文化属性，以场所为载体建立物质与空间的延续性，赋予港城独特的历史感与时光魅力。

（1）Lohsepark

占地4.4hm²的Lohsepark是港城最大的公园，是衔接港城与汉堡市区、连接东西区景观系统的绿地枢纽。公园呈南北向长方形，为四周的居住办公区域提供静谧的绿地空间。汉诺威火车站旧址位于公园中，二战时期至少有7692名罗姆人和犹太人由此火车站送往集中营。战后，火车站的遗迹被拆毁，这段悲情记忆也被人们淡忘。Lohsepark的景观设计复建了汉诺威火车站旧站台，并将其精心地融入公园。三组古朴翁郁的杨树环抱着旧站台遗址上的中心纪念馆（Denk.mal Hanover Railroad Station），温润无声地纪念着那段历史。景观设计沿着罗姆人被驱逐出境的路径预留了一条"缝隙"，游人跟随缝隙进入公园后沿着历史铁轨前行便可径直走到挂有遇难者姓名牌的旧站台。

（2）Marco Polo Terraces（马可波罗露台）

占地7800m²的马可波罗露台通过逐级下降的台阶致敬了传统盆地形码头与潮汐共生的港口文化。为保留历史码头墙体，周边建筑都与水岸保持一定距离。设计将码头层保留并改造为今天的10.5km长廊，其上采用传统木制甲板铺装，延续码头时代的铺装记忆。

四、对中国城市滨水区更新景观空间改造的启示

随着我国城市化发展进入存量提升时代，沿海沿江城市的传统中心港口受用地及环境限制，积极寻求生态、多元、可持续的转型路径，汉堡港区更新计划的景观空间规划给城市滨水区改造提供了良好的经验。

1.关注所有人群的需求，打造释放活力与创意的包容性空间

景观都市主义的视角看来，景观是面向更大空间的载体，经济、自然、建筑、人们的生活都是景观中的重要元素。关注每一个个体的需求，充分发挥公共空间场所属性是汉堡港城与老城完美融合，共同焕发活力的原因。鉴于港区特殊的重工业形态肌理与外界交通效率需求，我国城市中心区港区通常与周边环境存在功能及空间形态的割裂。转型过程中公共空间设计是为这些被切割留白的空间植入城市的气息，融入人的生活。设计师应该意识到若仅关注高附加值产业、高消费人群会将转型中的港区塑造为经济和社会属性上的孤岛。关注公共空间公平性，为不同背景、不同社会地位的人提供与他者共处的空间，是促进资源融合、释放创意活力所必须面对的社会议题。

2.延续场所精神，设计提升水岸空间价值

自2005年第一个城市空间建成以来，港口新城的公共空间已初具活力生活场景。城市人群对水的迷恋和景观设计对亲水性的处理增加了滨水城区魅力值。港口新城对港口地形的分层次处理将港口的历史空间形式与现代城区功能统一；长廊、公园、露台等公共空间无处不在的甲板、船锚、火车站台等历史符号元素为港口新城城市漫步增添专属的文化逸趣。我国港区向城区转型中，设计应该深度挖掘场地历史的多重价值，通过设计塑造可识别的城区形象，赋予历史记忆新奇的、空间性的独特形式。吸引游客和居民识别并使用这些公共空间，将人与新城区的身份形象紧密连接，助力工业港区向高品质魅力城区蜕变。

参考文献

[1]BRUNS-BERENTELG J, WALTER J, MEYHÖFER D. HafenCity Hamburg. Das erste Jahrzehnt: Stadtentwicklung, Städtebau und Architektur[M]. Hamburg: Junius Verlag, 2012.

[2]BRUNS-BERENTELG J. HafenCity Hamburg: Öffentliche Stadträume und das Enstehen von Öffentlichkeit[M]// BRUNS-BERENTELG J, EISINGER A, KOHLER M, et al. HafenCity Hamburg. Vienna: Springer, Vienna, 2010.

[3]AKYAPI S. Renewal of old industrial areas in the context of neoliberalization and globalization: Examples of London Docklands and Hamburg Hafencity[J]. JENAS Journal of Environmental and Natural Studies, 2023, 5(1): 85-97.

[4]肖彦, 朱嘉. 港口城市空间网络形态的跨尺度分析——以德国汉堡港口为例[J]. 华中建筑, 2019, 37 (5): 84-87.

[5]KRÜGER T. HafenCity Hamburg-ein Modell für moderne Stadtentwicklung?[J]. RaunPlanung, 2019, 146: 193-198.

[6]MEYHÖLFER D. Hafencity Hamburg Waterfront Architekturführer[M]. Hamburg: Junius Verlag, 2014.

[7]DÖRFLER T. Antinomien des (neuen) Urbanismus. Henri Lefebvre, die HafenCity Hamburg und die Produktion des posturbanen Raumes: eine Forschungsskizze[J]. Raumforschung und Raumordnung, 2011, 69: 91-104.

作者简介

李玘苏，上海同济城市规划与设计研究院有限公司社区规划与更新设计所规划师。

基于人性化的街道步行空间设计探索
——以墨尔本中心区为例

Exploration on the Street Pedestrian Space Design from a Humanistic Perspective
—Taking Melbourne Central District as an Example

虞 航 刘景文
Yu Hang Liu Jingwen

[摘 要]   传统私家车主导的城市发展一定程度上边缘化了步行空间与行人体验。近几十年来，改善街道步行环境的重要性逐渐受到广泛关注。墨尔本作为宜居城市的典范，在中心区的实践中分别经历了起步期、衰退期、转变期与复兴期四个阶段。本文基于人性化的视角对政策扶持以及自下而上的公众参与展开讨论，为我国下一阶段的规划探索提供借鉴。

[关键词]   城市街道；以人为本；可步行性；开放空间；城市设计

[Abstract]   Traditional urban development dominated by private cars marginalizes pedestrian space and pedestrian experience to a certain extent. In recent decades, the importance of improving the pedestrian environment has gradually received widespread attention. As a model of a livable city, Melbourne has experienced four stages in the practice of the central area: the initial period, the decline period, the transformation period and the revival period. Based on the perspective of people-oriented, this paper discusses policy support and bottom-up public participation to provide reference for the next stage of planning exploration in China.

[Keywords]   city streets; people oriented; walkability; open space; urban design

[文章编号]   2024-95-P-116

一、引言

传统的城市规划和交通网络构建通常是一项自上而下的运动。大都市政府首先确定城市乃至城市群间的蓝图，然后向下细分具体的交通走廊和核心发展区域。这种以大型交通基础设施为主导的城市发展模式在一定程度上提升了流动性和贸易联系，促进了城市化的进程和经济增长。

然而，在20世纪50年代，这种自上而下的模式对城市社会经济结构所造成的负面影响逐渐显现。城市边界的无序扩张和私家车所有量的提升不仅带来了道路系统的运行压力与交通事故风险，还对气候与生态环境存在着不可逆的消极影响。此外，有学者认为私家车的可获得性增加了家庭的经济负担，且路上的通勤和时间成本都是不可忽视的问题[1]。1961年，简·雅各布斯在《大城市的死与生》一书中对二战后的城市规划实践进行了批判。她认为随着更多为汽车提供便利的公共建设的诞生，让原有地区产生了不自然的分隔，形成了不安全的环境，并切断了社区邻里之间的联系[2]。与此同时，她强调了城市与街道步行空间对于城市活力的重要意义。雅各布斯的论述虽然伴随着一定的争议，但也在一定程度上重新引发了大众对于街区尺度的城市规划的关注。步行在城市出行中是一种最基本、成本最低廉的交通方式，同时它在人们的社交和娱乐中扮演了不可或缺的角色。城市的可步行性在一定程度上反映了这个城市的包容性、安全性以及对游客的吸引性[3]。

近三十年，规划领域开始充分认识到改善城市步行环境的重要性并逐步反思人车之间的路权归属问题。2016年，由美国国家城市交通官员协会（NACTO）和全球城市设计倡议协会（GDCI）共同编制的《全球街道设计指南》强调了行人应在交通系统中占据主导地位[4]；英国伯明翰政府在2017年颁布的《伯明翰发展规划》中强调了以人为本的街道空间发展策略，并以明确法定条文强化了步行的核心地位[5]，相较于上述发达国家，我国可步行城市领域的研究还处于雏形阶段，政策引导与制度保障等相关方面仍需要进一步完善，以实现从传统粗放型向精细化发展模式的转变。本文以墨尔本中心区街道空间规划为例，深入探究其衍变历程，为我国城市街道步行空间的活化与品质提升提供参考。

二、墨尔本中心区街道空间的规划发展

墨尔本位于澳大利亚东南部，是维多利亚州首府，也是南半球最负盛名的文化之城之一。墨尔本市在1847年由英国维多利亚女王宣告成立，作为一个拥有不到200年历史的城市，墨尔本曾经在2011—2017年连续7年被评为"全球最适合人类居住的城市"，在城市人性化设计方面取得了许多成就。

墨尔本市中心区域是城市的核心区，初期是由政府测量员Robert Hoddle设计的，整体布局采用矩形网格分布，在当地又被称为"霍德尔网"（Hoddle Grid）。王祝根等人[6]在2018年指出了，由于最初的墨尔本城市中心设计没有设置公共空间，在后期发展的过程中，当地市政府努力通过并联公共交通系统，使部分的街道承担公共空间的职能。所以墨尔本市中心的街道空间设计与城市发展历程属于是相辅相成的，两者互相并行改善和发展，根据吴泽宇[7]在2020年的描述墨尔本市中心街道空间的发展过程大致可以分为"起步期、衰退期、转变期和复兴期"这四个阶段。

1.起步期（19世纪30年代—20世纪20年代）

墨尔本成立于19世纪初，起初是作为英国的殖民地，基本构成方式为霍德尔网，并分为三种等级：主要街道的宽度均为99英尺（30m），它所围成的街区的面积恰好为十英亩。小路的宽度大约在10m左右；巷道的宽度大约在5m以内。

霍德尔网内不包括任何的公共空间，原因是当时英国殖民政府为了避免民众抗议和举行游行示威[8]。这种网格状的规划单元是按照殖民政府对于快速售卖土地、完成建设并转换为经济利益的要求开展的，其本质上并没有过多地考虑民众的感受，除此之外，当时区域内的巷道由于土地属于私人产权，多数难以通行。这就造成了当时糟糕的城市步行环境，区域与区域之间基本处于不联系的状态。

2.衰退期（20世纪20年代—80年代）

工业化促进了人们对交通工具的需求，在这个阶段不论是任何一种的技术革新——马车、电动电车

优化步行系统	改善步行环境
1.拓宽人行道宽度，增加街道的步行空间； 2.改善市区主干道与巷道的衔接性，减少步行系统的障碍； 3.限制车辆速度，减少过街天桥的设计； 4.在城市规划中给予步行交通系统优先规划权； 5.设计地下步行系统，建立步行与地下建筑及地铁的便捷通道； 6.增设休闲、商业等基础设施以增强步行环境的便捷性和活力度	1.鼓励沿街的公共建筑后退并增添沿街廊道，建立建筑灰空间； 2.增加沿街公共空间，设立一定数量的公共服务设施； 3.减少企业和私人对公共空间的侵占，释放更多的公共空间； 4.提供休憩设施，方便行人； 5.为残障人士设计专门的通道，降低道路高度差； 6.交通管理部门鼓励和支持开展各类公共活动，并为其提供相应的交通管制措施

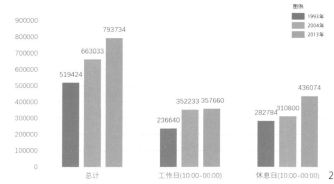

1.《人性化的街道——墨尔本市中心活动区步行策略》概括图[13]　2.1993—2013年墨尔本市中心行人流量统计图[13]

或汽车，都对步行环境产生了根本的改变。如果说前工业化城市街道设计还必须是可以行走的，因为每个人都需要通过步行或者缓慢的马车去往自己的目的地，工业化进程则直接摧毁了街道的可步行性，此时的街道设计对汽车极度青睐，规划普遍是为车辆设计追求高效率的交通。这种以汽车为导向的现代主义价值观成为这一时期墨尔本交通设计的默认准则，正如Brown May所说[9]，当时的街道陷入了车辆与行人竞争的混乱状态，尽管当时政府提出了"人车分离"的模式，但路权的分配仍然是偏向于汽车的。

在二战之后伴随着城市规模的扩张，原本的霍德尔网已经无法承载爆发增长的车辆，墨尔本的城市中心因为交通拥挤、环境恶化而迅速衰落了。墨尔本同时还经历了郊区化和城市中心空洞化，这个时候墨尔本又被称为"Doughnut City"，车辆的普及使得人们逐渐搬离嘈杂的市中心，人口开始转向低密度的郊区，在晚上市中心的街道甚至都基本无人出行，Brown May称这一时期的墨尔本是"可怕的夜晚之城"。从20世纪60年代到80年代后期，市中心的常住人口从5500多人下降到约2000人，零售和制造业活动也在减少，墨尔本的城市吸引力显著下降[10]。

3.转变期（20世纪80年代—90年代）

维多利亚州政府为了解决上述墨尔本中心区所面临的困境，在1982年颁布的《城市设计法令》中明确了墨尔本街道未来的发展方向，即持续探索街道的公共属性，提升街道的可步行性和丰富沿街商业娱乐业态，从而营造活力多元且可持续的城市环境[11]。该条法令的颁布被视为是墨尔本城市设计思维的转变[6]，它首次将设计的重点从机动车转向了弱势的行人，为后续墨尔本开展人性化的街道设计奠定了基础。

1985年墨尔本城市规划委员会颁布的《人性化的街道——墨尔本市中心活动区步行策略》对该法令展开了进一步的深化工作，这一策略[12]对人性化街道设计进行了初步研究，目的是进一步探索交通和步行冲

突的具体解决途径，其主要策略可以概括为两方面，分别是优化步行系统和改善步行环境。

4.复兴期（20世纪90年代至今）

墨尔本规划委员会在1994年同丹麦著名城市学家扬·盖尔于合作，《墨尔本人性化空间规划》应运而生，这一规划被普遍视作是墨尔本在人性化设计方面的重大突破，它将研究范围从单一街道延伸到了更为宏观的公共空间尺度，相应的内容涵盖了城市公园、城市广场、公共绿地、公共建筑等基础设施。随着相关政策落地后，墨尔本的城市环境吸引力和空间活力得到了显著提升。可以说，《墨尔本人性化空间规划》的成功实施带领了墨尔本走上了以人性化为驱动力的城市更新发展轨道，并为后续的政策法令提供了坚实的基础。

进入21世纪后，墨尔本先后编制了《墨尔本人性化空间规划（2015）》以及《步行系统规划》《骑行系统规划》《空间安全规划》等专项规划，全面拓展了人性化城市设计的研究领域。根据墨尔本城市议会发布的数据显示，墨尔本对街道空间的重塑取得了显著成果，墨尔本市中心行人流量有了显著提升，街道空间以行人及公共交通为主导，街道的步行活力得到了显著提升。

三、墨尔本街道空间营造经验

1.上下联动、刚弹结合的政策支持

墨尔本中心区街道步行空间优化提升离不开必要的政策支持来作为保障。人本主义成功渗透在一定程度上可以被视作是顶层设计与各个社会利益相关群体共同作用下的结果。总体规划明确了宜居性和可步行性的街道发展方向。在此基础上，各项以人性化为出发点的专项规划相继由墨尔本政府提出。其中，《街道活动政策（2011）》《步行系统规划（2014）》和《涂鸦管理计划（2014）》等具有代表性的规划文件对具体的公共空间活动、街道运作机制和行为准则进行了明确规定。为了保障各项计划的顺利落地，相应

的定期动态评估体系被建立来对规划进行必要的约束。以《墨尔本人性化空间规划（2015）》为例，对于公共空间活动质量的评估框架由城市人口、建成环境、空间结构、公共行动、土地开发与公共空间这六大类指标及其各项二级影响因素所组成。各项行动计划的运行周期和相关责任人被进一步细化以作为考核指标是否达标的标准。

值得一提的是，相对完善的监管制度并没有影响到具体规划的适度弹性。为了保持墨尔本多元文化的特色属性，促进自发性的社会交往，街道活动政策提出了"合法占道餐饮和活动"的概念，地方政府将特定时间范围内的商业占道合法化从而鼓励餐厅、酒吧等服务设施，抑或是大型音乐节等文化活动在不影响路况的情况下充分发挥自身的主观能动性。多元文化与城市的包容性赋予了墨尔本以独特的魅力。同时，对于中心区商业业态的灵活管理大大提高了本地商铺的积极性，在一定程度上促进了街道空间的人性化改善。

2.自上而下的公众参与

Forester认为，公众参与可以看作是一种当代的民主方式，可以在一定程度上影响规划决策[14]。依据Parvin的相关研究证据表明[15]，社区参与通常可以优化和完善现有规划。墨尔本政府建立了"Participate Melbourne"信息共享平台，通过与政府官员的高效互动，居民作为规划的利益相关者参与到街道的升级与建设之中，所收集的相关意见会被纳入下一轮的城市设计更新机制。他们的实际利益和诉求能够在修订后的规划中得到及时反馈，这在体现以人为本价值观的同时，也有效地提高了相关职能部门的公信力和行政透明度，从而促进城市永续发展的良性循环。

高质量的街道完善计划不仅应保护公众利益，还应激励居民和私营机构参与地方项目建设。墨尔本政府与公众持续互动的同时，也在积极探索与非营利组织间的友好伙伴关系。在数字时代的宏观背景下，虚拟的网络世界潜移默化地培养了个体的自组织能力。这种能力

1990s—2000s

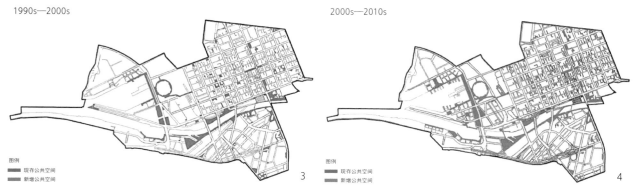

图例
■ 现存公共空间
■ 新增公共空间

3

2000s—2010s

图例
■ 现存公共空间
■ 新增公共空间

4

5

6

正在重塑个体机构和政府之间的合作范式。以墨尔本的Move Mindfully项目为例，主办方与地方政府相协作，通过脸书等社交媒体，采用绘画、卡通设计等艺术形式鼓励人们关注城市中驾驶、骑行和步行时的安全问题。值得一提的是，非营利组织间的自发运动不仅可以提升居民参与到街道建设中的积极性，甚至会进一步上升到法律高度反哺于利益相关者们。艾米·吉列基金会 (Amy Gillett Foundation) 于2009年发起的"A Meter Matters"运动最初的设想是为了降低司机对于骑行者的威胁。组织提出超过骑自行车的人时，司机需留出至少1m的超车距离。这项运动在互联网中得到意想不到的响应，并最终于2021年被维多利亚州政府纳入到道路法规之中。

3.由点到面的延续性发展机制

自21世纪初以来，墨尔本政府每十年展开一次必要的公众调研与数据更新，促进现有规划的不断完善与调整。这种延续性规划机制在实践中深刻地影响着墨尔本人性化街道空间的演进。一些具体的变化主要集中表现在了研究范围以及策略转变这两个方面。在内容范围方面，可步行街道的品质提升从最初的墨尔本中心区扩大到了包含南岸（Southbank）和达克兰港区（Dockland）在内的核心区域。针对新增研究地区的不同特点，对街道空间进行系统性考量，并通过对比分析制定出均衡适宜的规划战略。在策略转变方面，墨尔本政府的关注点从原有的局地微空间改善转变为慢行优先理念主导下的多系统协作机制，混合利用的土地开发模式与综合交通网络协同并进，共同促进了街道的系统性改善。

四、结语

墨尔本的街道系统经历了近两百年的发展，从传统的方格网和汽车主导模式逐渐演变为人本主义视角下富有活力的宜步行街区。这项转变是政府、市民、非营利组织等城市发展利益相关者们共同努力的成果。政府一方面通过更新与监管机制，推动规划的不断优化与执行。另一方面，具体的弹性策略促进了自下而上的参与范式，居民和组织积极地加入到街道的建设中，他们的建议会在新一轮的规划中得到反馈，形成上下互动的良性循环。此外，由点到面的多系统协同策略也有助于步行空间实现进一步的品质提升。虽然国情与街道空间结构存在差异，但相信墨尔本人性化的街道步行系统发展在政策扶持和自下而上的参与等方面能给国内下一阶段的街道规划带来一定启示。

参考文献

[1] APPLEYARD D. Livable streets: protected neighborhoods? [J]. The ANNALS of the American Academy of Political and Social Science, 1980, 451(1), 106–117.

[2]JACOBS J. The Death and Life of Great American Cities[M]. London: Vintage, 2016.

[3]FARNIAN S. (2014). Reclaiming Pedestrian-Oriented Places to Increase Walkability in City Center the Case of Yüksel Street, Ankara[D]. Cankaya: Middle East Technical University, 2014.

[4]Global Designing Cities Initiative. Global Street Design Guide[M]. Island Press, 2016.

[5]Birmingham City Council. Birmingham Plan 2031: Birmingham Development Plan (Planning for Sustainable Growth)[EB/OL]. [2023-06-02]. https://www.birmingham.gov.uk/info/20054/local_plan_documents/78/birmingham_development_plan

[6]王祝根,昆廷·史蒂文森,何疏悦.基于协同规划的步行城市建设策略——以墨尔本为例[J].城市发展研究, 2018(1):10.

[7]吴泽宇.人本视角下墨尔本中心区可步行街道空间营造经验与启示[J].上海城市规划, 2020(1):6.

[8]MAGRO A. (2017). Australians don't loiter in public space – the legacy of colonial control by design[EB/OL]. (2017-05-19)[2023-06-02]. https://theconversation.com/australians-dont-loiter-in-public-space-the-legacy-of-colonial-control-by-design-76979/.

[9]BROWN-MAY A. Melbourne Street Life: The Itinerary of Our Days[M]. North Melbourne: Australian Scholarly Publishing, 1999.

[10]ADAMS R. Melbourne: Back from the edge[M]//Charlesworth E. City Edge: Case Studies in Contemporary Urbanism. Oxford: Routledge, 2006: 50–65.

[11]Ministry for Planning and Environment, Victoria. Planning our city: city of Melbourne (central city) interim development order 1982[EB/OL]. [2023-06-02]. https://www.vgls.vic.gov.au/client/en_AU/search/asset/1267483/0

[12]FLOYD J, City Strategic Planning Division of Melbourne. Streets for People: A pedestrian strategy for the Central Activities District of Melbourne[M]. Melbourne: City Strategic Planning Division, Technical Services Department, Melbourne City Council, 1985.

[13]City of Melbourne. Places for People: Establishing a platform of evidence to shape Melbourne's future (2015 study) [R/OL]. [2023-06-02]. https://www.melbourne.vic.gov.au/SiteCollectionDocuments/places-for-people-2015.pdf

[14]FORESTER J. Learning to improve practice: lessons from practice stories and practitioners' own discourse analyses (or why only the loons show up)[J]. Planning Theory & Practice, 2012, 13(1), 11–26.

[15]PARVIN P. Democracy without participation: a new politics for a disengaged era[J]. Res Publica, 2018, 24, 31–52.

作者简介

虞　航，上海同济城市规划设计研究院有限公司城市景观风貌规划设计所规划师；

刘景文，上海同济城市规划设计研究院有限公司城市景观风貌规划设计所规划师。

3-4.20世纪90年代至21世纪10年代墨尔本市中心公共空间变化图（资料来源：Australian Bureau of Statistics and City of Melbourne's Census of Land Use and Employment pp. 31, 33）
5.合法占道的音乐节
6.合法占道的街头艺术活动

日本传统聚落景观风貌保护的经验与启示

Experience and Inspiration of the Conservation of Traditional Settlement Landscape in Japan

徐语遥

Xu Yuyao

[摘 要] 快速的城镇化进程和农耕文明向工业文明转化的现代化浪潮使得传统聚落的景观风貌面临着被破坏的压力。而日本在经历这一阶段后针对自身的历史环境和文化景观建立起一套法律制度体系并展开了一系列实践探索，包括20世纪70年代的"造町（村）运动"，21世纪初的"观光立国"战略、明确"景观作为公共资产的属性"的《景观法》等。白川乡合掌村是日本乡村景观风貌保护中的经典样本，本文探讨其景观风貌保护之道，以期为我国的传统聚落景观风貌的保护再生提供借鉴。

[关键词] 传统聚落；景观风貌；日本；白川乡

[Abstract] The rapid urbanization process and the wave of modernization from agricultural civilization to industrial civilization have put the traditional settlement landscape under the pressure of being destroyed or even extinguished. After going through this stage, Japan, in combination with its own historical characteristics and cultural landscape elements, developed a corresponding legal system paradigm and launched a series of practical explorations, including the "town (village) building movement" in the 1970s, the "tourism-based nation" strategy in the early 21st century, and the "Landscape Law" that clearly defined "the attributes of landscape as a public asset". Shirakawa-go Gassho Village is a classic example of rural landscape protection in Japan. This article explores the way to protect its landscape, hoping to provide a reference for the protection and regeneration of my country's traditional settlement landscape.

[Keywords] traditional settlement; landscape; Japan; Shirakawa-go

[文章编号] 2024-95-P-119

一、引言

传统聚落作为形成时期较早、价值丰富、风貌特色鲜明的乡村聚落，是我国数千年历史文化和璀璨农耕文明的重要载体。然而，快速的城镇化进程和农耕文明向工业文明转化的现代化浪潮使得传统聚落面临着被破坏甚至消亡的压力，伴随而来的是乡村风貌景观的破坏、传统生活方式与传统地文特色的加速消失，以及乡土社会结构的重组，严重影响了中华文化基因的传承。二元结构范式下的城市化演进在相当程度上影响着城乡间的发展平衡，城市区域强势的主导性进一步渗透到经济、文化，乃至意识形态领域。依据城市的发展范式被广泛地普及到乡村区域[1]，简单粗暴地把乡村建设当成现代化城市空间建设的延伸，出现如机械生硬的模块化村房等如同"舶来基因"的乡村聚落景观风貌[2-3]。日本在经历相似发展阶段后，面对日益严重的城乡同质化现象以及对于自然人文景观的漠视问题，积极地在法律框架层面进行探索，并展开了一系列相关社会实践。日本与中国一衣带水，其经验对我国的传统聚落景观风貌的保护再生具有重要的借鉴意义。本文梳理日本乡村景观风貌的保护历程，借鉴世界遗产白川乡合掌村案例，探讨其景观风貌保护之道，并进一步思考白川乡的经验给予我国传统聚落的保护发展的积极启示。

二、日本乡村景观风貌保护历程

战后日本的乡村规划经历了以完善土地制度为核心的乡村规划萌芽时期（1945—1955年）、以乡村振兴为核心的乡村规划建设时期（1955—1970年）、以乡村整治规划为核心的乡村规划形成时期（1971—1990年）和以乡村景观规划为核心的乡村规划成熟时期（1990年至今）四个阶段[4]。二战后初期，日本在美国的支持下在农村建立了以小规模自耕农为主的农业经营体系，以便集中力量发展经济，进行城市建设。到20世纪50年代中期，日本经济引擎迅速进入快车道，并一跃成为仅次于美国的世界第二大经济体。然而，快速城镇化与工业化进程下的城市建设过分重视经济性、效率性和功能性，造成了自然与人文景观特色丧失、城乡风貌同质化、城乡景观混乱、农村发展滞后、城乡不平衡等一系列问题[5]。在此背景下，日本政府于20世纪70年代启动了"造町（村）运动"。其中，发展"一村一品"是"造町运动"的核心举措之一，支持各乡村立足地方实际，发展独具优势、独具特色的地方产品；同时，在乡村改造的过程中，高度重视保护传统建筑和传统文化，注意保护日本传统建筑、日式建筑风格、提倡用传统的方式建筑房屋[6]。日本的"造町运动"帮助乡村地区改善了村落人居环境、恢复了原有的田园风光、推动了乡村传统风貌和非物质文化遗产的保护，促进了农业的发展，为乡村旅游带来了发展契机。

进入21世纪，快速腾飞的经济在对日本城乡景观带来巨大影响的同时，旅游层面出入境逆差现象的出现也在一定程度上削弱其观光业的影响力。在旅游行业亟待振兴的宏观背景下，日本政府于2003年发布并实施"观光立国"战略，对城乡景观风貌提出了更高要求。具体到乡村区域，必要的制度革新需要成为振兴农业景观的强大助力[5, 7]。同时，相关探索还聚焦于将景观概念引入国家法律制度体系以寻求对于开发运作的约束性保障，相应的《景观法》和《城市绿地保全法》等相关法律法规文件也相继发布。其中，《景观法》明确了景观作为公共资产的属性，通过确定景观的制度化管理，摆脱传统单一固化的管理评价制度，从而使景观作为一项重要发展指标渗透入社会、文化、经济等各个领域[5, 8]。将乡村中的农业景观等特殊要素纳入综合考虑的范畴，制定了针对性的

1.白川乡合掌村村落远景照片（资料来源：UNESCO World Heritage Convention）
2.合掌造民居建筑照片（资料来源：UNESCO World Heritage Convention）

管理机制，是日本塑造美丽乡村的重要法律依据[5]。各级政府在几十年间的通力协作在相当程度上扭转了日本乡村风貌的发展轨迹，自上而下的差异化政策指导方针与自下而上的传统风俗认知高度结合并形成良好的化学反应，城乡风貌间的特色化差异得以显现[9]。

三、经典案例：日本白川乡合掌村

白川乡合掌村坐落在素有"森林与溪流之国"美称的岐阜县，以其独特的"合掌造"传统民居闻名于世。这类特色传统风貌建筑始建于300年前的江户时代，是先民为抵御风雪与严寒而因地制宜形成的产物，并于20世纪末被联合国纳入世界文化遗产保护名录[10]。该建筑是全木质榫卯结构，建筑材料是自然生长的树木和茅草，屋顶为防积雪而建构成60°的急斜面，使积雪容易滑落不会堆积，以避免冬季的大雪将屋顶压垮，形状有如双手合掌施礼而因此得名，建筑与乡村自然环境十分和谐[10-11]。数百年历史的白川乡，沿袭并创造出一系列独特的乡土景观、文化遗产保护措施，成为合掌造民居保存数量最多、保护状况最好的区域。论白川乡聚落景观风貌的保护之道，可总结为以下三点关键要素。

第一，聚落景观的全域性保护。乡村是人工与天工相辅相成的整体景观，它不仅涵盖了富有烟火气的传统聚落，还包含着带有地域自然特性的山水田林等景观要素。人为集聚空间内的街巷肌理脉络、复杂的社会生产与关系网络等文化属性空间投影的聚落格局，以及乡野中的寺庙、墓冢、桥梁、古道等承载着当地人对故乡的空间记忆的标志性建筑与代表性景观共同构建出了多彩的乡野风貌[7]。因此，对聚落景观的维护不应仅聚焦于村落的建成区范围，建成区域以外的山水田林等自然景观要素也应被给予更多的关注，从而使人文脉络与自然要素有机串联，形成交相辉映的共同体。在白川乡，合掌民居建筑是聚落景观中的重要因素，当地乡民凡要改造或新建住房都需要向保护会提交申请文件，包括建筑效果图和工程图，说明材料、色彩、外形和高度，得到协会批准后才能动工[8, 11]。除了对传统民居建筑本体的保护，白川乡更致力于挖掘和延续肌理、结构等整体的空间关系。对于合掌屋周边的环境要素，坚守"不转卖、不租借、不破坏"三条保护红线，使得传统的由农田、耕地以及各类地表植被构成的农业生态景观系统得以延续。农作物本身及农业生产场景已成为白川乡文化景观的重要组成部分[10]。此外，白川乡还针对新一轮开发环节中的新增建筑与基础设施加以管控。例如空调外机等大箱体设备需置于街道的隐蔽处，抑或是通过遮蔽与修饰，削弱视觉影响；耕地与水网的格局需在尊重原貌的前提下加以生态化改造[11]。值得一提的是，为了解决现代造型的防火设施与当地传统风貌不符的问题，设计师将灭火设备嵌入于形似传统合掌建筑的外层结构内，并交由居民进行统一的维护与管理，在维持传统村落风貌的同时形成了一种新的地域性景观[11]。

第二，自下而上的村民主体意识。本土社区对传统景观意义的认同是文化景观连续演进与活化的重要基础。换言之，只有在地居民充分意识到传统地域文化保护与乡村风貌可持续性演变之间的重要关联性，传承才能更好地在代际关系间展开[12-13]。相当数量的自发性民间团体扎根于乡土，所策划的诸多社会活动带来的积极影响相较于传统的政府机构职能效应，存在着不可替代性[9]。白川乡传统景观风貌保护离不开其原住民的主体意识和对本土文化的自觉保护。20世纪70年代，在现代化与工业文明对文化和自然遗产造成冲击的大背景下，部分发达国家展开了自然与文化保护运动。白川乡的在地居民在此期间也对现有的区域文化资源进行了系统性的审视。通过规律性的学习教育，合掌造的珍贵文化价值在居民思想意识维度层面形成初步共识，其特有的保护手段与方式也得以广泛传播。1971年，村民组织自发成立了致力于保护传统民居建筑与聚落自然环境的民间组织"白川乡合掌村聚落自然保护协会"，颁布了《白川乡荻町部落自然环境保护居民宪章》[11]。随后，针对传统建筑群的修缮保护工作以社会访谈与讲座等公众参与形式铺进。在尊重居民愿景与诉求的基础上，《白川乡传统建造物群保存地区保存条例》得以颁布，对传统建筑和聚落环境的保护形成一系列村规民约和制度体系，严格规范和管理白川乡的保护与开发[11]。保护协会的成立凝聚了白川乡的乡民力量，作为与政府沟通协作的统一平台，帮助统一乡民意见，降低沟通成本，提高工作效率，同时最大程度上提升了地方政府

3.白川乡合掌村民居建筑与自然山水、农田形成的整体景观（资料来源：UNESCO World Heritage Convention）
4.白川乡合掌村防火设施照片（资料来源：白川村官方网站）

的公信力[11]。

第三，合理平衡旅游发展与村落风貌保护。传统聚落的文化景观及其所处的社会、经济、空间等都处于动态发展之中，而传统的保护又强调其真实性与完整性，这就是二者的矛盾所在。对于历史聚落来说，保护与发展的矛盾日益突出，一方面要维护原住民的日常生活，另一方面又要发展旅游，如何平衡两者是个关键问题[14]。在白川乡，一方面，新增的住宅和学校等基础公共服务设施被集中布置于村落北侧庄川河下游。这一措施在满足地方发展需求的同时也实现了新旧功能区间互不干扰的原则。有易地搬迁保护的合掌屋民居供游客参观，两岸之间以步行桥梁连接，在发展旅游业的同时确保东岸合掌造村落中本地居民的日常生活不受过多影响[10]。以东岸合掌造村落作为原住民日常生活的场所，跳出原始村落发展更有活力的文旅新村，形成内外联动、互动对接的发展格局，将"保护与发展放在不同的空间来解决"，让该保护的地方保护，该发展的地方发展[14]。另一方面，村民们将当地农业看作一种未来发展资源，通过村规保留了大片农田，并为了农业的发展控制建筑数量，依托传统农业景观风貌发展旅游观光，使村落走可持续的发展模式[11, 13]。

四、结语

日本在经历快速城市化后，面对日益严重的城乡同质化现象以及对于自然人文景观的漠视问题，积极地展开法律框架层面的高效探索，并演化出一系列相关社会实践。白川乡合掌村是日本乡村景观风貌保护中的经典样本，其经验对我国的传统聚落景观风貌的保护再生具有重要的借鉴意义。白川乡的传统风貌保护，更加关注聚落整体的自然山水环境，村民积极主动参与，依托农田景观发展观光旅游，打造出了极具地方特色的文化景观。当然，传统聚落的景观风貌保护不是"一刀切"的统一行动，我国乡村聚落的社会结构、经济状况、文化水平等方面也与国外存在差异，仅照搬国际经验运用到我国的实践中是不足的。辽阔的疆域与多元文化也赋予了我国乡土风貌存以多样化与地域化的特性[7]。未来，还需立足我国乡村实际情况，针对中国乡村问题，探索本土化解决方案，根据各聚落的地域特色、资源条件、发展目标因地制宜、差异化施策。

参考文献

[1]翟辉.乡村地文的解码转译[J].新建筑,2016(4):4-6.

[2]程俊杰,闫岩,胡雪峰,等.安徽省传统村落聚落格局空间基因图谱构建研究[J].规划师,2022,38(12):65-71.

[3]王翼飞.黑龙江省乡村聚落形态基因研究[D].哈尔滨：哈尔滨工业大学,2021.

[4]杨亚楠,苑惠丽.国外乡村规划发展的经验与启示[J].资源与人居环境,2021(11):58-61.

[5]林晓丹,孔惟洁.日本《景观法》对我国传统村落景观再生的启示[J].城市建筑,2021,18(34):143-147.

[6]何林.多元治理理论下渝东南土家传统村落景观营造研究——以重庆市白水溪传统村落为例[D].北京：北京建筑大学,2022.

[7]孔惟洁,林晓丹,戴方睿.关于建立中国传统聚落景观式保护体系的思考[J].建筑遗产,2021(3):47-55.

[8]刘隽瑶,柯珂,龚志渊,等.日本乡村地区色彩管控体系和特点解析[J].小城镇建设,2021,39(6):100-107.

[9]张立,王丽娟,李仁熙.中国乡村风貌的困境、成因和保护策略探讨——基于若干田野调查的思考[J].国际城市规划,2019,34(5):59-68.

[10]袁晓菊,张兴国.世界遗产白川乡合掌造民居的观察与思考[J].世界建筑,2023(1):4-8.

[11]李皓.日本白川乡传统村落保护路径与模式思考[J].民艺,2020(1):99-103.

[12]云翃,林浩文.文化景观动态变化视角下的遗产村落保护再生途径[J].国际城市规划,2021,36(4):91-98+107.

[13]王丝申,王洁.活态保护视角下旅游型传统村落的营建策略——以西递、宏村为例[J].中外建筑,2020(4):122-124.

[14]徐语遥,翟辉.基于大数据的历史文化名城业态多样性与城市活力关联性研究——以建水古城为例[J].小城镇建设,2023,41(2):30-39.

作者简介

徐语遥，昆明理工大学建筑与城市规划学院博士在读。

英国自然美景区的乡村景观风貌管理模式启示
——以科茨沃德为例

Enlightenment of the Management Model for Rural Landscapes in Area of Outstanding Natural Beauty of the UK
—A Case Study of Cotswolds

李宣谕 陈浩 陈超一
Li Xuanyu Chen Hao Chen Chaoyi

[摘 要] 有风景的地方才有新经济，高质量的景观是乡村地区经济发展的关键驱动力之一。本文以科茨沃德自然美景区为例，围绕"谁来管""管什么"以及"怎么管"三个层面，剖析了英国乡村地区自然美景区兼顾景观风貌保护与地方社会经济发展的成功运行模式，并探讨了自然美景区管理政策在英国乡村振兴政策体系中的重要地位，以期为国内保护农村地区丰富的农业景观，推进可持续、有特色、高质量的"和美乡村"建设，实现乡村振兴，提供策略参考。

[关键词] 乡村景观；风貌保护；乡村振兴；科茨沃德；自然美景区

[Abstract] Scenic areas are the foundation of the new economy, and high-quality landscapes play a pivotal role in rural economic development. This article takes the Cotswolds Area of Outstanding Natural Beauty as an example and analyzes the successful operating model of balancing landscape preservation and local socio-economic development in the Area of Outstanding Natural Beauty of the UK, focusing on the 'who manages,' 'what to manage,' and 'how to manage' aspects. It also discusses the significant position of the Area of Outstanding Natural Beauty management policies within the UK's rural revitalization policy system, which provides strategic insights and valuable policy references for the protection of agricultural landscape in the rural area of China, the promotion of sustainable, distinctive, and high-quality 'beautiful countryside' construction, and the realization of rural revitalization.

[Keywords] rural landscape; landscape preservation; rural revitalization; Cotswolds; Area of Outstanding Natural Beauty

[文章编号] 2024-95-P-122

一、英国自然美景区背景和定义

1.英国自然美景区的定义

英国自然美景区（AONB，Areas of Outstanding Natural Beauty）是由"自然英格兰"机构（Natural England）[1]、"自然资源威尔士"机构（Natural Resources Wales）[2]和北爱尔兰环境局（Northern Ireland Environment Agency）负责设定的，由于其重要的景观价值而被指定为受保护的乡村地区。依据2000年修订颁布的《乡村和通行权法案》（Countryside and Rights of Way Act 2000，CRoW2000），自然美景区的设立围绕三个目标[1]：一个是主要目标，即保护和增强指定地区的自然景观[3]；另外两个为次要目标，分别为支持当地社区的社会经济发展，以及促进公众对于该地区自然和文化的了解和享受。在英国一共有46个自然美景区，覆盖了英国约18%的乡村地区。

2.英国自然美景区的设立背景

AONB的设立背景与英国的城市化、工业化，以及对自然环境价值认识的提高密不可分。19世纪末至20世纪初，英国经历了快速的城市化和工业化，大量人口迁移到城市，工厂和矿山的建设导致了乡村地区

的环境破坏。随着战后重建工作的推进，人们开始认识到自然环境不仅作为资源存在，还有美感、文化以及休闲活动的价值[2]。因此在1949年，英国政府颁布了《国家公园和乡村通道法案》（National Parks and Access to the Countryside Act 1949，简称"NPA1949"，为CRoW2000的前身），促使了自然美景区的设立。

法案中明确了法定化的国家公园（National Park），以及与国家公园不重叠、不交叉的自然美景区两类自然空间。在设立目标方面，国家公园更偏向于为公众提供休闲场所，而自然美景区则以满足风貌管理和农林用途为前提；在管理机构方面，自然美景区的管理由地方政府以及当地社区等组建的保护委员会承担，规定通常更加灵活，因此允许更多的人类活动，而国家公园则由各自的国家公园管理局承担土地规划和管理工作，严控土地使用和发展[3]。

二、科茨沃德自然美景区概况

科茨沃德自然美景区（Cotswolds Area of Outstanding Natural Beauty）[4]成立于1966年，位于英格兰的中部地区，占地2038km²，横跨六个郡，包括格洛斯特郡、牛津郡、沃里克郡、萨默塞特郡、威尔特郡

和威斯特米德兰兹郡，是英国最大的自然美景区[4]。该地区作为欧洲最优质的羊毛产区之一，依托羊毛贸易发展导入的人口和带来的经济收入，村庄、庄园和教堂逐步在此建成。以独具特色的蜜色石头为材质的村庄建筑坐落在起伏的丘陵、美丽的农田、森林、河流和湖泊之间，成为诸多影视剧中传统英国乡村场景的取景地，包括《唐顿庄园》《傲慢与偏见》等。

作为以农业景观为主的地区，科茨沃德自然美景区87%的土地为农业用地，其中49%是耕地、38%是草地。农业每年为科茨沃德创造约8亿英镑的产业收入，同时又进一步支撑衍生了每年创造约10亿英镑价值[5]的旅游产业。在整个科茨沃德自然美景区，农业与旅游业从业人口约占就业总人口的20%。超过3000英里的公共步道设置在风景如画的城镇和村庄中。丰富的历史文化遗产、安静享受户外活动的机会每年吸引约3800万游客来到科茨沃德[6]，欣赏它的田园风光和生态景观。除了旅游业和农业的发展外，如画的景观也吸引了创意和新媒体企业以及众多SOHO办公的小微企业。依据《科茨沃德自然美景区经济价值评估调查》（Assessment of Economic Value of Cotswolds AONB），科茨沃德地区劳动人口中约1/4为个体经营者，是英国平均水平的两倍。

科茨沃德自然美景区的设立维护了高质量的物质空间环境，带来了可持续的旅游业、农业以及农产品贸易的长足发展，同时提高了当地的知名度，大大提升了对游客和其他相关投资的吸引力。

三、科茨沃德自然美景区管理模式

1.谁来管——风貌管理主体

依据CRoW2000的要求，自然美景区在设立之后应当成立保护委员会，执行各类职能，以实现保护和增强该区域景观风貌、促进社会经济发展、增进公众对当地美景的休闲享受的目标。科茨沃德自然美景区的保护委员会（the Cotswolds Conservation Board，CCB）于2004年在CRoW2000的要求下成立。

作为一个非政府公共机构，CCB由37名成员组成，其中以来自于地方当局提名的人员为主，一共15名，另外由教区议会提名的8名工作人员以及国家部门任命的14名工作人员作为补充。根据CRoW2000，CCB每五年起草和发布管理计划（Management Plan），其中包括AONB的愿景、目标、政策和行动；并依据管理计划，以三年为周期制定行动计划（Action Plan），其中包括CCB的近期工作以及预算分配等相关内容。由于业务较为复杂，CCB建立了完善的工作架构，来承担自然美景区的保护工作。

2.管什么——风貌管理内容

能够对景观风貌产生影响的要素相当广泛，依据最新《科茨沃尔德国家景观管理计划》，在实际操作过程中，CCB实际主要对五个方面内容进行管理，分别为：对可能影响风貌的规划政策提供建议、支持农业的可持续发展、推进生态环境保育、加强文化遗产保护、旅游推广和景观教育。

（1）对可能影响风貌的规划政策提供建议

由于CCB为非政府公共机构，本身不属于行政机构，因此对保护区内的土地无直接的管辖权，也没有权力制定具有法律效力的规划文件，因此，对于自然美景区的保护实际是通过为地方政府的规划项目的编制提供景观引导来体现的。

目前正在执行的《科茨沃德自然美景区管理计划》（Cotswold AONB Management Plan，2021年制定）对地方当局制定规划政策时需要考虑的重大内容进行了规定。首先，CCB出版了《地方独特性和景观变化报告》（Landscape: Character and Guidelines），明确19种不同的景观特征类型[4]，并制定相应的景观策略指南，以帮助规划者在制定新的建设开发计划时作出明智的决定。其次，CCB也向地区所在范围内的15个地方当局直接提供建议，说明拟定的政策或项目将如何影响AONB的景观风貌，引导规划政策或开发项目的决策方向，确保规划及建设项目在景观和文化方面均与科茨沃德本身的特质相协调。最后，CCB也承担对地方当局的培训任务，帮助他们了解当地的自然美景。

（2）支持农业可持续发展

CCB与当地农民和乡村社区合作，支持可持续的农业实践、维护农村社区的经济和文化价值。CCB依据英国环境、食品与农

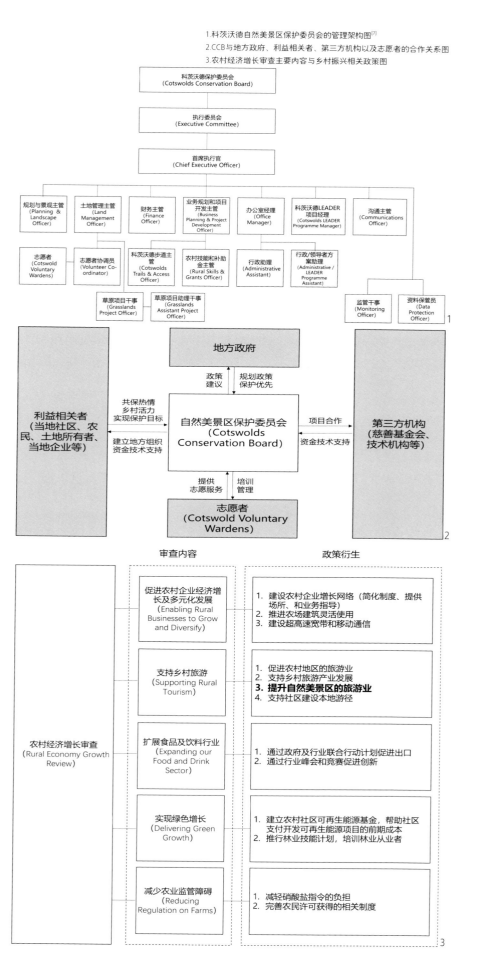

1.科茨沃德自然美景区保护委员会的管理架构图[7]
2.CCB与地方政府、利益相关者、第三方机构以及志愿者的合作关系图
3.农村经济增长审查主要内容与乡村振兴相关政策图

村事务部（Department for Environment Food & Rural Affairs，Defra）的《转型的农业计划》（Agricultural Transition Plan），依托Defra的资金支持，对支持本地农作物生产、减少农场碳排放、保护农场的历史特色、改善土壤等类型的农业项目进行资助。

（3）推进生态环境保育

CCB采取措施以保护和增强自然美景区内的生态系统和野生动植物栖息地，促进生物多样性和自然资源的可持续管理。CCB与科茨沃德自然恢复论坛（Cotswolds Nature Recovery Forum）合作制定了科茨沃德自然恢复计划（Cotswolds Nature Recovery Plan），深入研究了本地受保护物种及其栖息地，以及创造一个连续的自然生境的相关措施，并纳入了最新的管理规划[8]。同时CCB制作了面向农民和土地管理者的简本，并告知其相关资金和技术支持的获取渠道[9]。

（4）加强文化遗产保护

CCB致力于保护和维护科茨沃德地区的历史和文化遗产，包括历史建筑、文化景点和传统手工艺。篱笆作为英国乡村的特色景观，成为地方生产生活模式的重要特征。每年CCB都会在国家篱笆协会的支持下举办科茨沃尔德自然美景区篱笆锦标赛，带动传统手工艺技能的复兴。CCB还与当地农业学院以及培训机构合作，提供干石墙、篱笆、石雕、绿色木工、羊毛织造等技能的培训课程[10]，保护传承与历史和景观紧密交织的传统手工业。

（5）旅游推广和景观教育

CCB与旅游企业合作，根据科茨沃德自然美景区的特殊景观品质开发和推广旅游产品，例如科茨沃德周末生态游、徒步计划等项目，旨在鼓励全年更长的停留时间、提供更优质的游客体验。同时CCB也创建了"逃到科茨沃德"网站，介绍科茨沃德的自然美景、历史和文化遗产，提供包括住宿、游线、活动项目等在内的各类信息。CCB也建立了绿色旅游商业企划（Green Tourism Business Scheme），旨在支持和鼓励旅游企业开发和推广环境友好的旅游项目[11]。CCB也一直通过教育活动提高公众对自然美景区的认知，依托《科茨沃德之狮》（the Cotswolds Lion）等出版物，向当地居民和游客科普和宣传科茨沃德自然美景区的保护知识。

3.怎么管——风貌管理机制

"合作"是推进科茨沃德自然美景区的管理工作的关键。CCB作为非政府公共机构，利用其成员来自各个领域的先天优势和法律的支撑，建立了与地方政府、利益相关者、第三方机构以及志愿者四个方面的合作关系。

（1）与地方政府合作

虽然CCB仅作为顾问参与到地方政府制定规划政策的过程中，但国家法律明确了规划中应当以何种方式、何种深度来反映对科茨沃德美景区的保护。在规划政策引导（Planning Policy Guidance）、国家规划政策框架（National Planning Policy Framework）以及CRoW2000中均要求地方政府在履行职能时考虑对于AONB的影响，CCB甚至可与地方政府签订协议，对范围内可能造成影响的规划项目进行审查[12]。

同时CCB官员的任命，通常由当地地方政府提名的成员为主要群体，这一规定也极大便利了AONB与地方政府的合作。而其中以国家部门任命的成员作为补充，起到对实际操作过程的监督作用。

（2）与利益相关者合作

利益相关者包括两类，其一是当地社区和土地所有者；其二是当地企业。

首先，由于CCB部分的管理人员来自当地教区，使得委员会与当地社区和土地所有者建立了良好的合作关系。CCB不仅协助地方组织的建立和发展，同时也资助当地农民、土地所有者升级农场基础设施、举办活动、提升知识技能。例如，CCB协助查尔福德教区议会建立了该村的生物多样性小组，以恢复当地野生动物栖息地，同时也协助筹集资金，赞助建设了一条以这些栖息地为特色的自然小径，方便居民可以探索和了解他们所在地区的野生动物[13]。

其次，CCB与当地企业合作，由专门的官员负责建立本地商会，依托商会的力量共同推进产业项目联合开发[14]。例如，由56家旅游企业构成可持续的旅游网络（Sustainable Tourism Network），共同推进旅游项目的标准化运营。同时CCB也筹款资助个体经营者建设旅游基础设施，例如拨款资助Farm Camp将当地一座废弃石头谷仓改建为旅馆[15]。

（3）与第三方机构合作

CCB密切联系第三方机构，依托他们的资金和技术力量，协助当地社区以及土地所有者推进与当地景观保护和优化相关的项目。在资金方面，科茨沃德美景区维护的资金主要由四个部分构成：Defra提供的可持续发展资金（the Sustainable Development Fund）、地方当局的捐款、其他第三方基金（如欧洲乡村基金、遗产彩票基金等）以及小型的贷款，其中第三方的基金会提供资金约占每年资金总支出的一半左右。在技术力量方面，在景观特征、农业、生态、地质等基础信息的评估均与第三方机构合作推进。同时一些保护行动的组织，如最近正在进行中的

"每个人的埃文洛德"（埃文洛德河汇水区的生态恢复）、"景观中的艺术"（艺术人才引领科茨沃德的新冠复苏）等专业性较强的项目均在第三方机构的协作下进行。

（4）与志愿者合作

科茨沃德的志愿管理员项目（Cotswold Voluntary Wardens）建立于1968年，现在由CCB负责管理，每年支出三十多万英镑，目前已有四百多名志愿者。依托十五个子项惠志愿者项目，承担包括散步道维护、步行向导、景观价值宣传、生态保育等工作。

四、景观风貌管理与乡村振兴协同路径

风貌保护不能脱离经济发展存在，高质量的景观是乡村地区经济发展的关键驱动力。自然美景区政策的设定兼顾经济效益与景观保护、当地利益与游客需求、农村产业开发与乡村社区可持续发展，体现了综合性、开放性及灵活性，实现英国乡村地区的长远发展，成为英国乡村振兴政策的关键内容之一。

1.英国乡村振兴相关政策

自2011年开始，Defra定期制定《农村经济增长审查》（Rural Economy Growth Review），对包括促进农村企业经济增长及多元化发展、支持乡村旅游、扩展食品及饮料行业、实现绿色增长、减少农业监管障碍在内的五个方面识别农村地区经济增长面临的障碍，并提出推动农村经济增长的政策建议[16]。审查的结论和由此衍生的政策建议成为英国乡村振兴政策的框架。

2.自然美景区与乡村振兴政策的协同

依据《农村经济增长审查》，旅游业是英国农村经济中最重要的部门，每年创造超290亿英镑的价值，并提供了12%的农村就业岗位。自然美景区为整个乡村振兴政策框架中"支持乡村旅游"板块的重要内容之一。2013年Defra、英国国家旅游局以及自然美景区推出联合协议，利用每年1200万英镑的资金，建设无障碍和可持续的旅游基础设施，支持自然美景区成为可以吸引国内和国际游客的旅游目的地。

五、结语：对我国乡村景观风貌管理的启示

自然美景区以保护和增强乡村景观为目标，通常跨越了行政边界，以风景资源为界，作为风貌管理的

对象，由国家进行监督管理。自然美景区保护委员会成员来自中央政府、地方当局和教区，兼顾了监督、政策衔接和地方实际操作多个层面的需求。在等级方面类似于我国的国家级风景名胜区或自然保护地，与之不同的是管理对象为长期以来在人工干预下形成的、乡村地区的文化和自然景观，着眼人与自然财产的共保。

党的二十大报告中首次将"美丽乡村"改提为"和美乡村"，进一步丰富和拓展了乡村建设的内涵和目标，强调了乡村地区由内而外的全要素的保护、管理和发展。而目前国内与乡村风貌有关的管理内容，则大多着眼于生产发展、生活宽裕、乡风文明、村容整洁、管理民主等具体要求，政策层面缺乏对于农村地区高质量景观的保护保存，也一定程度上忽略了农村地区田园风光与其依存的生态环境、人文历史之间的重要关系。我国作为农业大国，农村地区具有高度的景观、生物和文化的多样性，传承了农耕文化。英国以风景资源为界、由国家设立并深入当地社区内部、要素综合的自然美景区保护模式，对于我国农村地区的风貌保护具有高度的借鉴意义。

注释

①Natural England 是一个非政府公共机构，属于英国环境、食品和乡村事务部门（Department for Environment, Food & Rural Affairs）。

②Natural Resources Wales是威尔士政府机构，以推进自然资源的可持续保护为主要职能。

③此处的自然景观包括大量的定居点和人类干预后的土地，作为"景观"的重要组成部分。经过数千年人类对自然景观的塑造，英国实际不存在实质性的荒野区域。

④科茨沃德自然美景区（Cotswolds Area of Outstanding Natural Beauty）于2020年更名为科茨沃德国家景观（Cotswolds National Landscape）。为便于理解，本文沿用更名前名称。

参考文献

[1]Parliament of United Kingdom. Countryside and Rights of Way Act 2000[EB/OL]. (2000-11-30)[2023-06-16]. https://www. legislation.gov.uk/ukpga/2000/37/pdfs/ukpga_20000037_en.pdf

[2]马蕊,严国泰.英国乡村景观价值认知转变下的保护历程分析及启示[J].风景园林,2019,26(03):105-109.DOI:10.14085/j.fjyl.2019.03.0105.05.

[3]Northumberland Coast AONB Partnership. What is an Area of Outstanding Natural Beauty?[EB/OL]. [2023-06-16]. https://www. northumberlandcoastaonb.org/what-is-an-aonb/

[4]Cotswold Business Centre. Landscape: Character and Guidelines[EB/OL]. [2023-06-16]. https://www.cotswoldsaonb.org. uk/our-landscape/

[5]Cotswolds Conservation Board. Cotswolds National Landscape Management Plan 2023 - 2025[EB/OL]. [2023-06-16]. https:// www. cotswoldsaonb.org.uk/wp-content/uploads/2023/09/CNL_ Management-Plan-2023-25_final.pdf

[6]Cotswolds Conservation Board. Did you know? [EB/OL]. https:// www.cotswoldsaonb.org.uk/wp-content/uploads/2017/07/Did-you-know-10.pdf

[7]Cotswolds Conservation Board. THE CONSERVATION BOARD FOR THE COTSWOLDS AREA OF OUTSTANDING NATURAL BEAUTY[EB/OL]. [2023-06-16]. https://www.cotswoldsaonb. org.uk/wp-content/uploads/2020/12/CONSTITUTION-DECEMBER-2020.pdf

[8]Cotswolds Conservation Board. Cotswolds Nature Recovery Forum[EB/OL]. [2023-06-16]. https://www.cotswoldsaonb.org.uk/ looking-after/ cotswolds-ecological-networks-forum/

[9]Cotswolds Conservation Board. Cotswolds Nature Recovery Plan Farmer and Land Manager version[EB/OL]. [2023-06-16]. https://www. cotswoldsaonb.org.uk/wp-content/uploads/2022/03/ Cotswolds-Nature-Recovery-Plan-Farmer-and-Land-Manager-Version.pdf

[10]Cotswolds Conservation Board. Rural Skills Training[EB/OL]. [2023-06-16]. https://www.cotswoldsaonb.org.uk/about-rural-skills/

[11]Cotswolds Conservation Board. Cotswolds AONB Sustainable Tourism Strategy and Action Plan 2011-2016[EB/OL]. [2023-06-16].https:// www.cotswolds.com/dbimgs/Cotswolds%20 Tourism%20Sustainable%20Tourism%20Action%20Plan.pdf

[12]田丰. 英国保护区体系研究及经验借鉴[D].上海：同济大学, 2008.

[13]Cotswolds Conservation Board. Grant scheme provides welcome boosts to communities and nature. [EB/OL]. [2023-06-16]. https://www. cotswoldsaonb.org.uk/grant-scheme-provides-welcome-boosts-to-communities-and-nature/

[14]Cotswold District Council. Business support and advice. [EB/OL]. [2023-06-16]. https://www.cotswold.gov.uk/business-and-licensing/business-support-and-advice/

[15]Cotswolds Conservation Board. Cotswolds LEADER 2015 - 2020. [EB/OL]. [2023-06-16]. https://www.cotswoldsaonb.org.uk/ wp-content/uploads/2020/03/LEADER-Report-final.pdf

[16]Department for Environment Food & Rural Affairs. Rural Economy Growth Review. [EB/OL]. [2023-06-16]. https://assets. publishing. service.gov.uk/government/uploads/system/uploads/ attachment_data/file/183289/rural-economic-growth-review.pdf

作者简介

李宣谕，上海同济城市规划设计研究院有限公司规划设计六所规划师，注册城乡规划师；

陈　浩，上海同济城市规划设计研究院有限公司规划设计六所所长助理，注册城乡规划师；

陈超一，上海同济城市规划设计研究院有限公司规划设计六所副总工程师，注册城乡规划师。

西安高新区中央创新区（城市客厅）城市设计实践
Urban Design Practice of Central Innovation Zone (City Living Room) in Xi'an High-Tech District

[项目完成单位]　上海同济城市规划设计研究院有限公司 景观风貌规划设计所
[主要编制人员]　张迪昊、张娓、涂晓磊、周丽媛、邓潇潇、白雪莹、严宇亮、周晓洁、刘茜婉、李智、章事成、王超、王婷、陈珅媛、薛茸茸、高敏黾
[项目地点]　陕西省西安市
[项目规模]　15.83km²
[编制时间]　2017—2024年
[获奖情况]　2023年度陕西省优秀城市规划设计奖一等奖

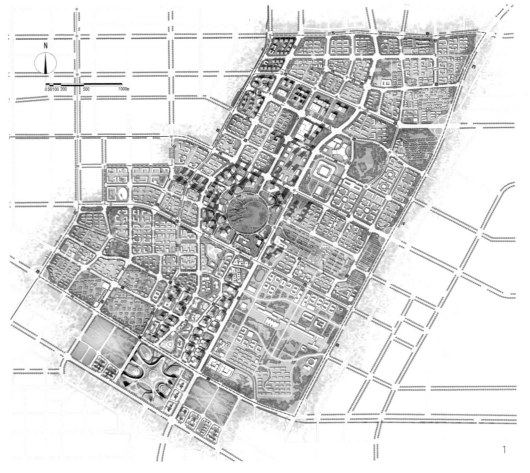

1.城市设计总平面图

一、规划背景

2017年，西安高新区第三代中心区启动规划建设，落位高新区中部的中央创新区。2022年西安获批建设"综合性科学中心和科技创新中心"（双中心），中央创新区能级进一步提升，成为丝路科学城的科创金融中心。中央创新区城市设计实践项目历时六年，经历了规划设计和建设实施服务全过程，积极响应时代演进的新要求，设计内容持续完善，设计品质不断提升，力求打造高品质未来理想城。

二、规划特色

1.特色一：打造新城设计理想样板

规划打造"科技、金融、创新"深度融合、互乘放大的丝路国际金融中心核心区，建设世界一流的城市客厅，侧重以下几方面的设计。复合化设计，重点打造利于与产业板块协同发展的空间结构，加强地块内的功能融合，提高信息交互效率，创造具有更高综合价值的城市空间；立体化设计，充分发挥土地效能，2.39km²核心区内实现地下空间整体开发，打造空中、地面、地下多层次网络化开放空间系统；低碳化设计，以碳中和为目标，提出海绵城市和绿色建筑等低碳技术的应用要求，打造多维绿色空间，建设低

1

碳城市基础设施，引领市民向低碳生活方式转变。场景化设计，注重第三空间营造，定制化设计多元空间场景以满足不同人群的交流需求，为创新提供激发思维的空间载体，实现对高素质人才的虹吸效应。结合中创区城市设计的经验，团队同时制定了一套新城精细化设计标准，使其可以成为中西部地区可复制、可推广的新城设计理想样本。

2.特色二：城市设计对国土空间规划的全过程支撑

中创区城市设计作为国土空间总体规划的前置研究，将定位、结构、功能等重要研究结论反馈纳入法定规划框架；在国土空间详细规划导则方面，城市设计精炼底线指标，成为城市开发的刚性控制基础，引入弹性指标，强化规划的自适应调节能力；在国土空间详细规划细则方面，城市设计分别编制地上、地下附加图则，细化管控要求，指导具体建设。

3.特色三：城市设计作为"中台"，成为城市建设管控的核心基础

借鉴管理领域"中台战略"的理念，打破传统单一地块"孤岛式"建设模式，将城市设计作为系统集成的"中台"，为整体开发提供全方位支撑。在经济效益层面，通过集成设计和资源共享，减少重复建设；在技术质量层面，通过统筹管控，实现标准化和品质化；在创新效能层面，建设城市设计数字化平台，优化设施布局，提升创新效率。

三、规划实施

自2020年规划批复后，城市设计团队就展开了全过程、陪伴式实践服务，核提规划条件46宗，出具35个建设项目的总控意见，进行了多次专业技术培训以及施工驻场咨询，有效保障了规划实施。同时，城市设计所倡导的绿色先行、设施为底、文化赋能、配套完善的理念均已实现，截至目前已吸引几十家金融科技企业入驻，促进了高水平资源要素的集聚。在中央创新区全面启动建设的5年中，城市设计的蓝图雏形已现，截止目前已建、在建地块已达到80%，落地项目已达91个。城市设计被多类媒体转载，引起了广泛的社会关注和积极反响，已成为城市形象宣传的重要名片。

2-3.城市设计效果图
4.建设实景照片（2023年）

城市设计研究院2024年度专题培训第一期举办 | "城市更新与空间规划"

我院城市设计研究院为进一步强化业务特色，培养业务骨干，提升业务能力，本年度将聚焦当前规划转型方向和政策前沿，组织开展单月专题培训系列讲座。2024年3月25日上午，第一期专题培训在同济规划大厦301会议室举办，培训由规划院培训办、总工办共同指导，城市设计研究院总工办主办。

本期活动由城市设计研究院副总工兼总工办主任奚慧主持，城市设计研究院匡晓明院长做培训动员，特邀规划院资深总工、同济大学周俭教授主讲"城市更新与空间规划"专题培训报告，聚焦"城市更新"主题，结合其核心参编自然资源部出台的《支持城市更新的规划与土地政策指引（2023版）》的经验，介绍了当前国土空间规划体系中城市更新规划的前沿导向和要求。

报告内容总体可分为四大部分。第一部分主要阐释了城市更新活动中国土空间规划的定位作用。通过解析当前所处时代背景特征对规划提出的转型要求，明确了城市更新规划应包含"底线保障、正向引领"并重的规划目标导向，强调在城市更新全过程中发挥国土空间规划引领和统筹作用，坚持民生优先、公益优先，坚持底线管控、节约集约，坚持因地制宜和多方参与等，有序推进有机更新。

第二部分主要介绍了国土空间规划体系中城市更新规划的要求。首先明确了"城市更新规划"的内涵是为适应存量时代城市发展的特点和需要，基于国土空间规划"一张图"，在各级各类国土空间规划中对城市更新活动在空间和时间上作出统筹安排的规划工作总和。在此基础上，介绍了统筹城市更新要求的国土空间总体规划、适应城市更新的国土空间详细规划、融入城市更新的国土空间专项规划的工作要求。其中，针对详细规划进行了重点解析，强调了采取更新规划单元和更新实施单元进行分层编制，以及根据更新实施需要进行动态编制的特点。

第三部分重点介绍了面向更新特点的各类规划要点，并结合实例进行解析。总体规划需明确更新对象的更新策略，作为开展城市更新工作的目标导向。更新规划单元详细规划需对更新对象确定适宜的更新方式，主要包括保护传承、整治改善、改造提升、再开发、微改造5类，可根据更新对象的具体情形以及更新目标和更新需求组合运用多种更新方式。更新实施单元详细规划可提出更新模式建议，同时按"留改拆"的优先顺序确定更新对象的各类建（构）筑物、设施、空间等物质要素所采取的更新措施，包括保护、保留、整治、改建、拆除、重建（含拆除后复建和新建）6类。

第四部分介绍了当前政策指引中的城市更新政策工具。首先强调了政策制定的公益导向、节约集约和尊重权益的三大导向，而后结合自然资源部办公厅印发的《支持城市更新的规划与土地政策指引（2023版）》政策文件，针对其中"容积率核定优化""鼓励用地功能转换兼容""复合利用土地""建筑规模统筹""规划技术标准差异化"等政策工具内涵及其相关实例进行了介绍。

本次专题培训活动不仅得到了城市设计研究院全体领导和员工的重视，同时获得了规划院培训办、总工办等部门的支持，裴新生副院长和王颖（大）院长助理参会指导。活动采取线上线下同步参与的方式尽可能为员工提供培训机会，培训人员众多，得到了全院员工的关注。通过此次培训组织工作的尝试，城市设计研究院将进一步完善"亮特色、享资源"的培训机制，发挥好专项业务领域人才培养的平台作用（图1）。

同济规划院组建乡村规划建设研究院

为更好地服务国家乡村振兴战略实施，积极响应国土空间规划体系建立，推动产学研深度融合，上海同济城市规划设计研究院有限公司（以下简称同济规划院）依托同济大学城乡规划学科优势整合资源，历经数月筹建准备，于近期正式挂牌乡村规划建设研究院（以下简称同济乡村院）。

同济乡村院由栾峰教授担任院长并兼任总工程师，李京生教授担任总规划师，燕存爱同志担任院长助理，曹晟和邱洵担任总工程师助理，王雯霅担任院综合办公室主任。

同济乡村院由多个优秀团队组建而成，组建前各团队已有多年项目业绩积累和荣誉，涵盖乡村规划、城市规划、研究课题、标准规范等各个领域，尤其在乡村规划领域已有十余年的关注和持续研究，同时积极投身于社会服务，致力于为地方发展做出贡献。

基于多年的积累，未来同济乡村院将在十大重点方向上持续深耕，从而形成高层次的科研人才梯队，产出国内外标志性的学术成果，为乡村振兴提供有力的保障。

同济乡村院将依托同济规划学科、实践及品牌优势，联合同济规划院中国乡村规划建设研究中心，以积极服务国家战略和地方实际需要，推动乡村规划建设事业发展、开展和引领国内外学术交流和推动学科发展为目标，坚持一专多能，在继续巩固和拓展优势专业领域技能的基础上，发挥综合学科及技能的优势，聚焦乡村规划建设领域，努力开拓在科研、规划编制与实施、相关社会服务等方面的业务与工作方式（图2）。

"不能说的秘密"——同济规划院"国家安全"主题团日活动暨保密工作专题培训

5月17日，喜迎同济大学117周年校庆和同济规划院30周年院庆之际，同济规划院团总支举办"不能说的秘密"——"国家安全"主题团日活动暨保密工作专题培训，旨在助力规划院文化建设、弘扬当代青年正能量、增强员工国家安全意识。本次活动面向广大团员青年和保密专员，通过主题讲座、专题培训和榜样分享，强调了"维护国家安全、筑牢保密防线"的重要性，展现了当代优秀青年的精神风采。

出席此次活动的主要领导有同济规划院党委书记刘颂、同济大学团委副书记孙羽捷。活动的分享嘉宾有同济规划院党委副书记、纪委书记王晓庆，同济规划院党委副书记肖达，2024年同济青年五四奖章（集体）国土空间遗产资源保护与利用创新团队代表耿钱政博士。此次活动由同济规划院团总支书记葛凡华主持，共有二十余位团员青年和五十余位规划院各团队保密专员参与。

同济规划院党委书记刘颂致辞。刘书记向在场的各位团员青年介绍了规划院的保密工作制度和机构设置，同时对规划院保密专员们提出了更为严格的要求，希望所有团员青年与保密专员都能高度重视保密工作，提高保密意识，并在涉密事务中严格按照相关要求和规范执行。

同济大学团委副书记孙宇捷致辞。孙书记首先肯定了同济规划院优秀青年员工的工作成果，勉励大家要牢记习近平总书记对青年的寄语，继承和发扬五四精神，坚定不移听党话、跟党走，争做有理想